高职高专"十二五"规划教材

配套电子课件

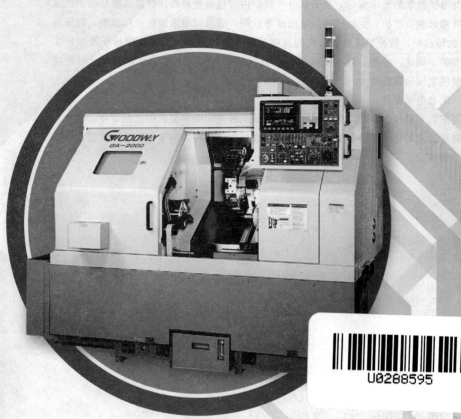

数控机床

故障诊断与维护（第二版）

刘瑞已 主编 马玉敏 唐 琴 李 科 副主编 李群松 主审

 化学工业出版社

·北京·

本书系统地介绍了数控机床故障诊断与维护的技术和方法，内容涉及数控机床的各个组成部分。在参阅了大量技术资料的基础上，结合编者多年来的实践经验，对本书的总体结构和内容进行了合理的编排，突出了各种故障诊断及维护方法的实用性。书中内容按照教育部对高职高专数控机床故障诊断与维护教学的要求编写，全书共分 8 章。内容包括数控机床故障诊断及维护的基础，数控系统的故障诊断及维护，主轴伺服系统的故障诊断，进给伺服系统的故障诊断，机床电气与 PLC 控制的故障诊断，数控机床机械结构的故障诊断及维护，数控机床故障诊断及维护实例，数控机床的安装、调试、检测、验收及维护。并且在书中列举了大量的故障诊断及维护实例，以提高读者解决实际问题的能力。

为方便教学，配套电子课件。

本书适合于高职高专院校、本科二级学院、成人高校及各类职业培训机构数控专业、机电一体化专业、机械制造及自动化专业及其他相关机械类专业使用，也可供从事数控机床维修工作的工程技术人员自学参考。

图书在版编目(CIP)数据

数控机床故障诊断与维护/刘瑞已主编 . —2 版 . —北京：化学工业出版社，2013.12
高职高专"十二五"规划教材
ISBN 978-7-122-18648-5

Ⅰ．①数… Ⅱ．①刘… Ⅲ．①数控机床-故障诊断-高等职业教育-教材②数控机床-维修-高等职业教育-教材
Ⅳ．①TG659

中国版本图书馆 CIP 数据核字（2013）第 241550 号

责任编辑：韩庆利　　　　　　　　　　　装帧设计：张　辉
责任校对：蒋　宇

出版发行：化学工业出版社（北京市东城区青年湖南街 13 号　邮政编码 100011）
印　　装：三河市万龙印装有限公司
787mm×1092mm　1/16　印张 14½　字数 358 千字　2014 年 1 月北京第 2 版第 1 次印刷

购书咨询：010-64518888（传真：010-64519686）　售后服务：010-64518899
网　　址：http://www.cip.com.cn
凡购买本书，如有缺损质量问题，本社销售中心负责调换。

定　　价：29.00 元

前　言

由于数控机床综合了机械、电子、液压、气压、计算机、自适应等多门技术于一身，致使数控机床的维护、维修有一定的难度，再加上有时候机床报机械故障但却是电气原因，有时候报电气故障又有机械故障，这样更使数控机床的维护、维修复杂化并加大了难度。在教学中，假如我们选用了一本合适的教材将会使这件事情的难易程度大大降低。为此，编者在2007 年出的第一版的基础上，结合自己这些年的教学经验，对书中的内容做了详细修改与知识的更新，使书中的内容更加与工作实际联系起来，更加满足教学的需要。具体来讲，主要做了如下修改：

第 1 章：考虑到，书中的内容已经涉及数控机床故障诊断及维护的基本要求，所以去掉了 1.2 数控机床故障诊断及维护的基本要求一节，增加了 1.9 提高维修数控机床技术水平的方法。第 2 章：整个 2.5 典型数控系统的故障诊断全部做了更新，使 FANUC 系统和 SIE-MENS 系统的故障诊断更加全面而实用。第 3 章：直流、交流主轴伺服系统可能出现的故障及其排除所需知识进行了更新和增添；增加了 3.3.5 直流主轴驱动装置的保护、3.4 主轴的准停及其故障诊断。第 4 章：4.5 直流进给伺服系统、4.6 交流进给伺服系统、4.7 进给伺服驱动系统常见故障及排除三节内容全部进行了彻底更换，使用了最新知识，使内容更全、更新，方便老师讲解。第 6 章：6.2.1 机械故障的类型进行重新归类；增添了 6.3.4 数控机床主轴维修实例；6.5.4 导轨副维修实例以及数控车床刀架故障实例。第 7 章：对于所有实例进行了筛选和替换，使实例更加方便讲解、实用。第 8 章：8.2 数控机床的调试、8.3.1 检验与验收的工具、8.3.3 数控机床几何精度的检验的所有内容彻底进行了更换，使内容更加丰富而实用，尤其是 8.3.3 数控机床几何精度的检验一节，按照国家标准用示图的形式详细地讲解了数控车床、铣床的几何精度检验内容和方法，能使学生完全掌握数控车、铣床的几何精度检验内容。

该书第二版由湖南工业职业技术学院刘瑞已主编并统稿，由中国水电八局高级技工学校马玉敏、湖南工业职业技术学院唐琴、邯郸职业技术学院李科任副主编，参加本书编写的还有湖南工业职业技术学院申晓龙、李平化和张云。由湖南化工职业技术学院李群松主审。

本书有配套电子课件，可赠送给用本书作为授课教材的院校和老师，如有需要，可发邮件到 hqlbook@126.com 索取。

尽管编者查阅了大量的参考书籍，但肯定还有一些不足之处，敬请读者谅解和批评指正！

编者

第一版前言

数控机床是现代机械制造工业的重要技术装备，也是先进制造技术的基础技术装备。数控机床随着微电子技术、计算机技术、自动控制技术的发展而得到飞跃发展。目前，几乎所有传统机床都有了数控机床品种。数控技术极大地推动了计算机辅助设计、计算机辅助制造、柔性制造系统、计算机集成制造系统、虚拟制造系统和敏捷制造的发展，并为实现绿色加工打下了基础。

数控技术是提高产品质量、提高劳动生产率必不可少的物质手段，它的广泛使用给机械制造业生产方式、产业结构、管理方式带来深刻的变化，它的关联效益和辐射能力更是难以估计。数控技术是制造业实现自动化、柔性化、集成化生产的基础，离开了数控技术，先进制造技术就成了无本之木。数控技术是国际技术和商业贸易的重要构成，工业发达国家把数控机床视为具有高技术附加值、高利润的重要出口产品，世界贸易额逐年增加。而采用数控技术的典型产品——数控机床是机电工业的重要基础装备，是汽车、石化、电子等支柱产业及重矿产业生产现代化的最主要手段，也是世界第三次产业革命的一个重要内容。因此，数控技术及数控装备是关系到国家战略地位和体现国家综合国力水平的重要基础性产业，其水平高低是衡量一个国家制造业现代化程度的核心标志，实现加工机床及生产过程数控化，已经成为当今制造业的发展方向。数控机床也正逐渐成为机械工业技术改造的首选设备。尽管数控系统的性能和品质已有了极大的提高，从而保证了数控机床的稳定性和可靠性。但是，数控机床是机电一体化的高度复杂的设备，在使用过程中难免出现故障，而一些用户对故障又不能及时作出正确的判断和排除，严重制约了数控机床的使用率，影响企业的生产。因此培养掌握数控机床故障诊断与维修的技术人员成为当务之急。本书正是为满足这种需要而编写的。

本书介绍了数控机床各部件常见的故障，并深入地分析和阐述了故障的排除方法。书中列举了大量的实例，力求使读者通过学习，切实掌握故障诊断技术及其排除方法。

全书由刘瑞已担任主编并统稿和定稿，由周华祥教授担任主审，参加编写的还有湖南工业职业技术学院任东、申晓龙、李平化、龙华、李强。本书在编写过程中还得到湖南工业职业技术学院数控中心老师的大力支持和帮助，并在编书过程中提出了许多宝贵意见，在此表示衷心的感谢！

由于编者水平有限，书中难免存在不足之处，恳请广大读者批评指正。

编者
2007 年 8 月

目 录

第1章　数控机床故障诊断及维护的基础

数控机床的故障诊断及维护在内容、手段和方法上与传统机床的故障诊断及维护有很大的区别。学习和掌握数控机床故障诊断及维护的技术，已越来越引起相关企业和工程技术人员的关注。数控机床故障诊断及维护已成为正确使用数控机床的关键因素之一。

1.1　数控机床故障诊断及维护的意义和要求

数控机床是一种高投入的高效自动化机床。由于其投资比普通机床高得多，因此降低数控机床故障率，缩短故障修复时间，提高机床利用率是十分重要的工作。

任何一台数控机床都是一种过程控制设备，它要求实时控制每一时刻都能准确无误地工作。任何部分的故障和失效，都会使机床停机，从而造成生产的停顿。因而掌握和熟悉数控机床的工作原理、组成结构是做好维护、维修工作的基础。此外，数控机床在企业中一般处于关键工作岗位的关键工序上，若在出现故障后不能及时得到修复，将会给生产单位造成很大的损失。

虽然现代数控系统的可靠性不断提高，但在运行过程中因操作失误、外部环境的变化等因素影响仍免不了出现故障。为此，数控机床应具有自诊断能力，能采取良好的故障显示、检测方法，及时发现并能很快确定故障部位和原因，令操作人员或维修人员及时排除故障，尽快恢复工作。

1.1.1　数控机床故障诊断及维护的目的

数控机床是一种高效的自动化机床，它是将电子电力、自动化控制、电机、检测、计算机、机床、液压、气动和加工工艺等技术集中于一身，具有高精度、高效率和高适应性的特点。要发挥数控机床的高效益，就要保证它的开动率，这就对数控机床提出了稳定性和可靠性的要求，衡量该要求的指标是平均无故障时间 $MTBF$，即为两次故障间隔的时间；同时，当设备出了故障后，要求排除故障的修理时间 $MTTR$ 越短越好，所以衡量上述要求的另一个指标是平均有效度 A：

$$A = \frac{MTBF}{MTBF + MTTR}$$

为了提高 $MTBF$，降低 $MTTR$，一方面要加强日常维护，延长无故障的时间；另一方面当出现故障后，要尽快诊断出故障的原因并加以修复。如果用人来比喻的话，就是平时要注意保养，避免生病；生病后，要及时就医，诊断出病因，对症下药，尽快康复。

现代化的设备需要现代化和科学化的管理，数控机床的综合性和复杂性决定了数控机床的故障诊断及维护有自身的方法和特点，掌握好这些方法，可以保证数控机床稳定可靠地运行。特别是对柔性制造系统（FMS），任何一台数控机床出故障都会影响到整条生产线的运行，其经济损失是相当大的，因此快速诊断出故障原因和加强日常维护就显得很重要了。

1.1.2　数控机床故障诊断及维护的内容

数控机床由机械和电气两大部分组成，每个部分都有可能发生故障。从电气角度来看，数控机床与普通机床不同的是，前者用电气驱动替代了普通机床的机械传动，相应的主运动和进给运动由主轴电动机和伺服电动机执行完成，而电动机的驱动必须有相应的驱动装置及电源配置。由于受切削状态、温度及各种干扰因素的影响，都可能使伺服性能、电气参数发生变化或电气元件失效而引起故障。另外，数控机床用可编程控制器（PLC）替代了普通机床强电柜中大部分的机床电器，从而实现对主轴、进给、换刀、润滑、冷却、液压和气动等系统的逻辑控制。数控机床使用过程中，特别要注意的是机床上各部位的按钮、行程开关、接近开关及继电器、电磁阀等机床电器开关，因为这些开关信号作为可编程控制器的输入和输出控制，其可靠性将直接影响到机床能否正确执行动作，这类故障是数控机床最常见的故障。

数控机床最终是以位置控制为目的的，所以，位置检测装置维护的好坏将直接影响到机床的运动精度和定位精度。

因此，电气系统的故障诊断及维护，内容多，涉及面广，是维护和故障诊断的重点部分。就其故障诊断的难易程度而言，电气部分也显得稍难一些，故电气部分的诊断在机床使用中显得也稍重要一些。其机械部分的故障诊断及维护的主要内容有：主轴箱的冷却和润滑，导轨副和丝杠螺母副的间隙调整、润滑及支承的预紧，液压和气动装置的压力和流量调整等。而电气部分的故障诊断及维护的主要内容有以下几个方面。

（1）驱动电路　主要指与坐标轴进给驱动和主轴驱动的连接电路。

（2）位置反馈电路　指数控系统与位置检测装置之间的连接电路。

（3）电源及保护电路　电源及保护电路由数控机床强电线路中的电源控制电路构成。强电线路由电源变压器、控制变压器、各种断路器、保护开关、接触器、熔断器等连接而成，以便为交流电动机（如液压泵电动机、冷却泵电动机及润滑泵电动机等）、电磁铁、离合器和电磁阀等功率执行元件供电。

（4）开/关信号连接电路　开/关信号是数控系统与机床之间的输入/输出控制信号。输入/输出信号在数控系统和机床之间的传送通过 I/O 接口进行。数控系统中各种信号均可用机床数据位"1"或"0"来表示。数控系统通过对输入开关量的处理，向 I/O 接口输出各种控制命令，控制强电线路的动作。

就数控系统来说，20 世纪 80 年代中期以前，由于当时 CPU 的性能低，采用硬件要比软件快得多，所以硬件品质的高低，就决定了当时数控系统品质的高低。由于微电子技术的迅猛发展和微机进入数控系统，在数控系统性能水平方面，已由硬件竞争转到软件竞争。数控系统类似计算机产品，将外购的电子元器件焊（贴）到印制电路板上成为板、卡级产品，由多块板、卡通过接插件等连接，再连接外设就成为系统级最终产品。其关键技术如元器件筛选、印制电路板、焊接和贴附、生产过程及最终产品的检验和整机的考机等都极大地提高了数控系统的可靠性。有资料表明：数控机床操作、保养和调整不当占整个故障的 57%，伺服系统、电源及电气控制部分的故障占整个故障的 37.5%，而数控系统的故障只占 5.5%。

1.2　数控机床故障的特点

数控机床故障是指数控机床失去了规定的功能。数控机床故障发生率随机床使用时间不同而不相同，其关系如图 1-1 所示。从图 1-1 可以看出，在机床的使用期间大致可以分为三个阶段，即磨合期、稳定工作期和衰退期。

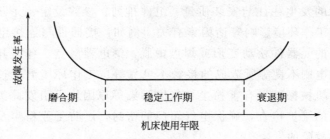

图 1-1　故障发生率随机床使用年限变化的曲线

1. 磨合期

新机床在安装调试后，半年到一年左右的时间内，由于机械零部件的加工表面还存在几何形状偏差，比较粗糙，电气元件受到交变负荷等冲击，故障频率较高，一般没有规律。其中，电气、液压和气动系统故障频率大约为 90%。

2. 稳定工作期

机床在经历了初期磨合后，进入了稳定的工作期。这时故障发生率较低，但由于使用条件和人为的因素，偶发故障在所难免，所以在稳定期内故障诊断非常重要。在此期间，机、电故障发生的概率差不多，并且大多数可以排除，这个时期大约 6~10 年。

3. 衰退期

机床零部件在正常寿命之后，开始迅速磨损和老化，故障发生率逐渐增多。此时期的故障大多数具有规律性，属于渐变性和器质性的，并且大部分可以排除。

数控机床本身的复杂性使其故障诊断具有复杂性和特殊性。引起数控机床故障的因素是多方面的，有些故障的现象是机械方面的，但是引起故障的原因却是电气方面的；有些故障的现象是电气方面的，然而引起故障的原因是机械方面的；有些故障是由电气方面和机械方面共同引起的。因而，对同一个现象，既可能是机械的问题，也可能是电气的原因，或许两者兼而有知，非常复杂。这就要求必须根据实际情况进行综合考虑，才能做出正确的判断。

1.3　数控机床常见故障分类

数控机床故障的种类很多，一般可以按起因、性质、发生部位、自诊断、软（硬）件故障等来分类。

1. 数控机床的非关联性和关联性故障

故障按起因的相关性可分为非关联性和关联性故障。所谓非关联性故障是由于运输、安装、工作等原因造成的故障。关联性故障可分为系统性故障和随机性故障。系统性故障，通常是指只要满足一定的条件或超过某一设定的限度，工作中的数控机床必然会发生的故障。这一类故障现象极为常见。例如：液压系统的压力值随着液压回路过滤器的阻塞而降到某一设定参数时，必然会发生液压系统故障报警使系统断电停机。又如：润滑、冷却或液压等系统由于管路泄漏引起油标下降到使用限值，必然会发生液位报警使机床停机。再如：机床加工中因切削量过大，达到某一限值时必然会发生过载或超温报警，致使系统迅速停机。因此正确使用与精心维护是杜绝或避免这类系统性故障发生的切实保障。随机性故障通常是指数控机床在同样的条件下工作时只偶然发生一次或两次的故障。由于此类故障在各种条件相同的状态下只偶然发生一两次，因此，随机性故障的原因分析与故障诊断较其他故障困难得多。这类故障的发生往往与安装质量、组件排列、参数设定、元器件品质、操作失误与维护不当以及工作环境影响等诸因素有关。例如：接插件与连接组件因疏忽未加锁定，印制电路板上的元器件松动变形或焊点虚脱，继电器触点、各类开关触头因污染锈蚀以及直流电动机电刷不良等所造成的接触不可靠等。工作环境温度过高或过低、湿度过大、电源波动与机械振动、有害粉尘与气体污染等原因均可引发此类偶然性故障。因此，加强数控系统的维护检查，确保电气箱门的密封，严防工业粉尘及有害气体的侵袭等，均可避免此类故障的发生。

2. 数控机床的有报警显示故障和无报警显示故障

数控机床故障按有无报警显示分为有报警显示故障和无报警显示故障。有报警显示故障一般与控制部分有关，故障发生后可以根据故障报警信号判别故障的原因。无报警显示故障往往表现为工作台停留在某一位置不能运动，依靠手动操作也无法使工作台动作，这类故障的排除相对于有报警显示故障的排除难度要大。

3. 数控机床的破坏性故障和非破坏性故障

数控机床故障按性质可分为破坏性故障和非破坏性故障。对于短路、因伺服系统失控造成"飞车"等故障称为破坏性故障，在维修和排除这种故障时不允许故障重复出现，因此维修时有一定的难度；对于非破坏性故障，可以经过多次试验、重演故障来分析故障原因，故障的排除相对容易些。

4. 数控机床的电气故障和机械故障

数控机床故障按发生部位可分为电气故障和机械故障。电气故障一般发生在系统装置、伺服驱动单元和机床电气等控制部位。电气故障一般是由于电气元器件的品质因素下降、元器件焊接松动、接插件接触不良或损坏等因素引起，这些故障表现为时有时无。例如某电子元器件的漏电流较大，工作一段时间后，其漏电流随着环境温度的升高而增大，导致元器件工作不正常，影响了相应电路的正常工作。当环境温度降低了以后，故障又消失了。这类故障靠目测是很难查找的，一般要借助测量工具检查工作电压、电流或测量波形进行分析。

机械故障一般发生在机械运动部位。机械故障可以分为功能型故障、动作型故障、结构型故障和使用型故障。功能型故障主要是指工件加工精度方面的故障，这些故障是可以发现的，例如加工精度不稳定、误差大等。动作型故障是指机床的各种动作故障，可以表现为主轴不转、工件夹不紧、刀架定位精度低、液压变速不灵活等。结构型故障可以表现为主轴发热、主轴箱噪声大、机械传动有异常响声、产生切削振动等。使用型故障主要是指使用和操作不当引起的故障，例如过载引起的机件损坏等。机械故障一般可以通过维护保养和精心调整来预防。

5. 自诊断故障

数控系统有自诊断故障报警系统，它随时监测数控系统的硬件、软件和伺服系统等的工作情况。当这些部分出现异常时，一般会在监视器上显示报警信息或指示灯报警或数码管显示故障号，这些故障可以称为自诊断故障。自诊断故障系统可以协助维修人员查找故障，是故障检查和维修工作中十分重要的依据。对报警信息要进行仔细分析，因为可能会有多种故障因素引起同一种报警信息。

6. 人为故障和软（硬）故障

人为故障是指操作人员、维护人员对数控机床还不熟悉或者没有按照使用手册要求，在操作或调整时处理不当而造成的故障。

　　硬故障是指数控机床的硬件损坏造成的故障。软故障一般是指由于数控加工程序中出现语法错误、逻辑错误或非法数据；数控机床的参数设定或调整出现错误；保持RAM 芯片的电池电路断路、短路、接触不良，RAM 芯片得不到保持数据的电压，使得参数、加工程序丢失或出错；电气干扰窜入总线，引起时序错误等原因造成的数控机床故障。

　　除了上述分类外，故障按时间可以分为早期故障、偶然故障和耗损故障；按使用角度可分为使用故障和本质故障；按严重程度可分为灾难性、致命性、严重性和轻度性故障；按发生故障的过程可分为突发性故障和渐变性故障。

1.4　数控机床故障诊断原则

　　在诊断故障时应掌握以下原则。

　　1. 先外部后内部

　　数控机床是机械、液压、电气一体化的机床，故其故障的发生必然要从机械、液压、电气这三者综合反映出来。数控机床的维修要求维修人员掌握"先外部后内部"的原则，即当数控机床发生故障后，维修人员应先采用望、听、嗅、问、摸等方法，由外向内逐一进行检查。比如：数控机床中，外部的行程开关、按钮开关、液压气动元件以及印制电路间的连接部位，因其接触不良造成信号传递失灵，是产生数控机床故障的重要因素。此外，由于工业环境中，温度、湿度变化较大，油污或粉尘对元件及电路板的污染，机械的振动等，对于信号传送通道和接插件都将产生严重影响。在维修中重视这些因素，首先检查这些部位就可以迅速排除较多的故障。另外，随意地启封、拆卸、不适当的大拆大卸，往往会扩大故障，使机床大伤元气，丧失精度，降低性能，要尽量避免。

　　2. 先机械后电气

　　由于数控机床是一种自动化程度高、技术复杂的先进机械加工设备，一般来讲，机械故障较易察觉，而数控系统故障的诊断则难度较大些。先机械后电气就是在数控机床的维修中，首先检查机械部分是否正常，行程开关是否灵活，气动、液压部分是否存在阻塞现象等等。从实际的经验来看，数控机床的故障中有很大部分是由机械动作失灵引起的。所以，在故障检修之前，首先注意排除机械性的故障，往往可以达到事半功倍的效果。

　　3. 先静后动

　　维修人员本身要做到先静后动，不可盲目动手，应先询问机床操作人员故障发生的过程及状态，阅读机床说明书、图样资料后，方可动手查找处理故障。其次，对有故障的机床也要本着先静后动的原则，先在机床断电的静止状态，通过观察测试、分析，确认为非恶性故障，或非破坏性故障后，方可给机床通电，在运行工况下，进行动态的观察、检验和测试，查找故障。然而对恶性的破坏性故障，必须先行排除危险后，方可进行通电，在运行工况下进行动态诊断。

　　4. 先公用后专用

　　公用性的问题往往影响全局，而专用性的问题只影响局部。如机床的几个进给轴都不能运动，这时应先检查和排除各轴公用的 CNC、PLC、电源、液压等公用部分的故障，然后再设法排除某轴的局部问题。又如电网或主电源故障是全局性的，因此一般应首先检查电源部分看看熔丝是否正常，直流电压输出是否正常。总之，只有解决影响一大片的主要矛盾，局部的、次要的矛盾才有可能迎刃而解。

5. 先简单后复杂

当出现多种故障互相交织掩盖、一时无从下手时，应先解决容易的问题，后解决难度较大的问题。常常在解决简单故障过程中，难度大的问题也可能变得容易，或者在排除简单故障过程中受到启发，对复杂故障的认识更为清晰，从而也有了解决办法。

6. 先一般后特殊

在排除某一故障时，要先考虑最常见的可能原因，然后再分析很少发生的特殊原因。例如：一台 FANUC 0T 数控车床 Z 轴回零不准，常常是由于降速挡块位置走动所造成。一旦出现这一故障，应先检查该挡块位置，在排除这一常见的可能性故障之后，再检查脉冲编码器、位置控制等环节。

1.5　数控机床故障诊断步骤

无论是处于哪一个故障期，数控机床故障诊断的一般步骤都是相同的。当数控机床发生故障时，除非出现危及数控机床或人身安全的紧急情况，一般不要关断电源，要尽可能地保持数控机床原来的状态不变，并且对出现的一些信号和现象做好记录，这主要包括：

（1）故障现象的详细记录；

（2）故障发生的操作方式及内容；

（3）报警号及故障指示灯的显示内容；

（4）故障发生时数控机床各部分的状态与位置；

（5）有无其他偶然因素，如突然停电、外线电压波动较大、某部位进水等。

数控机床一旦发生故障，首先要沉着冷静，根据故障情况进行全面的综合分析，确定查找故障的方法和手段，然后有计划、有目的地一步步仔细检查，切不可急于动手，仅凭看到的部分现象和主观臆断乱查一通。这样做具有很大的盲目性，即使查到故障也是碰巧，很可能越查越乱，走很多弯路，甚至造成严重的后果。因此故障诊断一般按下列步骤进行。

1. 详细了解故障情况

在接到机床现场出现故障要求排除的信息时，要做到以下几个方面。

（1）首先应要求操作者尽量保持现场故障状态，不做任何处理，这样有利于迅速精确地分析故障原因。同时仔细询问故障指示情况、故障现象及故障产生的背景情况，依此做出初步判断，以便确定现场排除故障所应携带的工具、仪表、图纸资料、备件等，减少往返时间。

（2）到达现场后，要验证操作者提供的各种情况的准确性、完整性，从而核实初步判断的准确度。由于操作者的水平，对故障状况描述不清甚至完全不准确的情况不乏其例，因此到现场后仍然不要急于动手处理，重新仔细调查各种情况，以免破坏了现场，增加排除故障的难度。

（3）根据已知的故障状况按上述故障分析办法分析故障类型，从而确定排除故障的原则。由于大多数故障是有指示的，所以一般情况下，对照机床配套的数控系统诊断手册和使用说明书，可以列出产生该故障的多种可能的原因。

（4）对多种可能的原因进行排查从中找出本次故障的真正原因，这时对维修人员是一种对该机床熟悉程度、知识水平、实践经验和分析判断能力的综合考验。

（5）有的故障排除方法可能很简单，有些则往往较复杂，需要做一系列的准备工作，如工具仪表的准备、局部的拆卸、零部件的修理、元器件的采购甚至排除故障计划步骤的制定等等。例如，当数控机床发生颤振、震动或超调现象时，要弄清楚是发生在全部轴还是某一轴；如果是某一轴，是全程还是某一位置；是一运动就发生还是仅在快速、进给状态下某一速度、加速或减速的某个状态下发生。为了进一步了解故障情况，要对数控机床进行初步检查，并着重检查 CRT 上的显示内容、控制柜中的故障指示灯、状态指示灯或作报警用的数码管。当故障情况允许时，最好开机实验，详细观察故障情况。

2. 确定故障源查找的方向和手段

对故障现象进行全面了解后，下一步可根据故障现象分析故障可能存在的位置，即哪一部分出现故障可能导致如此现象。有些故障与其他部分联系较少，容易确定查找的方向，而有些故障原因很多，难以用简单的方法确定出故障源查找方向，这就要仔细查阅有关的数控机床资料，弄清楚与故障有关的各种因素，确定若干个查找方向，并逐一查找。

3. 由表及里进行故障源查找

故障查找一般是从易到难，从外部到内部逐步进行。所谓难易，包括技术上的复杂程度和拆卸装配方面的难易程度。技术上的复杂程度是指判断其是否有故障存在的难易程度。在故障诊断的过程中，首先应该检查可直接接近或经过简单的拆卸即可进行检查的那些部位，然后检查需要大量的拆卸工作之后才能接近和进行检查的那些部位。

1.6　常见故障检查方法

1. 直观法

直观法主要是利用人的手、眼、耳、鼻等器官对故障发生时的各种光、声、味等异常现象的观察以及认真查看系统的每一处，遵循"先外后内"的原则，诊断故障采用望、听、嗅、问、摸等方法，由外向内逐一检查，往往可将故障范围缩小到一个模块或一块印刷线路板。这要求维修人员具有丰富的实际经验，要有多学科的较宽的知识和综合判断的能力。比如，数控机床加工过程中突然出现停机。打开数控柜检查发现 Y 轴电机主电路保险烧坏，经检查是与 Y 轴有关的部件，最后发现 Y 轴电机动力线有几处磨破，搭在床身上造成短路。更换动力线后故障消除，机床恢复正常。

2. 自诊断功能法

自诊断功能法简言之就是利用数控系统自身的硬件和软件对数控机床的故障进行自我检查、自我诊断的方法。详细内容请见 2.2 数控系统的自诊断。

3. 数据和状态检查法

CNC 系统的自诊断不但能在 CRT 上显示故障报警信息，而且能以多页的"诊断地址"和"诊断数据"的形式提供机床参数和状态信息，常见的有以下几个方面。

（1）接口检查　数控系统与机床之间的输入/输出接口信号包括 CNC 与 PLC，PLC 与

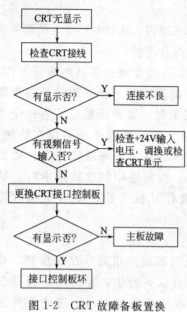

图 1-2 CRT 故障备板置换
诊断流程图

机床之间接口输入/输出信号。数控系统的输入/输出接口诊断能将所有开关量信号的状态显示在 CRT 上。用"1"或"0"表示信号的有无，利用状态显示可以检查数控系统是否已将信号输出到机床侧，机床侧的开关量等信号是否已输入到数控系统，从而可将故障定位在机床侧，或是在数控系统侧。

（2）参数检查　数控机床的机床数据是经过一系列试验和调整而获得的重要参数，是机床正常运行的保证。这些数据包括增益、加速度、轮廓监控允差、反向间隙补偿值和丝杠螺距补偿值等。当受到外部干扰时，会使数据丢失或发生混乱，机床不能正常工作。

4. 报警指示灯显示故障

现代数控机床的数控系统内部，除了上述的自诊断功能和状态显示等"软件"报警外，还有许多"硬件"报警指示灯，它们分布在电源、伺服驱动和输入输出等装置上，根据这些报警灯的指示可判断故障的原因。

5. 备板置换法

利用备用的电路板来替换有故障疑点的模板，是一种快速而简便的判断故障原因的方法，常用于 CNC 系统的功能模块，如 CRT 模块、存储器模块等。

例如：有一数控系统开机后 CRT 无显示，采用如图 1-2 所示的故障检查步骤，即可判断 CRT 模块是否有故障。

需要注意的是，备板置换前，应检查有关电路，以免由于短路而造成好板损坏，同时，还应检查试验板上的选择开关和跨接线是否与原模板一致，有些模板还要注意板上电位器的调整。置换存储器板后，应根据系统的要求，对存储器进行初始化操作，否则系统仍不能正常工作。

6. 功能程序测试法

所谓功能程序测试法就是将数控系统的常用功能和特殊功能，如直线定位、圆弧插补、螺旋切削、固定循环、用户宏程序等用手工编程或自动编程方法，编制成一个功能程序，输入数控系统中，然后启动数控系统使之运行，借以检查机床执行这些功能的准确性和可靠性，进而判断出故障发生的可能起因。本方法对于长期闲置的数控机床第一次开机时的检查以及机床加工造成废品但又无报警的情况下，一时难以确定是编程错误或是操作错误，还是机床故障的原因是一个较好的判断方法。

7. 交换法

在数控机床中，常有功能相同的模块或单元，将相同模块或单元互相交换，观察故障转移的情况，就能快速确定故障的部位。这种方法常用于伺服进给驱动装置的故障检查，也可用于两台相同数控系统间相同模块的互换。

8. 测量比较法

CNC 系统生产厂在设计印刷线路板时，为了调整、维修的便利，在印刷线路板上设计了多个检测端子。用户也可利用这些端子比较测量正常的印刷线路板和有故障的印刷线路板之间的差异。可以检测这些测量端子的电压和波形，分析故障的起因和故障的所在位置。其至，有时还可对正常的印刷线路板人为地制造"故障"，如断开连线或短路、拔去组件等，以判断真实故障的起因。为此，维修人员应在平时积累印刷线路板上关键部位或易出故障部位在正常时的正确波形和电压值。因为 CNC 系统生产厂往往不提供有关这方面的资料。

9. 敲击法

当 CNC 系统出现的故障表现为若有若无时，往往可用敲击法检查出故障的部位所在。这是由于 CNC 系统是由多块印刷线路板组成，每块板上有许多焊点，板间或模块间又通过插接件及电线相连。因此，任何虚焊或接触不良，都可能引起故障。当用绝缘物轻轻敲打有虚焊及接触不良的疑点处，故障肯定会重复再现。

10. 局部升温法

CNC 系统经过长期运行后元器件均要老化，性能会变坏。当它们尚未完全损坏时，出现的故障会变得时有时无。这时可用热吹风机或电烙铁等来局部升温被怀疑的元器件，加速其老化，以便彻底暴露故障部件。当然，采用此法时，一定要注意元器件的温度参数，不要将原来是好的器件烤坏。

例如：某西门子系统的机床工作 40min 后出现 CRT 变暗现象。关机数小时后再开机，恢复正常，但 40min 后又旧病复发，故障发生时机床其他部分均正常，可初步断定是 CRT 箱内元件与温度的变化有关。于是人为地使 CRT 箱内风扇停转，几分钟后故障重现。可见箱内电路板热稳定性差，调换后故障消失。

11. 原理分析法

根据 CNC 系统的组成原理，可从逻辑上分析各点的逻辑电平和特征参数（如电压值或波形），然后用万用表、逻辑笔、示波器或逻辑分析仪进行测量、分析和比较，从而对故障定位。运用这种方法，要求维修人员必须对整个系统或每个电路的原理有清楚的、较深的了解。

例如：PNE710 数控车床出现 Y 轴进给失控，无论是点动或是程序进给，导轨一旦移动起来就不能停下来，直到按下紧急停止为止。根据数控系统位置控制的基本原理，可以确定故障出在 Y 轴的位置环上，并很可能是位置反馈信号丢失，这样，一旦数控装置给出进给量的指令位置，反馈的实际位置始终为零，位置误差始终不能消除，导致机床进给的失控，拆下位置测量装置脉冲编码器进行检查，发现编码器里灯丝已断，导致无反馈输入信号，更换 Y 轴编码器后，故障排除。

除了以上常用的故障检查测试方法外，还有拔板法、电压拉偏法、开环检测法等等。包括上面提到的诊断方法在内，所有这些检查方法各有特点，按照不同的故障现象，可以同时选择几种方法灵活应用，对故障进行综合分析，才能逐步缩小故障范围，较快地排除故障。

1.7　数控机床故障诊断技术的发展

在科学技术飞速发展的今天，任何一项新技术的产生和发展都不是孤立的，而是互相渗透的结果。随着集成电路和计算机性能/价格比的提高，近年来，国外已将一些新的概念和方法引入到诊断领域，使诊断技术上升到一个新的更高的阶段，这些新的诊断技术主要有：通信诊断、自修复系统、人工智能专家故障诊断系统、人工神经网络诊断和多传感器信息融合技术等。

1. 通信诊断

通信诊断也称远距离诊断或"海外诊断"。用户只需把 CNC 系统中的专用"通信接口"连接到普通电话线上，维修中心的专用通信诊断计算机的"数据电话"也连接到电话线路上。由通信诊断计算机向各用户 CNC 系统发送诊断程序，并将测试数据送回诊断计算机进行分析并得出结论，最后又将诊断结论和处理方法通知用户。SIEMENS 公司生产的数控系统就具有这种诊断功能。通信诊断不仅用于故障发生之后对数控系统进行诊断，而且还可用作用户的定期预防性诊断，只需按预定的时间对机床作一系列试运行检查，将检查数据通过电话线送入维修中心的计算机进行分析处理，维修人员不必亲临现场，就可发现系统可能出现的故障隐患。

2. 自修复系统

自修复系统就是在系统内安装了备用模块，并在 CNC 系统的软件中装有自修复程序。当该软件在运行时一旦发现某个模块有故障时，系统一方面将故障信息显示在 CRT 上，另一方面自动寻找是否有备用模块。如果存在备用模块，系统将使故障模块脱机而接通备用模块，从而使系统较快地恢复到正常工作状态。美国的 Cincinnati Milacron 公司生产的950CNC 系统就已经采用了这种自修复技术。在 950CNC 系统的机箱内安装有一块备用的CPU 板，一旦系统中所用的 4 块 CPU 板中的任何一块出现故障时，均能立即启用备用板替代故障板。

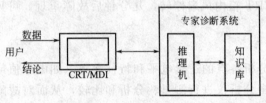

图 1-3　专家诊断系统

但自修复技术需要将备用板插入到机箱中的备用槽中。这无疑增加了成本，所以只适用于总线结构的 CNC 系统。

3. 人工智能专家故障诊断系统

专家诊断系统又称智能诊断系统。它将专业技术人员、专家的知识和维修技术人员的经验整理出来，运用推理的方法编制成计算机故障诊断程序库。专家诊断系统主要包括知识库和推理机两部分，如图 1-3 所示。知识库中以各种规则形式存放着分析和判断故障的实际经验和知识，推理机对知识库中的规则进行解释，运行推理程序，寻求故障原因和排除故障的方法。操作人员通过 CRT/MDI 用人机对话的方式使用专家诊断系统。操作人员输入数据或选择故障状态，从专家诊断系统处获得故障诊断的结论。FANUC15 系统中引入了专家诊断功能。

4. 人工神经网络（ANN）诊断

神经网络理论是在现代神经科学研究成果的基础上发展起来的，神经网络由许多并行的功能单元组成，这些单元类似生物神经系统的单元。神经网络反映了人脑功能的若干特性，是一种抽象的数学模型。这种方法将被诊断的系统的症状作为网络的输入，将所要求得到的故障原因作为网络的输出，并且神经网络将经过学习所得到的知识以分布的方式隐式地存储在网络上，每个输出神经元对应着一个故障原因。目前常用的几种算法有：误差反向传播（BP）算法、双向联想记忆（BAM）模型和模糊认识映射（FCM）等。神经网络的特点是信息的分布式存储和并行协同处理，它有很强的容错性和自适应性，善于联想、综合和推广。将神经网络用于数控机床故障诊断，使它作为某些难以用传统方法处理的故障诊断的手段和方法，这是数控机床故障诊断与维修技术的发展方向。

5. 多传感器信息融合技术

要保证数控机床长期无故障运行及在故障情况下快速诊断和排除故障，需要监测系统进行加工状态监视以及提供故障情况下的状态信息，另外还需要信息处理技术对状态信息分析提取特征以供监视或故障诊断使用。由于数控系统内在的复杂性和关联性，过去传统单因素监测和信息处理已显得力不从心。多传感器信息融合概念的提出，为 CNC 状态监测开辟了新途径。多传感器信息融合就是充分合理地选取各种传感器，提取对象的有效性信息，充分利用多个传感器资料，通过对它们合理支配和使用，把多个传感器在空间或时间上冗余信息或互补信息依据某种准则来进行组合，以获得被测对象的一致性解释或描述，使该信息系统由此获得比它的各组成部分的子集所构成的系统更为优越的性能。利用多传感器对 CNC 进行诊断，能大大降低误判率、漏判率，提高诊断准确度，采用信息融合技术，先对同一层次的信息进行融合，获得更高层次的信息，再汇入相应的信息融合层次，这样从低层至顶层对多元信息进行整理合并，逐层抽象，从而取得比单一传感器更准确更具体的诊断结果。由于 ANN 具有大规模并行处理能力、抗干扰能力及高度的非线性特性，可将它用于多传感器信息融合。

智能化集成诊断维修将传感器信息融合与人工智能技术、ANN 技术相结合，建立集监测、诊断为一体的智能集成系统，成为 CNC 故障诊断的新方向。集成诊断专家系统能充分利用多种形式的知识（经验知识、状态知识、物理知识等）诊断推理，结合多种故障信息（征兆信息，状态监测信息等）进行综合诊断，可实现实时监测与诊断，提高了智能诊断与决策水平和 CNC 机床诊断的自动化程度。因此，积极开展 CNC 机床智能集成诊断系统的研究具有重要的理论价值和实践意义。

1.8 维修中的注意事项

数控机床的维修工作会涉及各种危险，维修工作必须遵守与机床有关的安全防范措施。只能由专门的维修人员来进行机床的维修工作，在检查机床操作之前要熟悉机床厂家和公司提供的说明书。

1. 维修时的安全注意事项

（1）在拆开外罩的情况下开动机床时，衣服可能会卷到主轴或其他部件中，在检查操作时应站在离机床远点的地方，以确保衣物不会被卷到主轴或其他部件中。在检查机床运转时，要先进行不装工件的空运转操作。开始就进行实物加工，如果机床误动作，可能会引起工件掉落或刀尖破损飞出，还可能会造成切屑飞散，伤及人身。因此要站在安全的地方进行检查操作。

（2）打开电柜门检查维修时，需注意电柜中有高电压部分，切勿触碰高压部分。

（3）在采用自动方式加工工件时，要首先采用单程序段运行，进给速度倍率要调低，或采用机床锁定功能，并且应在不装刀具和工件的情况下运行自动循环过程，以确认机床动作正确。否则机床动作不正常，可能引起工件和机床本身的损害或伤及操作者。

（4）在机床运行之前要认真检查所输入的数据，防止数据输入错误，自动运行操作中由于程序或数据错误，可能引起机床动作失控，从而造成事故。

（5）给定的进给速度应该适合于预定的操作，一般来说对于每一台机床有一个可允许的最大进给速度，不同的操作，所适用的最佳进给速度不同，应参照机床说明书确定最合适的进给速度，否则会加速机床磨损，甚至造成事故。

（6）当采用刀具补偿功能时，要检查补偿方向和补偿量，如果输入的数据不正确，机床可能会动作异常，从而可能引起对工件、机床本身的损害或伤及人员。

2. 更换电子器件时的注意事项

(1) 更换电子器件必须在关闭 CNC 的电源和强电主电源下进行。如果只关闭 CNC 的电源，电源可能仍会继续向所维修部件如伺服单元供电，在这种情况下更换新装置可能会使其损坏，同时操作人员有触电的危险。

(2) 至少要在关闭电源 20min 后，才可以更换放大器。关闭电源后，伺服放大器和主轴放大器的电压会保留一段时间，因此即使在放大器关闭后也有被电击的危险，至少要在关闭电源 20min 后，残余的电压才会消失。

(3) 在更换电气单元时，要确保新单元的参数及其设置与原来单元的相同。否则错误的参数使机床运动失控，会损坏工件或机床，造成事故。

3. 设定参数时注意事项

(1) 为避免由于输入错误的参数造成机床失控，在修改完参数后第一次加工工件时，要关闭机床护罩，通过利用单程序段功能、进给速度倍率功能、机床锁定功能或采用不装刀具操作等方式，验证机床的运行正常，然后才可正式使用自动加工循环等功能。

(2) CNC 和 PLC 的参数在出厂时被设定在最佳值，所以通常不需要修改其参数，由于某些原因必须修改其参数时，在修改之前要确认你完全了解其功能，如果错误地设定了参数值，机床可能会出现意外的运动，可能造成事故。

4. 日常维护注意事项

(1) 存储器备用电池的更换　更换存储器备用电池应在机床（CNC）电源接通下进行，并使机床紧急停止。这项工作是在接通电源和电气柜打开状态下进行的，要防止触及高压电路，防止触电。由于 CNC 利用电池来保存其存储器中的内容，在断电时换电池，将使存储器中的程序和参数等数据丢失。当电池电压不足时，在机床操作面板和 CRT 屏幕上会显示出电池电压不足报警，当显示出电池电压不足报警时，应在一周内更换电池，否则 CNC 存储器的内容会丢失。更换电池时要按说明书中所述的方法进行。

(2) 绝对脉冲编码器电池的更换　绝对脉冲编码器利用电池来保存绝对位置。如果电池电压下降会在机床操作面板或 CRT 屏幕上显示低电池电压报警，当显示出低电池电压报警时要在一周内更换电池，否则保留在脉冲编码器中的绝对位置数据会丢失。

(3) 保险丝的更换　在更换保险丝时，先要找出并消除引起保险丝熔断的原因，然后才可以更换新的保险丝。因此，只有接受过正规的安全和维护培训的人，才可以进行这项工作。

1.9　提高维修数控机床技术水平的方法

由于数控机床采用计算机控制、机电一体化技术，结构复杂、元器件较多，使数控机床的故障复杂，维修难度大，故障率相对普通机床要高。这就要求维修人员要不断提高自己的维修水平。下面介绍一些提高维修水平的方法。

1. 多问

(1) 要多问机床厂家技术人员。如果有机会碰到机床厂家验收数控机床或者厂家技术人员来调试、维修数控机床，应该珍惜这样的机会，因为能够获得大量的资料和一些数控机床维修和调试的方法和技巧。要多问，不懂的要搞清楚。通过努力，一定能学到很多知识。

（2）要多问操作人员。数控机床出现故障后，要多向操作人员询问，要了解故障是什么时候发生的、怎样发生的、故障现象是什么、造成的损害或者效果是什么。为了尽可能多地了解故障情况，维修人员必须多向操作人员询问。在没有出现故障时，也要经常询问操作人员，了解机床的运行情况和异常情况，以便决定是否要对机床进行维护，或者为日后的维修提供必要的第一手资料。

（3）要多问其他维修人员。数控机床出现故障后，很多故障诊断排除起来很困难，遇到难题时，要多向其他维修人员请教，从中可以得到很多经验教训，对提高维修水平和排除故障的能力大有好处。出现难以排除的故障时，还可以及时询问机床制造厂家的技术人员或者数控系统方面的专业人员。有时经过请教讨论，很快就会排除故障，并在此过程中受益匪浅。

当其他人员维修机床，自己没有机会参加时，可以在故障处理后，向他们询问故障现象、怎样排除的、有何经验教训，从而提高自己的维修水平。

2. 多阅读

数控机床的维修人员要养成经常阅读的好习惯，这样可加强对数控知识、数控机床原理、数控机床维修技术等知识的掌握。

（1）要多阅读数控技术资料。现在关于数控技术原理与数控机床维修的理论书籍很多，要多看这方面的书籍，提高理论水平。理解和掌握数控技术的原理，对维修数控机床大有好处。

（2）要多阅读数控系统的资料。要多看数控系统方面的资料，了解掌握数控系统的工作原理、PLC 控制系统的工作原理、伺服系统的工作原理。通过多看数控系统方面的资料，可以了解掌握 CNC 和 PLC 的机床数据含义和使用方法、数控系统的操作和各个菜单的含义和功能，以及如何通过机床自诊断功能诊断故障。要了解掌握 PLC 系统的编程语言。有了这些积累，在排除数控机床的故障时，才能得心应手。

（3）要多阅读梯形图。了解数控机床梯形图的运行程序是掌握数控机床工作原理的方法之一。掌握了数控机床 PLC 梯形图的流程对数控机床的故障维修大有益处，特别是一些没有故障显示的故障。通过对 PLC 梯形图的监测，大部分故障都会迎刃而解。

（4）要多看数控机床的图样资料。多看数控机床的电气图样，可以掌握每个电气元件的功能和作用，掌握机床的电气工作原理，并可以熟悉图样的内容和各元器件之间的关系。在出现故障时，能顺利地从图样中找到相关信息，为快速排除机床故障打好基础。

（5）要多阅读外文资料。现在国内使用的很多数控机床都是进口的，而且许多国产的数控机床使用的是进口数控系统，所以能够多阅读原文资料对了解数控机床和数控系统的工作原理是非常必要的。这样不但可以提高维修人员的外语水平，也可以很容易看懂外文图样和系统的外文报警信息。

3. 多观察

善于观察对维修数控机床来说是非常重要的，因为许多故障都很复杂，只有仔细观察、善于观察，找到问题的切入点，才有利于故障的诊断和排除。

（1）多观察机床工作过程。多观察机床的工作过程，可以了解掌握机床的工作顺序，熟悉机床的运行。在机床出现故障时，可以很快地发现不正常因素，提高数控机床的故障排除速度。

例如一台专用数控机床在工件加工结束后，机械手把工件带到进料口，而没有在出料口把工件释放。根据平常对机床的观察，工件加工结束后，工作过程是这样的：首先机械手插入环形工件，然后机械手在圆弧轨道上带动工件向上滑动，到出料口时，机械手退出工件，加工完的工件进入出料口，而机械手继续向上滑动直至进料口。因为了解机床的工作过程，通过故障现象判断，可能是系统没有得到机械手到达出料口的到位信号。检测机械手到达出料口到位信号是通过接近开关 12PX6 检测的，接入 PLC 输入 I 12.6，而检查该接近开关正常没有问题，那么可能是碰块与接近开关的距离有问题。检查这个距离确实有些偏大，原来是接近开关有些松动，将接近开关的位置调整好并紧固后，这时机床正常工作。

（2）多观察机床结构。多观察机床结构，包括机械装置、液压装置、各种开关位置及机床电器柜的元件位置等，从而可以了解掌握机床的结构以及各个结构的功能。在机床出现故障时，因为熟悉机床结构，很容易就会发现发生故障的部位，从而尽快排除故障。

（3）多观察故障现象。对于复杂的故障，反复观察故障现象是非常必要的，只有把故障现象搞清楚，才有利于故障的排除。所以数控机床出现故障时，要注重故障现象的观察。

例如一台采用西门子系统的数控机床经常出现报警 118 "Control Loop Hardware" 指示 Y 轴伺服控制环有问题，关机再开，机床还可以工作。反复观察故障现象，发现每次出现故障报警时，Y 轴都是运动到 210mm 左右。为了进一步确认故障，开机后不作轴向运动，在静态时几个小时也不出故障报警，因此怀疑这个故障与运动有关。根据机床工作原理，这台机床的位置反馈元件采用光栅尺。光栅尺的电缆随滑台一起运动，每班都要往复运动上千次。因此怀疑连接电缆可能经常运动使个别导线折断，导致接触不良。对电缆进行仔细检查，发现有一处确实有部分导线折断。将电缆折断部分拆开，焊接处理后，机床运行再也没有出现这个报警。

4. 多思考

（1）多思考，开阔视野。维修数控机床时要冷静，要进行多方面分析，不要不思考就贸然下手。例如一台采用 FANUC-0TC 系统的数控车床，工作中突然出现故障，系统断电关机，重新启动，系统启动不了。检查发现 24V 电源自动开关断开，对负载回路进行检查发现对地短路。短路故障是非常难于发现故障点的，如果逐段检查非常繁琐。所以当时没有贸然下手，而是对图样进行分析，并向操作人员询问，故障是在什么情况下发生的。据操作人员反映是在踩完脚踏开关之后，机床就出现故障了。根据这一线索，首先检查脚踏开关，发现确实是脚踏开关对地短路，处理后，机床恢复了正常工作。

（2）多思考，知其所以然。一些数控机床出现故障后，有时在检查过程中会发现一些问题。如果把发现的问题搞清楚，有助于对机床原理理解，也有助于故障维修。要知其然，还要知其所以然。例如一台采用 FANUC-0TC 系统的数控机床出现自动开关跳闸报警，打开电器柜发现 110V 电源的自动开关跳闸。检查负载没有发现电源短路和对地短路，但在接通电源开关的时候，电源总开关直接跳闸。因此怀疑 110V 电源负载有问题。为了进一步检查故障，将 110V 电源自动开关下面连接的两根电源线拆下一根。这时开总电源，电源可以加上，但在数控系统准备好后，按机床准备按钮时，这个自动开关又自动跳闸。对 110V 电源负载进行逐个检查，发现卡盘卡紧电磁阀 7SOL1 线圈短路。如图 1-4 所示，当机床准备时，PLC 输出 Q3.1 输出高电平，继电器 K31 得电，K31 触点闭合，110V 电源为电磁阀 7SOL1 供电。因为线圈短路电流过大，所以 110V 电源的自动开关跳闸。更换电磁阀后机床恢复正常工作。但为什么另一个电源线一接上，总电源开关接通后就跳闸呢？顺着这根连线进行检查，发现它连接到电器柜的门开关上，接着顺藤摸瓜发现经过门开关后又连接到电源总开关的脱扣线圈上，如图 1-5 所示，原来是起保护作用，当电器柜打开时，不允许非专业人员合上总电源。知道这样的功能，对维修其他机床也有参考作用，避免走弯路。

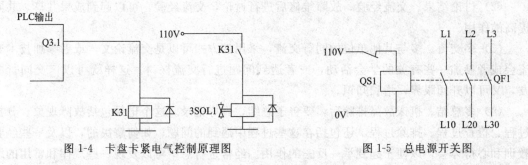

图 1-4　卡盘卡紧电气控制原理图　　　　　　　　　　图 1-5　总电源开关图

（3）多思考，防患于未然。数控机床出现故障后，在维修过程中，发现问题后，不但要解决问题，还要研究发生故障的原因，并采取措施防止故障再次发生，或者延长使用时间。例如一台采用西门子 810 系统的数控机床出现报警 1721 "Control Loop Hardware"（控制环硬件），指示 Z 轴反馈回路有问题，经检查为编码器损坏，更换编码器故障消除。研究故障产生的原因，原来是机床切削液排出不畅，致使编码器和电缆插头浸泡在切削液中，为防止故障再次发生，在编码器附近加装排水装置和溢流装置，使编码器再也不会浸入切削液中。又如一台采用西门子 810 系统的数控机床出现故障，在磨削加工时，磨轮撞到工件上，致使 7 万余元的进口磨轮报废。分析故障原因，是编码器出现故障，更换编码器后，机床恢复正常工作。研究故障发生的原因：一是该机床采用油冷却，冷却油雾进入编码器，使编码器工作不稳定；二是执行加工程序时，砂轮首先快速接近工件，在距离工件 0.5mm 时使用磨削速度磨削工件。为了减少故障频次和损失，首先采取保护措施使编码器尽量少进油雾；其次对加工程序进行改进，在距离工件 10mm 时停止快移；然后以 5 倍磨削速度进给到距离工件 0.5mm 的位置后再进行磨削。这样即使编码器出现问题，也不至于磨轮撞到工件，只可能将工件磨废，减少损失，并可以及时发现问题。

5. 多实践

（1）多实践，积累维修经验。多处理数控机床的故障，可以积累维修经验，提高维修水平和处理问题的能力，并能更多地掌握维修技巧。

（2）多实践，在实践中学习。在维修中学习维修，排除机床故障的过程也是学习的过程。机床出现故障时，分析故障的过程，也是对机床和数控系统工作原理熟悉的过程。并且通过对故障疑点的逐步排查，可以掌握机床工作程序和引起故障的各种因素，也可以发现一些规律。通过在实践中的学习，可以积累经验，如果再出现相同的故障，虽然不一定是同一种原因，但根据以往的处理经验，很快就可以排除故障。另外还可以举一反三，虽然有许多故障是第一次发生，但通过实践中积累的经验触类旁通，从而提高维修机床的能力和效率。

例如，一台采用西门子 3M 系统的数控机床，在排除数控机床找不到参考点的故障时，发现 Y 轴编码器有问题。更换编码器时，系统出现报警 118 "Control Loop Hardware"，指示 Y 轴伺服控制环出现问题，经检查发现编码器电缆插头没有连接好。有了这样的经验后，数控机床以后出现同类型报警时，从检查伺服反馈回路入手，很快就能确诊故障。

6. 多讨论、多交流

（1）讨论怎样排除故障。当数控机床出现故障难于排除时，可以成立小组，取长补短，使用鱼刺图，采用头脑风暴的方法，群策群力。从故障现象出发，尽可能多地列出可能的故障原因，然后逐一排除，最终找出故障的真正原因。通过这样的过程，小组成员的维修水平都会得到相应提高。

（2）讨论结果、交流经验。故障维修后进行讨论，交流经验，可以起到成果共享、共同提高的作用。

（3）多交流。多与其他单位的同行交流，采用的方式可以是交流论文，或者参加技术交流会或者参加一些有关的学会活动，或者遇到问题进行交流探讨。这样既可以广交同行朋友，又可以开阔眼界，增长知识。

（4）多总结。机床故障排除后，要善于总结，做好记录。这个记录包括故障现象、分析过程、检查过程、排除过程，还包括在这些过程中遇到的问题、如何解决的，以及一些经验教训和心得体会，以便于起到举一反三的作用。经常进行总结可以发现一些规律和常用的维修方法，从而实现从实践到理论的升华。

思考与练习题

1. 数控机床故障诊断与维修的意义是什么？
2. 数控机床故障诊断与维修的基本要求是什么？
3. 数控机床故障的分类如何？
4. 数控机床故障的特点是什么？
5. 数控机床故障诊断原则是怎样的？
6. 数控机床故障诊断与维修的一般方法有哪些？
7. 常见故障检查方法有哪些？
8. 何谓通信诊断？
9. 数控机床故障诊断步骤是什么？

第2章　数控系统的故障诊断及维护

2.1　数控系统的特点

随着电子技术的飞速发展，各种类型的数控产品都得到了多次的技术补充和改进，使其系统已逐渐走向功能完善、性能稳定、高速、高精度和高效率。尤其是当今世界的两大主流系统 FANUC 和 SIEMENS 系统更是突出。总起来讲数控系统的特点是比较多的，这里就只针对与诊断有关的特点进行讲述。

从数控机床或者数控原理这门课程中知道 CNC 装置是数控系统的核心。数控机床是由软件（存储的程序）来实现数字控制的。数控系统的特殊性主要由它的核心装置——CNC装置来体现的。而 CNC 装置结构包括了软件结构与硬件结构。如图 2-1 清楚地给出了作为数控系统核心——CNC 装置的一般结构情况。其中，纸带阅读机往往被磁盘驱动器与计算机通讯接口所替代。

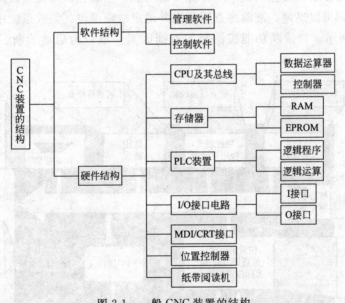

图 2-1　一般 CNC 装置的结构

在数控系统的数字电路中传递的信号，无论是工作指令信号、反馈信号，还是控制指令信号，大多是数字信号，也就是电脉冲信号。从图 2-2 上 CNC 装置输入与输出可以看出这一特点。实际上，在具有大规模数字电路的 CNC 装置中，信号输入与输出接口装置上，及其信号连接与传递途径中，传送的多是电脉冲信号。这种信号极易受电网或电磁场感应脉冲的干扰。

综上所述，CNC 装置具有如下几个重要特点。

（1）数控装置具有丰富的系统控制功能。如：刀具寿命管理、极坐标插补、圆弧插补、多边形加工、简易同步控制、C 轴控制、串行和模拟主轴控制、主轴刚性攻丝、多主轴控制

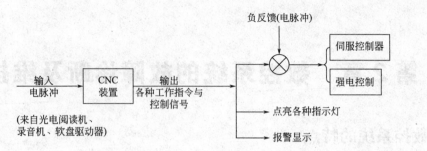

图 2-2　CNC 装置的输入与输出信号

功能、主轴同步控制功能、PLC 图形显示、PLC 梯形图编辑功能（需要编程卡）等。

（2）具有软件结构与硬件结构。

（3）工作与传递的信号为电脉冲。

（4）具有自诊断功能。

2.2　数控系统的自诊断

现代数控机床由于采用了计算机技术，软件功能较强，配合相应的硬件，具有较强的自诊断能力。故障自诊断是数控系统中十分重要的功能，当数控机床发生故障时，借助数控系统的自诊断功能，可以迅速、准确地查明原因并确定故障部位。数控系统中典型监测和自诊断情况如图 2-3 所示。自诊断功能按诊断的时间因素一般分为启动诊断、在线诊断和离线诊断。

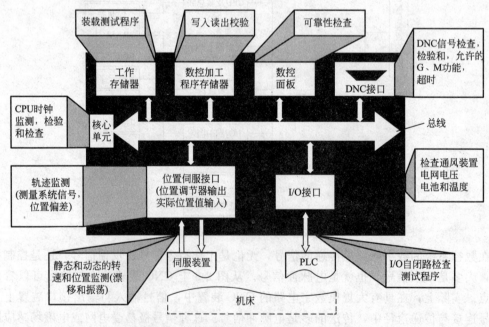

图 2-3　数控系统中典型监测和自诊断情况

1. 启动诊断

启动诊断指数控系统从通电开始，到进入正常运行状态阶段所进行的诊断。诊断目的为确认数控系统各硬件模块是否可以正常工作。

启动诊断要检查的硬件一般包括：核心单元（主模块）、存储器（工作存储器和数控加工程序存储器）、位置伺服接口和伺服装置、I/O 接口、DNC 接口、CRT/MDI 数控面板单元以及各种标准外部输入/输出设备；有些启动诊断也检查数控系统的硬件配置，以确定各种模块、设备以及某些芯片是否插装到位，判断其规格型号是否正确；此外启动诊断还可以对电源温度、通风装置、电网电压和带电保护存储器的电池进行检查。当各项检查都正确时，数控系统才进入运行准备状态，否则，数控系统将通过数控面板上的 CRT（或液晶显示器 LCD）、模块或印刷电路板上的发光二极管、LED 七段显示器等，显示各种故障报告信息。

在核心单元中，对 CPU 主要采用硬件的方法进行 CPU 时钟的监测。当时钟超时时，通过 LED 显示报警；对系统程序存储器主要采用检验和检查，即顺序累加所有单元的二进制数据，舍弃向高位的进位，将余数（即实际检验和）与标准检验和进行比较，若不一致，说明有故障。

对工作存储器，通常装载入特定测试程序，并运行之，若不能正常运行，说明其有故障。对数控加工程序存储器，通过比较写入和再读出的数据进行检查，若比较结果不一致，说明其有故障。

对开关量 I/O 接口，采用自闭路方法检查，其做法是，将 I/O 接口与外部电路和设备脱开，接上一个简单的测试电阻板，将每一个输入电路与一个输出电路通过一个电阻连接成闭合环，运行专用测试程序，使信息从输出电路输出，检查与之相连的输入电路返回信息的响应时间和准确性，若响应时间太长（＞30ms）、无响应或响应不正确，都说明电路存在故障。

每隔一定的时间间隔要通过位置伺服接口对伺服装置进行一次静态与动态检查和轨迹监测。静态检查是在伺服装置无驱动信号时对漂移情况的检查；动态检查是在无负载时，使进给电动机和主轴电动机高速运行，计算在一定时间和一定电流作用下，电动机的拖动距离和转速值，检查其与实际的相符情况；轨迹监测方法为：使机床工作台运行各种给定位置，用测量探头代替刀具，或采用激光干涉仪，测出各种位置偏差。

对数控面板，通过各种操作输入，观察系统响应情况来检查。

对具有通信功能的数控系统，其 DNC 接口（通信接口）的检查是通过对 DNC 信号的传输检查来实现的，即检验通信过程是否超时，通信数据域的检验和是否正确，传输的 G、M 功能是否为系统所允许等。

【例 1】 一台 TOSNUC-600 系统通电后，监视器上显示诊断内容。如果诊断显示锁定在某行不继续向下显示时，表明该行内容通不过。图 2-4 的自诊断内容如下。

(1) 显示主 CPU 软件版本。

(2) CRT 及键盘检查——诊断 ZDC2 电路板是否正常。

(3) 磁泡存储器检查——诊断 ZBM1 电路板是否正常。

(4) 参数装载——将系统参数、设定参数从磁泡存储器中读入 RAM 检查。如检查通不过，此项自诊断显示下列报警号：

8-003 系统参数异常

1-008 设定参数异常

1-012 磁泡存储器异常

```
VERSION   02(T6ME02-Z)***        1
CRT/KEY CHECK                    2
BUBBLE CHECK                     3
PARAMETER LOADING                4
SYSTEM ROM CHECK                 5
SERVO 1 CHECK                    6
PC CHECK                         7
```

图 2-4 启动诊断显示

（5）系统 ROM 检查——诊断 ZPU1 电路板上可编程只读存储器（EPROM）中的系统程序是否正常。

（6）伺服 CPU 检查——诊断 ZSU2 电路板是否正常。

（7）PLC 检查——诊断 ZPC2、ZMS2 电路板是否正常。

这是一个典型的启动自诊断实例。从举例中可以看出，启动自诊断对数控系统主电路、各功能模块进行检测，以确定故障的部位。这类故障如果采用人工检查是很困难的。

维修人员要了解系统的自诊断所能检测的内容及范围，对于级别较高的故障报警，可以采取重新开机，让系统重新进行启动自诊断，检测关键部位是否正常，请看下面实例。

【例 2】　某台 KT610B-01 型数控火焰切割机，采用 FANUC 6M 系统。系统通电进行启动自诊断时，监视器上出现"SYSTEM ERROR 901"，主板上 4 位发光管状态为：×××0（正常状态为×××），数控系统不能进入正常工作状态。

诊断：根据维修手册可知 900～908 号报警为磁泡驱动器故障，其中 901 号报警表示开启电源后，系统没有立即检测磁泡初始点。不要急于调换 BMU 磁泡存储器电路板，先对磁泡存储器按维修手册中规定的磁泡存储器初始化步骤进行重新初始化操作，初始化完成后，系统重新进行启动诊断时，不再出现 901 报警。磁泡存储器重新初始化之后，所存内容已丢失，因此将设定参数、系统参数、宏指令程序及零件程序等重新设置和输入，系统恢复了正常。

2. 在线诊断

在线诊断指数控系统在正堂工作情况下，通过系统内部的诊断程序和相应的硬件环境，对系统运行的正确性的检查。

在现代数控系统中一般都存在着两种控制装置，即数控装置（CNC 装置）和可编程控制器（PLC），它们分别执行不同的监测和诊断任务。PLC 主要监测数控机床的开关过程和开关状态，如：扫描周期检查，限位开关、液压、气压及温度阀的工作状态检查，换刀过程检查，及各种开关量的逻辑关系和闭锁（互锁、自锁）情况检查；而 CNC 装置则主要进行各数控功能和伺服系统的监测，包括对所运行的数控加工程序的正确性检查，对伺服状态的检查，对工作台运行范围的检查及对各种过程变量（刀具磨损、切削力等）的自适应调节等。

CNC 装置对数控加工程序的正确性检查主要是对程序的逻辑错误和语法错误进行检查；对伺服状态检查可通过对位置、速度的实际值相对给定值的跟踪状态来检查，若跟踪误差超过一定限度，表明伺服装置出了故障；通过工作台实际位置与位置边界值的比较可以检查出工作台运行范围是否出界。

根据数控系统诊断能力，还有更多的诊断措施，CNC 系统的诊断信息一般为数百条，包括操作故障；编程故障；伺服故障；行程开关报警；电路板间连接故障；过热报警；存储器报警；系统报警等。

上述各类信息又细分为数条乃至数百条故障内容，每一条都被赋予一个故障报警号，在数控系统使用说明书中提供说明。当故障出现时，数控系统对同时出现的故障信息按紧迫性进行判断，显示最紧急的故障编号，并附有简单说明，在 CRT 上显示，对有些故障还具有故障处理能力，如：对伺服故障的处理是立即停止加工，使系统进入紧急停止状态。

【例 3】　一台 MPA-45120 型数控龙门铣床，采用 TOSNUC600M 数控系统和 DSR-83型直流主轴调速单元。机床在切削加工时，忽然停止工作，监视器上显示 PC4-00 号报警。关机片刻后再开机，机床能正常工作，但不久又发生同样故障。

故障分析与处理：PC4-00 号报警是 PLC 报警，含义为主轴单元故障，其现象是主电机

过热。当主轴调速单元出现故障后，将故障信号送
至 PLC，再由 PLC 将此故障信息送至 CNC 装置，
监视器上显示相应的报警号。查 PLC-NC 间信号名
称、地址（代号）及其正常状态。得知：PC4-00 号
报警信号是由地址为 E3F6 的报警继电器闭合状态
（"1" 状态）时发出的报警信号。

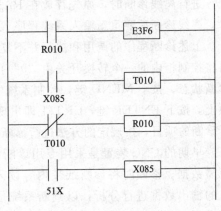

调用如图 2-5 所示的梯形图，从梯形图中可知，
该报警号报警流程为：

过热→51X 闭合（热继电器）→X085 得电→
X085 闭合→T010 得电→T010 断开→R010 断电→
R010 闭合→E3F6 闭合→产生 PC4-00 号报警。

图 2-5　PC4-00 报警有关梯形图

而主电动机过热一般是机床主轴铣头切削深度
过大或切削速度过快，导致主电动机过电流引起的。检查主轴铣头切削正常，电动机工作电
流正常，用手触摸电动机外壳，感觉温升异常，判断是主电动机通风不良。检查风冷电动机
及风道，发现电动机风道内积满尘埃。打开电动机风道盖，清除灰尘后故障消除。

3. 离线诊断

离线诊断是由经过专门训练的人员进行的诊断，目的在于查明原因，精确确定故障部
位，力求把故障定位在尽可能小的范围内，如缩小到某个模块，某个印刷线路板或板上的某
部分电路，甚至某个芯片或器件。例如，德国 MAHO 公司的 CNCA32 数控系统离线诊断
专用程序内容，见表 2-1。离线诊断时专门人员在数控系统停止运行系统程序的条件下，把
专用诊断程序通过输入/输出设备或通信的方法输入到数控系统内部，以诊断程序取代系统
程序运行，从而诊断出系统故障。诊断的场所可以是设备现场、数控系统维修中心或数控系
统制造厂。

表 2-1　德国 MAHO 公司的 CNCA32 数控系统离线诊断专用程序内容

序　号	离线诊断专用程序内容	规定执行人员的权利
1	VIDEO MOD/CRT 用来诊断显示单元的工作状态	可由操作人员进行调用和执行
2	CONTROL PANEL 用来检查控制面板上各个键及旋钮功能是否正常	
3	PROC MOD INT 用来检查 CPU 插件内部各电路的功能	
4	PROC MOD V24 用来检查 CPU 插件的 V24 接口电路的功能	
5	PROC MOD RAM 用来检查 CPU 插件中 RAM 的功能是否正常	
6	MEMORY MOD 用来检查存储器(包括 RAM 和 EPROM)功能是否正常	
7	DRIVE MOD1 用来检查 X、Y 轴伺服电机插件的功能	必须由专业维修人员来调用
8	DRIVE MOD2 用来检查 Z、B 轴伺服电机插件的功能	
9	DRIVE MOD3 用来检查主轴伺服电机的插件的功能	
10	I/O MOD1 用来检查输入输出插件的功能	
11	I/O MOD2 用来检查附加输入输出插件	
12	SERVICE ONLY1 只能由受过专门训练的维修专家进行调用	只能由受过专门训练的维修专家调用和执行；否则，可能给机床和系统造成严重故障

进行离线诊断时，原先存放在 RAM 中的系统程序、数据以及零件加工程序有可能被清除，离线诊断后要重新输入系统程序、数据以及零件加工程序。

上述诊断程序的调用和执行并不复杂，首先接通控制系统电源，并按下 MANUAL 键，再将控制柜内的一个转换开关由"0"打到"1"的位置，即将整个控制系统从工作状态变为诊断状态。按下 MENU 键，控制系统主菜单即出现在 CRT 上。将光标移到 DIAGNOSTIC 项上，按下 ENTER 键，CRT 上即出现 12 个诊断程序的名称，以供选择。用光标确定要进行诊断的项目，按规定的方法进行诊断运行即可。

早期的 CNC 装置是采用专用诊断纸带对 CNC 系统进行脱机诊断。诊断纸带提供诊断所需数据。诊断时将诊断纸带内容读入 CNC 系统的 RAM 中。系统中的微处理器根据相应的输出数据进行分析，以判断系统是否有故障并确定故障的位置。近期的 CNC 系统则是采用工程师面板、改装过的 CNC 系统或专用测试装置进行测试。现代 CNC 系统的离线诊断用软件，一般多以与 CNC 系统控制软件一起存在 CNC 系统中，这样维修时更为方便。

2.3　数控系统的主要故障

前面已经说过数控系统由软件和硬件所组成，那么它的主要故障就也分为软件故障和硬件故障。

2.3.1　数控系统的软件故障诊断

1. 软件配置

下面以西门子系统为例说明系统软件的配置。总的来说系统软件包括三部分（见表 2-2）。

表 2-2　系统软件的组成

分　类	名　　称	传输识别符		说　　明	制造者
		820/810	850/880		
Ⅰ	启动芯片	—		存储或固化到 EPROM 中	系统生产厂
	基本系统软件	—			
	加工循环	—			
	测量循环				
Ⅱ	NC 机床数据	%TEA1	TEA1	存储或固化到 EPROM 中或 RAM 中	机床生产厂
	PLC 机床数据	%TEA2	TEA2		
	PLC 用户程序	%PCP			
	PLC 报警文本	%PCA			
	系统设定数据	%SEA	SEA		
Ⅲ	加工主程序	%MPF	MPF	存储在 RAM 中	机床用户
	加工子程序	%SPF	SPF		
	刀具补偿参数	%TOA	TOA		
	零点偏置参数	%ZOA	ZOA		
	R 参数	%RPA	RPA		

（1）Ⅰ部分　数控系统的生产厂家研制的启动芯片、基本系统程序、加工循环、测量循环等。出于安全和保密的需要，这些程序在出厂前被预先写入 EPROM。用户可以使用这部分内容，但不能修改它。如果因为意外破坏了该部分软件，应注意所使用的机床型号和所使用的软件版本号，及时与系统的生产厂家联系，要求更换或复制软件。

（2）Ⅱ部分　由机床厂家编制的针对具体机床所用的 NC 机床数据、PLC 机床程序、PLC 机床数据、PLC 报警文本。这部分软件是由机床厂家在出厂前分别写入到 RAM 或 EPROM，并提供有技术资料加以说明。由于存储于 RAM 中的数据由电池进行保持，所以要做好备份。

（3）Ⅲ部分　由机床用户编制的加工主程序、加工子程序、刀具补偿参数、零点偏置参数、R 参数等组成。这部分软件或参数被存储于 RAM 中。这部分软件或参数是与具体的加工密切相关的。因此，它们的设置、更改是机床正常完成加工所必备的。

以上几部分软件均可通过多种存储介质（如软盘、硬盘、磁带等）进行备份，以便出现故障进行核查和恢复。

2. 数控系统的软件故障现象及其成因

数控系统的常见软件故障现象及其成因见表 2-3。

表 2-3　CNC 系统的常见软件故障现象及其成因

软件故障现象		故　障　成　因		
	软件故障成因		硬件故障成因	
	人为/软性成因	各种干扰	RAM/电池 失电或失效	器件/线缆/ 接插件/印刷板故障
1　操作错误信息	操作失误			
2　超调	加/减速或增益参数设置不当			
3　死机或停机	参数设置错误或失匹/改写了 RAM 中的标准控制数据/开关位置错置/编程错误	电磁干扰窜入总线导致时序出错	屏蔽与接地不良
4　失控		电网干扰/电磁干扰/辐射干扰窜入 RAM，或 RAM 失效与失电造成 RAM 中的程序/数据参数被更改或丢失	电源线连接相序错误
5　程序中断而停机			负反馈接成正反馈
6　无报警不能运行或报警停机			主板/计算机内保险丝熔断
7　键盘输入后无相应动作	冗长程序的运算出错/死循环/运算中断/写操作 I/O 的破坏	CNC/PLC 中机床数据丢失	相关电器，如：接触器、继电器或接线的接触不良
8　多种报警并存		系统参数的改变与丢失	传感器污染或失效
9　显示"没准备好"		系统程序/PLC 用户程序的改变与丢失	开关失效
		零件加工程序编程错误	电池充电电路线路中故障/各种接触不良/电池寿命终极或失效
说明	维修后/新程序的调试阶段/新操作工	外因：突然停电、周围施工/感性负载	长期闲置后起用的机床，或老机床失修
		内因：接口电路故障以及屏蔽与接地问题	带电测量导致短路或撞车后所造成

由上可以看出：一种故障现象可以有不同的成因（例如键盘故障，参数设置与开关都存在问题可能）；同种成因可以导致不同的故障现象；有些故障现象表面是软件故障，而究其成因时，却有可能是硬件故障或干扰、人为因素所造成。所以，查阅维修档案与现场调查对于诊断分析是十分重要的。

3. 数控系统的软件故障的排除

对于软件丢失或参数变化造成的运行异常、程序中断、停机故障，可采取对数据程序更改或清除重新再输入来恢复系统的正常工作。

对于程序运行或数据处理中发生中断而造成的停机故障，可采用硬件复位或关掉数控机床总电源开关，然后再重新开机的方法排除故障。

NC复位、PLC复位能使后继操作重新开始，而不会破坏有关软件和正常处理的结果，以消除报警。亦可采用清除法，但对NC、PLC采用清除法时，可能会使数据全部丢失，应注意保护不想清除的数据。

开关系统电源是清除软件故障的常用方法，但在出现故障报警或开关机之前一定要将报警的内容记录下来，以便排除故障。

4. 零件加工程序带来的故障

零件加工程序也属于数控软件的范畴，无论对数控机床的维修人员还是编程人员来说，都要能熟练掌握和运用手工编程指令进行零件加工程序的编制。零件加工程序在运行中可能带来的故障主要有：程序的语法错误报警和逻辑错误报警。其主要的语法错误有：

（1）第一个代码不是N代码（有些系统有这样的要求）；

（2）N代码后数值超过CNC系统所规定的范围；

（3）N代码后数值为负数；

（4）碰到了不认识的功能代码；

（5）坐标值代码后的数据超越了机床行程范围；

（6）S代码设定的主轴转速越界；

（7）F代码设定的进给速度越界；

（8）T代码后的刀具号不合法；

（9）遇到了CNC系统中没有的G代码，一般数控系统只能实现ISO标准或EIA标准中G代码的一个子集；

（10）遇到了CNC系统中没有的M代码，一般数控系统只能实现ISO标准或EIA标准中M代码的一个子集。

其主要的逻辑错误有：

（1）在同一个数控加工程序段中先后出现了两个或两个以上同组的G代码，例如同时编入了G41和G42是不允许的；

（2）在同一个数控加工程序段中先后出现了两个或两个以上同组的M代码，例如同时编入了M03和M04也是不允许的；

（3）在同一个数控加工程序段中先后编入了互相矛盾的零件尺寸代码；

（4）违反了CNC系统的设计约定，例如设计时约定一个数控加工程序段中一次最多只能编入3个M代码，但在实际编程时编入了4个甚至更多个M代码是不允许的。

以上仅是数控加工程序诊断过程中可能会碰到的部分错误。事实上，在实际加工过程中还会遇到许许多多的错误现象，这时要结合具体情况加以诊断和防范。

另外由于程序指令运用不当也会带来故障。有时还可利用程序来找出机床故障的原因。

【例4】　采用西门子810数控系统的立式铣床在自动加工某一曲线零件时出现爬行现象，表面粗糙度极差。在运行测试程序时，直线、圆弧插补皆无爬行现象出现，由此可以确定故障原因在程序方面。对加工程序仔细检查后发现该加工曲线由众多小段圆弧组成，而编程时又使用了准确定位检查G61指令。将程序中的G61代码取消，改用G64（连续方式）代码以后，爬行现象消除。

【例5】　配有FANUC-7CM的加工中心，加工过程中出现零件尺寸相差较大的现象，使用功能程序进行测试，当运行到含有G01、G02、G18、G19、G40、G41和G42的指令代码的四角带有圆弧过渡的长方形典型零件时，发现机床运动轨迹与所要求的加工图形不符合，从而确定机床的刀补不良。该数控系统的刀具补偿软件存放在 EPROM 中，更换该集成块，系统恢复正常。

2.3.2　数控系统的硬件故障诊断

1. 数控系统的硬件故障现象及其成因

与硬件故障相关的常见故障现象见表 2-4。

表 2-4　数控系统常见的硬件或器件故障现象

无　输　出			输出不正常		
不 能 启 动	不 动 作	无 反 应	失 控	异 常	原 因
显示器不显示 数控系统不能启动 不能运行	轴不动 程序中断 故障停机 刀架不转 刀架不回落 工作台不回落 机械手不能抓刀	键盘输入后无相 应动作	飞车 超程 超差 不能回零 刀架转而不停	显示器混乱/不稳 轴运行不稳 频繁停机 偶尔停机 振动与噪声 加工质量差(如表 面振纹)	欠压 过压 过流 过热 过载

在表 2-4 列出的故障现象中，有些故障现象表现为硬件不工作或工作不正常，而实际涉及的成因却可能是软性的或参数设置问题。例如，有的是控制开关位置置错的操作失误。控制开关不动作可能是在参数设置为"0"状态，而有的开关位置正常（例如急停、机床锁住与进给保持开关）可能在参数设置中为"1"状态等。又如，伺服轴电机的高频振动就与电流环增益参数设置有关。再如，超程与不能回零可能是由于软超程参数与参照点设置不当引起的。同样，参数设置的失匹，可以造成机床的许多控制性故障。

通常为了方便起见，将电气器件故障与硬件故障混合在一起，通常称为硬件故障。其器件故障包括：低压电器故障、传感器故障、总线装置故障、接口装置故障、直流电源故障、控制器故障、调节器故障、伺服放大器故障等。器件故障的成因，可以归为两类。一类是，器件功能丧失引起的功能故障（或称"硬性故障"）。一般采用静态检查容易查出。这类故障又可以分成可恢复性的和不可恢复性的。器件本身硬性损坏，就是一种不可恢复性的故障，必须换件。而接触性、移位性、污染性、干扰性（例如散热不良或电磁干扰）以及接线错误等造成的故障是可以修复的。另一类是，器件的性能故障（或称"软性故障"），即器件的性能参数变化以致部分功能丧失。一般需要动态检查，比较难查。例如传感器的松动、振动与噪声、温升、动态误差大、加工质量差等。

机床在工作过程中可能会遇到各种不同的状况，在这些不同的状况下将可能引发不同机理的硬件故障。例如：长期闲置的机床上的接插件接头、保险丝卡座、接地点、接触器或继电器等触点、电池夹等易氧化与腐蚀，引发功能性故障。老机床易引发拖动弯曲电缆的疲劳折断以及含有弹簧的元器件（多见于低压电器中）弹性失效；机械手的传感器、位置开关、编码器、测速发电机等易发生松动移位；存储器电池、光电池、光电阅读器的读带、芯片与集成电路易出现老化寿命问题以及直流电机电刷磨损等；传感器、低压控制器的污染；过滤器与风道堵塞以及伺服驱动单元大功率器件失效造成温升等，既可以是功能性故障又可以是性能故障。新机床或刚维修过的机床容易出现接线错误等的软故障。

2. 数控系统的硬件故障的检查与分析

数控系统的硬件故障泛指所有的电子器件故障，接插件故障，线路板（模块）故障与线路故障等。其故障检查过程因故障类型而异，以下所述方法无先后次序之分，可穿插进行，综合分析，逐个排除。

（1）常规检查　数控系统的常规检查应包括以下几个方面。

① 检查 MDI/CRT 单元、机床操作面板等单元的元器件外观有无破损。

② 检查控制单元、伺服驱动器、电源单元、I/O 单元、PLC、电动机及编码器等单元的元器件有无不良；各元器件和电线外形是否有破损、污染。

③ 各连接电缆是否有破损、绝缘损坏或插接不良等。

④ 如果电缆线已经更换，则应检查更换的电缆线是否符合系统要求；屏蔽层是否已经可靠连接等。

⑤ 检查面板上、机床上的操作元器件是否安装牢固。

⑥ 看空气断路器、继电器是否脱扣，继电器是否有跳闸现象，熔丝是否熔断。

⑦ 检查各接线是否正确、是否有松动脱落现象、线径是否足够大，保护地是否为单点接地、安装是否牢固等。

⑧ 若曾经有人检修过电路板，还得检查开关位置、电位器设定、短路棒选择、线路更改是否与原来状态相符；并注意观察故障出现时的噪声、振动、焦煳味、异常发热、冷却风扇是否转动正常等。

⑨ 元器件易损部位应按规定定期检查。直流伺服电机电枢电刷、测速发电机电刷都容易磨损或粘污物，前者造成转速下降。

⑩ 电源电压的检查。电源电压正常是机床控制系统正常工作的必要条件，电源电压不正常，一般会造成故障停机，有时还会造成控制系统动作紊乱。硬件故障出现后，检查电源电压不可忽视。检查步骤可参考调试说明，方法是参照电源系统，从前（电源侧）向后地检查各种电源电压。应注意到电源组功耗大、易发热，容易出故障。多数情况下的电源故障是由负载引起的，因此更应在仔细检查后续环节后再进行处理。检查电源时，不仅要检查电源自身馈电线路，还应检查由它馈电的无电源部分是否获得了正常的电压；不仅要注意到正常时的供电状态，还要注意到故障发生时电源的瞬时变化。

【例 6】　TC1000 型加工中心启动后出现 114 号报警。经检查发现，Y 轴光栅适配器电缆插头松脱。

【例 7】　Y203 型数控组合机床一次 X 轴报警跟随误差太大。经检查发现，受冷却水及油的污染，光栅标尺栅和指示栅都变脏。清洗后，故障消失。

【例 8】　TC1000 型加工中心控制面板显示消失。经检查面板 MS401 板电源熔丝断，诊断发现其内部无短路现象，换上熔丝后显示恢复。

（2）I/O 信号状态检查　当系统发生故障时，首先需要判别故障发生的部位，即：初步确定故障发生在系统内部还是系统外部。当故障发生在系统外部时，还需要判别故障是由 PLC 程序逻辑条件不满足或是机床侧的元器件故障引起的。在某些情况下，机床也可能因为系统处在等待外部信号输入的状态，而暂时无动作。为此，在维修时，应熟练掌握系统的自诊断技术，随时检查系统、PLC、机床的接口信号状态与系统的内部工作状态，以便判断故障原因。

在维修中，系统状态的检查包括接口信号诊断与系统状态诊断两个方面。在不同的数控系统中，状态诊断的内容与方法不尽相同，维修人员应根据机床的实际使用系统情况，对照有关说明书进行。

（3）故障现象分析法　故障分析是寻找故障的特征。最好组织机械、电气技术人员及操作者会诊，捕捉出现故障时机器的异常现象，分析产品检验结果及仪器记录的内容，必要时（会出现故障发生的现象或可能，设备还可以运行到这种故障再现而无危险）可以让故障再现，经过分析可能找到故障规律和线索。

【**例 9**】　GPM900B-2 型数控曲轴铣床一次出现工件主轴一启动就发生过负荷报警。不装工件试验，工件主轴运行正常，装上工件后即使不进行切削，工件一回转就报警停机。经检查发现机床上两个夹头不同心，造成装夹应力，工件主轴回转时阻力太大。检查发现工件过长，大于两夹头间的装夹距离，工件一旦夹紧即造成两夹头不同心情况，工件一旋转就出现过负荷的现象。

（4）系统分析法　判断系统存在故障的部位时，可对控制系统方框图中的各方框单独考虑。根据每一方框的功能，将方框划分为一个个独立的单元。在对具体单元内部结构了解不透彻的情况下，可不管单元内容如何，只考虑其输入和输出。这样就简化了系统，便于维修人员排除故障。首先检查被怀疑单元的输入，如果输入中有一个不正常，该单元就可能不正常。这时应追查提供给该输入的上一级单元；在输入都正常的情况下而输出不正常，那么故障即在本单元内部。在把该单元输入和输出与上下有关单元脱开后，可提供必要的输入电压，观察其输出结果（亦请注意到有些配合方式把相关单元脱开后，给该单元供电会造成本单元损坏）。当然在使用这种方法时，要求了解该单元输入输出点的电信号性质、大小、不同运行状态信号状态及它们的作用。用类似的方法可找出独立单元中某一故障部件，逐步缩小故障范围，直至把故障定位于元件。在维修的初步阶段及有条件时，对怀疑单元可采用换件诊断修理法。但要注意，换件时应该对备件的型号、规格、各种标记、电位器调整位置、开关状态、跳线选择、线路更改及软件版本是否与怀疑单元相同予以确认，并确保不会由于上下级单元损坏造成的故障而损坏新单元，此外还要考虑到可能要重调新单元的某些电位器，以保证该新单元与怀疑单元性能相近。一点细微的差异都可能导致失败或造成损失。

（5）面板显示与指示灯显示分析法　数控机床控制系统多配有面板显示器、指示灯。面板显示器可把大部分被监控的故障识别结果以报警的方式给出。对于每个具体的故障，系统有固定的报警号和文字显示给予提示。特别是彩色 CRT 的广泛使用及反衬显示的应用使故障报警更为醒目。出现故障后，系统会根据故障情况、故障类型，提示或者同时中断运行而停机。对于加工中心运行中出现的故障，必要时，系统会自动停止加工过程，等待处理。指示灯只能粗略地提示故障部位及类型等。程序运行中出现的故障，程序显示报警出现时程序的中断部位，坐标值显示提示故障出现时运动部件坐标位置，状态显示能提示功能执行结果。在维修人员未到现场前，操作者尽量不要破坏面板显示状态、机床故障后的状态，并向维修人员报告自己发现的面板瞬时异常现象。维修人员应抓住故障信号及有关信息特征，分析故障原因。故障出现的程序段可能有指令执行不彻底而应答。故障出现的坐标位置可能有位置检测元件故障、机械阻力太大等现象发生。维修人员和操作者要熟悉本机床报警目录，对有些针对性不强、含义比较广泛的报警要不断总结经验，掌握这类故障报警发生的具体原因。

在 FANUC 0i 系统中，当 CNC 出现故障时，可以通过发光管的状态，判断系统运行时的状态和出现故障的范围。表 2-5 为 FANUC 0i 系统电源接通时的 LED 变化及其所代表的含义，据此可以判断 CNC 系统运行时的状态。表 2-6 为 CNC 出现故障时 LED 的报警显示，据此可以得知出现故障的部件范围。

表 2-5　FANUC 0i 系统电源接通时的 LED 显示

	绿色 LED 显示	含　义
STATUS	○○○○	电源没有接通的状态
STATUS	◎◎◎◎	电源接通后,软件装载到 DRAM 中,或因错误,CPU 处于停止状态
STATUS	◎◎◎○	等待系统内各处理器的 ID 设定
STATUS	◎◎○○	系统内各处理器 ID 设定完成
STATUS	◎○○○	FANUC BUS 初始化完成
STATUS	◎○○○	PLC 初始化完成
STATUS	◎◎○○	系统内各印制板的硬件配置信息设定完
STATUS	◎◎◎○	PLC 梯形图程序的初始化执行完
STATUS	◎○○○	等待数字伺服的初始化
STATUS	◎○○○	初始设定完成,正常运行中

注:◎表示灯亮;○表示灯灭。

表 2-6　FANUC 0i 系统出现系统错误时的 LED 显示

	LED 显示	含　义
STATUS	○○◎○	主 CPU 板上出现电池报警
ALARM	○◎○	
STATUS	◎◎◎◎	出现伺服报警(看门狗报警)
ALARM	◎◎◎	
STATUS	◎◎◎◎	出现其他系统方面的报警
ALARM	○◎○	

注:◎表示灯亮;○表示灯灭。

【例 10】 TC500 型加工中心启动不起来,面板显示 EPROM 故障并提示出报警部位在 EPROM CHIP41。因为系统软件全部存储于 EPROM 存储器中,它们的正确无误是系统正常工作的基本条件,因此,机床每次启动时系统都会对这些存储器的内容进行校验和检查,一旦发现检测校验有误,立即显示文字报警并指示出错芯片的片号。据此可知故障与芯片41 有关。经检查 41 号芯片在伺服处理器 MS250 上,更换芯片 41 无效,更换 MS250 故障消失。

(6) 信号追踪法　信号追踪法是指按照控制系统方框图,从前往后或从后向前地检查有关信号的有无、性质、大小及不同运行方式的状态,与正常情况相比较,看有什么差异或是否符合逻辑。如果线路中由各元件"串联"组成,则出现故障时,"串联"的所有元件和连接线都值得怀疑。在较长的"串联"电路中,适宜的做法是将电路分成两半,从中间开始向两个方向追踪,直到找到有问题的元件(单元)为止。两个相同的线路,可以对它们部分地进行交换试验。这种方法类似于把一个电机从其电源上拆下,接到另一个电源上试验电机,类似的,在其电源上另接一电机试该电源,这样可以判断出是电机有问题还是电源有问题。但对数控机床来讲,问题就没有这么简单了,交换一个单元一定要保证该单元所处大环节(如位置控制环)的完整性,否则可能闭环受到破坏,保护环节失效。例如只改用 Y 轴调节器驱动 X 轴电机,若只换接 X 轴电机及转速传感器于 Y 轴调节器,而不改接 X 轴位置反馈于 Y 轴反馈上,改接 X 轴转速设定于 Y 轴调节器上(或在 NC 中改 X 轴为 Y 轴号),给指令 Y 轴,这时 X 轴各限位开关失效,且 X 轴移取无位置反馈,可能机床一启动即产生 X 轴测量回路硬件故障报警,且 X 轴各限位开关不起作用。

① 接线系统(继电器-接触器系统)信号追踪法。硬接线系统具有可见接线、接线端子、测试点。故障状态可以用试电笔、万用表、示波器等简单测试工具测量电压、电流信号

大小、性质、变化状态和电路的短路、断路、电阻值变化等，从而判断出故障的原因。举简单的例子加以说明：有一个继电器线圈 K 在指定工作方式下，其控制线路为经 X、Y、Z 三个触点接在电源 P、N 之间，在该工作方式中 K 应得电，但无动作，经检查 P、N 间有额定电压，再检查 X-Y 接点与 N 间有无电压，若有，则向下测 Y-Z 接点与 N 间有无电压，若无，则说明 Y 轴点可能不通，其余类推，可找出各触点、接线或 K 本身的故障；例如控制板上的一个三极管元件，若 C 极、E 极间有电源电压，B 极、E 极间有可使其饱和的电压，接法为射极输出。如果 E 极对地间无电压，就说明该三极管有问题。当然对一个比较复杂的单元来讲，问题就会更复杂一些，但道理是一样的。影响它的因素要多一些，关联单元相互间的制约要多一些。

②　CNC、PLC 系统状态显示法。机床面板和显示器可以进行状态显示，显示其输入、输出及中间环节标志位等的状态，用于判别故障位置。但由于 CNC、PLC 功能很强且较复杂，因此要求维修人员熟悉具体控制原理和 PLC 使用的汇编语言。如 PLC 程序中多有触发器支持，有的置位信号和复位信号都维持时间不长，有些环节动作时间很短，不仔细观察，很难发现已起过作用，但状态已经消失的过程。

③　硬接线系统的强制法。在追踪中也可以在信号线上输入正常情况的信号，以测试后续线路，但这样做是很危险的，因为这无形之中忽略了许多联锁环节。因此要特别注意：要把涉及前级的线断开，避免所加电源对前级造成损害；要将可动的机床部件移动于可以较长时间移动而不至于触限位，以免飞车碰撞；弄清楚所加信号是什么类型，例如是直流还是脉冲，是恒流源还是恒压源等；设定要尽可能小些（因为有时运动方式和速度与设定关系很难确定）；密切注意可能忽略的联锁可能导致的后果；密切观察运动情况，避免飞车超程。

（7）静态测量法　静态测量法主要是用万用表测量元器件的在线电阻及晶体管上的 PN 结电压；用晶体管测试仪检查集成电路块等元件的好坏。

（8）动态测量法　动态测量法是通过直观检查和静态测量后，根据电路原理图给印制电路板加上必要的交直流电压、同步电压和输入信号，然后用万用表、示波器等对印制电路板的输出电压、电流及波形等全面诊断并排除故障。动态测量有：电压测量法、电流测量法及信号注入和波形观察法。

电压测量法是对可疑电路的各点电压进行普遍测量，根据测量值与已知值或经验值进行比较，再应用逻辑推理方法判断出故障所在。

电流测量法是通过测量晶体管和集成电路的工作电流、各单元电路电流和电源板负载电流来检查电子印制电路板的常规方法。

信号注入和波形观察法是利用信号发生器或直流电源在待查回路中的输入信号，用示波器观察输出波形。

2.4　利用机床参数来诊断数控系统

2.4.1　数控机床参数概述

数控系统的参数是经过一系列试验、调整而获得的重要数据。参数通常是存放在由电池供电保持的 RAM 中，一旦电池电压不足或系统长期不通电或外部干扰会使参数丢失或混乱，从而使系统不能正常工作。当机床长期闲置或无缘无故出现不正常现象或有故障而无报警时，就应根据故障特征，检查和校对有关参数。

　　不同的系统其参数是不同的，但有一个共性就是参数的类别和个数都非常多，如西门子810系统，主要有 NC 机床数据参数、设定数据参数、PLC 数据参数、刀补参数、零点偏置参数、R 参数。其中 NC 机床数据参数、设定数据参数、PLC 数据参数是机床制造厂家设定的；刀补参数、零点偏置参数、R 参数是机床厂家和最终用户都可以设定的。

　　机床厂家在制造机床、最终用户在使用的过程中，通过参数的设定，来实现对伺服驱动、加工条件、机床坐标、操作功能、数据传输等方面的设定和调用。如果参数设定错误，将对机床及 NC 数控系统的运行产生不良影响。所以更改参数之前，一定要清楚地了解该参数的意义及其对应的功能。

2.4.2　数控机床参数的分类

　　不同类型数控系统的参数也不尽相同，这里以 FANUC 0i-MA 数控系统的参数为例来加以说明。按照数据的形式 FANUC 0i-MA 数控系统的参数大致可分为位型和字型两大类。其中位型又分位型和位轴型，字型又分字节型、字节轴型、字型、字轴型、双字型、双字轴型共 8 种。轴型参数允许参数分别设定给各个控制轴。位型参数就是对该参数的 0 至 7 这八位单独设置 "0" 或 "1" 的数据。位型参数的格式，如图 2-6 所示。

　　字型参数的格式如图 2-7 所示，其不同数据类型的数据有效输入范围，如表 2-7 所示。

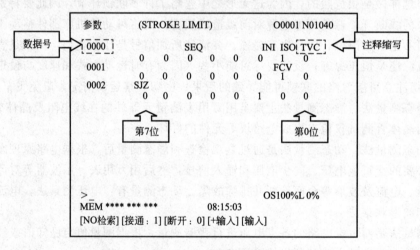

图 2-6　位型参数的格式

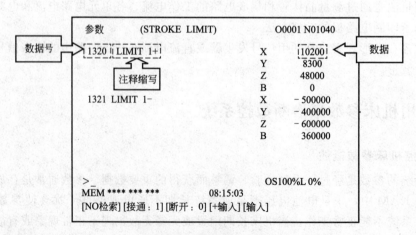

图 2-7　字型参数的格式

表 2-7 字型参数不同数据类型的数据有效输入范围

数 据 类 型	数据有效输入范围	备 注
字节型	$-128 \sim 127$	有部分参数不使用符号
字节轴型	$0 \sim 255$	
字型	$-32768 \sim 32767$	有部分参数不使用符号
字轴型	$0 \sim 65535$	
双字型	$-99999999 \sim 99999999$	
双字轴型		

在这些参数中，有些参数，没有相关的注释缩写，如图 2-6 中，0 号参数的第 3、4、6、7 位。在字型参数中，有的参数在注释处也是空白的。空白的位和在画面上能显示的但 FANUC 0i-MA 数控系统参数中没有记载的参数号，是 FANUC 公司为了将来扩展而备用的，必须将其设定为"0"。

如果按照设定对象的不同对参数进行分类的话，可细分为 49 个类别，具体如表 2-8 所示。

表 2-8 FANUC 0i-MA 数控系统参数

参 数 类 别	参数数据号
"SETTING"的参数	0000～0020
RS-232-C 串行接口与 I/O 设备进行数据输入/输出的参数	0100～0123
POWER MATE 管理器的参数	960
轴控制/单位设定的参数	1001～1023
设定坐标系的参数	1201～1260
存储式行程检测参数	1300～1327
进给速度的参数	1401～1461
加减速控制的参数	1601～1785
伺服的参数	1800～1897
α 系列 AC 伺服电动机参数	2000～2209
分度工作台分度参数	5500～5512
用户宏程序参数	6000～6091
图案数据输入用参数	6101～6110
跳步功能用参数	6200～6202
自动刀具补偿(T 系列)，刀具长度自动补偿(M 系列)参数	6240～6255
外部数据输入/输出参数	6300
图形显示参数	6500～6503
画面运转时间及零件数显示参数	6700～6758
刀具寿命管理参数	6800～6845
位置开关功能参数	6901～6959
手动运行/自动运行参数	7001
手轮进给、中断参数	7100～7117
挡块式参考点设定参数	7181～7186
软操作面板参数	7200～7399
程序再开始、加工返回再开始参数	7300～7310
多边形加工参数	7600～7621
PLC 轴控制参数	8001～8028
基本功能参数	8130～8134
简易同步控制参数	8301～8315
顺序号校对停止参数	8341～8342
其他的一些参数	8701～8790
维修用参数	8901

按参数的性质来分类，又可分为普通型参数和秘密级参数两类。

（1）普通型参数　这类参数就是 FANUC 公司在各类资料中公开提供的参数，这类参数大都有较明确的说明，有些参数说明不太明确，经过实际联机操作才能有较明确的了解。

（2）秘密级参数　这类参数在 FANUC 公司公开发表的各类资料中均无介绍。这类参数每个参数既无名称和符号，又无任何说明，只是在随机所带的参数表中有初始的设定值，用户是搞不清其含义的，而且一旦出现变化，用户是无从下手解决的。必须要专门的维修人员才能解决。

2.4.3　数控机床参数的故障及其诊断

数控机床的参数是数控系统所用软件的外在装置，它决定了数控机床的功能、控制精度等。主要包括数控系统参数、机床可编程控制器参数。

数控机床在使用过程中，在一些情况下会出现使数控机床参数全部丢失或个别参数改变的现象，主要原因如下。

（1）数控系统后备电池失效。后备电池失效将导致全部参数丢失。因此，在机床正常工作时应注意 CRT 上是否显示有电池电压低的报警。如发现该报警，应在一周内更换符合系统生产厂要求的电池。更换电池的操作步骤应严格按系统生产厂的要求操作。

（2）操作者的误操作。误操作在初次接触数控机床的操作者中是经常出现的问题。由于误操作，有的将全部参数清除，有的将个别参数改变。为避免出现这类情况，应对操作者加强上岗前的业务技术培训及经常性的业务培训，制定可行的操作章程并严格执行。

（3）机床在 DNC 状态下加工工件或进行数据通讯过程中电网瞬间停电。

由上述原因可以看出，数控机床参数改变或丢失的原因，有的是可以通过采取措施减少或杜绝的，有些则是无法避免的。当参数改变或机床异常时，首先要进行的工作就是数控机床参数的检查和恢复。

由于数控机床所配用的数控系统种类繁多，参数重装的操作步骤也因系统而异，就是同一厂家的产品，也因系列不同而有所差别。以目前国内使用较多的 FANUC 0 系统为例，FANUC 0 系统参数主要有在参数栏目下的数控参数及在诊断栏目下的机床可编程控制器参数。当参数出现问题时，可以采用以下三种之一来恢复系统。

① 对照随机资料逐个检查机床的参数。当发现有不一致的参数，就硬拷贝该参数来恢复机床参数。这种方式不需要外部设备，但检查并恢复一万多个参数，费时费神，效率太低，容易出错。

② 利用 FANUC 公司提供的备用的 FANUC 存储卡、磁盘等进行参数输入恢复。

③ 利用计算机和数控机床的 DNC 功能通过 DNC 软件进行参数输入。这种方式效率高，操作简单，输入参数的出错率极低，从而受到所有用户的欢迎。

机床参数是"设计思想的窗口"。了解与掌握这些参数可以提高机床使用与性能水平，可以提高维修效率，还可以评价数控机床质量。例如：齿轮补偿量设定值较大——表明机械零件质量不够好；升降速时间常数设定值过大——表明重要零部件加工精度或装配精度不够高等。不仅新机床或新工序的调试阶段需要设置与调整机床参数，在机床使用一段时间后，也应该对某些参数进行调整，否则会出现一些故障。修改或重置某些参数是维修机床故障的有效方法之一。

【例 11】　FANUC 7CM 系统的 XK715 数控立式铣床出现 X 轴伺服电机温升过高现象。无任何报警。

故障分析：X 轴伺服电机温升过高，首先调查发现此数控机床处于正常使用期，无此故障史，再进行常规检查，发现机械传动正常、电机过热保护装置无动作，保险丝完好、电机风扇与环境温度正常，手扳动电机无异常，伺服单元指示灯正常。初步判断故障在 X 轴速度环。根据过热故障机理：散热不良、机械阻力、热继电器与大功率器件故障，以及连续大切削量；电流环与速度环参数设置的失匹或环增益电位器漂移造成高频振动。电机过热应该可以报警，但是不报警，不是硬件或机械故障，故判定故障类型：软件故障。

现场调查排除了机械阻力与电器故障。余下可能成因：

电流、速度、加速度等参数设置的失匹，伺服单元上增益电位器的漂移失调会导致驱动回路的高频振动。因为实际加工过程与试验加工的要求与控制要求不同，某些参数往往需要调整，所以最可能的故障成因是设置参数失匹。

调出实时诊断画面，X 轴停止状态下，发现 22 号参数（X 轴速度指令值）闪动幅度明显大于其他，由此可以判断故障在主板。另外还发现当机床停止，即零速指令时，监测到速度环仍有不为零的速度指令信号输出（模拟电压不为零）——表明：速度环处于自激振动的非稳定状态。这种自激振动，最终造成伺服电机内电流的高频自激振动，从而使电机过高温升。从而判断故障是主板输出不正常。

调用参数设置画面查相关的参数设置：发现 6 号参数的反向间隙补偿量为 0.25mm，在调整时设置过大。这是造成 X 轴伺服电机温升过高的原因。

故障处理：考虑到调整后的机床的机械实际反向间隙很小，因而适当减小 6 号参数值，故障消除。

一般来讲，当在如下情况时可考虑先查参数。

(1) 多种报警同时并存：可能是电磁干扰或操作失误所致——干扰性参数混乱。（多种故障实际并存的可能性很小）

(2) 长期闲置机床的停机故障：电池失电造成参数丢失/混乱/变化——失电性参数混乱。

(3) 突然停电后机床的停机故障：电池失电——失电性参数混乱。

(4) 调试后使用的机床出现的报警停机，可报警却不报警故障——参数失匹。

(5) 新工序工件材料或加工条件改变后出现故障：可能需要修整有关参数——参数失匹。

(6) 长期运行的老机床的各种超差故障（可修整参数方法来补偿器件或传动件误差）——伺服电机温升、高频振动与噪声。

(7) "无缘无故"出现不正常现象，可能是参数被人为修改过了——人为性参数混乱。

2.5　典型数控系统的故障诊断

2.5.1　FANUC 系统的故障诊断

FANUC 系统是数控机床上使用最广、维修过程中遇到最多的一类数控系统。这些系统虽然功能、配置在各机床中各不相同，但由于系统的基本设计思想相同，因此，故障分析与维修的方法十分相近。根据不同的故障情况，采取不同分析与维修的方法。

1. 系统电源单元不能接通

这里说的电源单元，包括电源输入单元和电源控制部分。

CNC 单元的电源上有 2 个灯，1 个是电源指示灯 PIL，是绿色的；1 个是电源报警灯 ALM，是红色的。可以根据这两个指示灯的状态，做出下面的检查，判断出故障的原因。

(1) 电源不能接通，电源指示灯 PIL 不亮

① CNC 电源已加入，应检查电源单元的保险 F1、F2 是否熔断。可能是因为输入高电压引起的，或者是电源单元本身的元器件已损坏。

② CNC 电源未加入，应根据机床生产厂家的电器原理图，检查机床中与 CNC 电源输入有关的电路。

③ 若熔丝和电源电压均正常，则可能是电源单元内有元器件损坏。

(2) 电源指示灯 PIL 亮，报警灯 ALM 也消失，但电源不能接通

① 输入单元元器件损坏。

② 电源接通（ON）的条件不满足，由图 2-8 所示的开关电路，电源的接通条件有 3 个：电源 ON 按钮闭合、电源 OFF 按钮闭合和外部报警接点打开。

(3) 电源报警灯 ALM 亮

① +24V 输出电压的保险熔断，9in 显示器屏幕使用+24V 电压，如图 2-9 所示，检查 +24V 与接地是否短路。

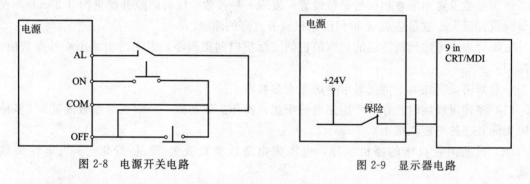

图 2-8　电源开关电路　　　　　图 2-9　显示器电路

② 电源单元出现故障，此时，可按下述步骤进行检查：

a. 把电源单元所有输出插头拔掉，只留下电源输入线和开关控制线。

b. 把机床所有电源关掉，把电源控制部分整体拔掉。此时要注意 16/18 系统电源拔下的时间不要超过半小时，因为 SRAM 的后备电源在电源单元上。

c. 再开电源，此时如果电源报警灯熄灭，那么可认为电源单元正常，而如果电源报警灯仍然亮，那么电源单元损坏。

③ 5V 电源的负荷短路，此时，可按以下方法检查：

a. 把+5V 电源所带的负荷一个一个地拔掉，每拔一次，必须先关闭电源再打开电路，如图 2-10 所示。

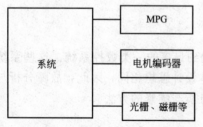

图 2-10　5V 电源的电路检查图

b. 当拔掉任意一个+5V 电源负荷后，电源报警灯熄灭，那么，可以证明该负荷及其连接电缆出现故障。操作时要注意，当拔掉电机编码器的插头时，如果是绝对位置编码器，还需要重新回零，机床才能恢复正常。

④ 系统的印制板上有短路，用万用表测量+5V、±15V、+24V 与 0V 之间的电阻，必须在电源关的状态下测量。具体操作方法如下：

a. 把系统各印制板一个一个地往下拔，再开电源，确认报警灯是否亮。

b. 如果当某一印制板拔下后，电源报警灯不亮，那就可以证明该印制板有问题，更换该印制板。

c. 对于 0 系统，如果＋24V 与 0V 短路，更换时一定要把输入/输出板同时更换。

d. 最后，当计算机与 CNC 系统进行通信作业，如果 CNC 通信接口烧坏，有时也会使系统电源不能接通。

2. 系统 I/O 接口故障

系统 I/O 接口故障是指系统在与外部设备进行数据传输时，出现系统报警或数据不能进行正常传输。对于 FANUC 系统，当系统 I/O 接口工作不正常且报警时，不同系统的报警号也不同。3/6/0/16/18/20/Power-mate，显示 85～87 号报警。10/11/12/15，当发生报警时，显示 820～823 号报警。在这里以系统出现 85～87 号报警为例，根据系统出现的报警号，按照图 2-11 所示的步骤进行分析，检查出系统 I/O 接口故障的原因。

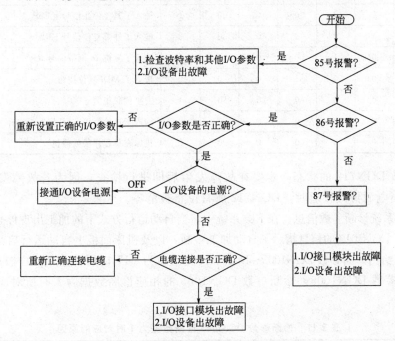

图 2-11 系统 I/O 接口故障分析与维修步骤

另外，当 CNC 系统与计算机进行通信时，还应当注意以下几点：

① 计算机的外壳与 CNC 系统同时接地。

② 不要在通电的情况下插拔连接电缆。

③ 不要在打雷时进行通信作业。

④ 通信电缆不能太长。

3. 系统不能进行自动运行

系统不能自动运行是指系统可以进行手动操作，但不能进行程序的自动加工运行。故障包括自动加工程序不能启动与自动加工过程中出现加工中断这两种情况，当出现这种故障时，一般可以利用系统的"工作状态诊断"功能，通过对系统诊断参数的检查，确定不能进行自动运行的原因。

下面介绍几种主要的系统出现这种故障时，对应的系统诊断参数信息。维修人员可以借助这些参数信息，分析故障的原因。

（1）F0 系统诊断参数信息　在 F0 系统中，当自动操作方式下的加工过程出现停止时，诊断参数 DGN712 的信息指示了自动加工中断，以及机床面板上自动运行启动灯关闭可能的原因。如表 2-9 所示，给出了诊断参数 DGN712 各位对应的代号，其中 bit1 与 bit2 没有对应的代号。如表 2-10 所示给出了 F0 系统自动运行停止时，诊断参数 DGN712 各个诊断数据的状态组合及所对应的原因。

表 2-9　DGN712 各位对应代号

DGN712	Bit7	Bit6	Bit5	Bit4	Bit3	Bit2	Bit1	Bit0
代号	STP	REST	EMS	RRWD	RSTB	—	—	CSU

表 2-10　F0 自动运行停止状态表

Bit7	Bit6	Bit5	Bit4	Bit3	Bit2	Bit1	Bit0	原因
1	1	1	0	0	0	0	1	输入了紧急停止信号 * ESP
1	1	1	0	0	0	0	0	输入了外部复位信号 ERS
1	1	0	1	0	0	0	0	输入了复位 & 倒带信号 RRW
1	1	0	0	1	0	0	0	按下了 MDI 复位按钮
1	1	0	0	0	0	0	1	发生伺服报警
1	0	0	0	0	0	0	0	输入了进给暂停 * SP 信号或选择了一种手动方式
0	0	0	0	0	0	0	0	机床在单程序段处停机

诊断参数 DGN712 的状态一定要在故障发生后即进行检查，因为若故障发生后系统电源被切断，当电源再次接通时，DGN712 所有位将被清零。

（2）F15 系统诊断参数信息　在 F15 系统中，当自动运行方式下的加工出现停止时，诊断参数 DGN1005～DGN1010 的信息指示了自动加工中断，以及机床面板上自动运行启动灯关闭可能的原因。下面给出诊断参数 DGN1005～DGN1010 对应位为"1"时所对应的加工中断原因。

① 诊断参数 DGN1005：诊断参数 DGN1005 的相应诊断数据为 1 时所对应的原因如表 2-11 所示。

表 2-11　诊断参数 DGN1005 诊断数据为 1 时对应的原因

诊断数据	原因	诊断数据	原因
Bit0	在 MDI 方式下，D1 或 D0 信号无效	Bit2	由于其他原因引起的加工中断
Bit1	在重新定位（REPOS）方式下，D1 或 D0 无效		

② 诊断参数 DGN1006：诊断参数 DGN1006 相应诊断数据为 1 时对应的原因如表 2-12 所示。

表 2-12　诊断参数 DGN1006 诊断数据为 1 时对应的原因

诊断数据	原因	诊断数据	原因
Bit0	系统的自动运行停止信号（ * SP）生效	Bit4	外部设备未准备好
Bit1	系统存在报警	Bit5	MDI 未执行完成
Bit2	系统的程序重新启动信号（SRN）为"1"	Bit6	系统的刀具取消信号（TR ESC）生效
Bit3	所选择的程序在后台编辑中	Bit7	在系统不允许方向执行程序

③ 诊断参数 DGN1007：诊断参数 DGN1007 相应诊断数据为 1 时对应的原因如表 2-13 所示。

表 2-13　诊断参数 DGN1007 诊断数据为 1 时对应的原因

诊断数据	原　　因	诊断数据	原　　因
Bit0	外部报警信息	Bit5	I/O 报警
Bit2	系统出现 P/S 报警	Bit6	修改了需要关机生效的参数
Bit4	伺服报警	Bit7	系统出错

④ 诊断参数 DGN1008：诊断参数 DGN1008 相应诊断数据为 1 时对应的原因如表 2-14 所示。

表 2-14　诊断参数 DGN1008 诊断数据为 1 时对应的原因

诊断数据	原　　因	诊断数据	原　　因
Bit0	后台编辑出现 P/S 报警	Bit4	同步出错
Bit1	程序编辑出现 P/S 报警	Bit5	参数写入开关被打开
Bit2	系统过热	Bit6	超程、外部数据输入、输出出错
Bit3	子 CPU 出错	Bit7	PMC 出错

⑤ 诊断参数 DGN1009：诊断参数 DGN1009 相应诊断数据为 1 时对应的原因如下所示。

bit0：系统处于警告状态。

⑥ 诊断参数 DGN1010：诊断参数 DGN1010 相应诊断数据为 1 时对应的原因如表 2-15 所示。

表 2-15　诊断参数 DGN1010 诊断数据为 1 时对应原因

诊断数据	原　　因	诊断数据	原　　因
Bit0	系统紧急停止信号生效	Bit2	外部复位信号生效
Bit1	复位和反绕信号生效	Bit3	面板上的复位键生效

(3) F16/18/PM0 系统诊断参数信息　在 F16/18/PM00 系统中，可以直接通过诊断参数 DGN020 到 DGN025 进行自动运行停止状态的显示，这些信息指示了系统不执行自动加工程序的原因。

如表 2-16 所示列出了诊断参数 DGN020 到 DGN025 右边的状态显示为 "1" 时，系统实际所处的内部工作状态。

表 2-16　系统内部工作状态显示

诊断号	显　　示	当显示为 1 时的内部状态
020	CUT SPEED UP/DOWN	发生急停或者发生伺服报警
021	RESET　BUTTON　ON	复位键信号接通
022	RESET AND REWIND ON	复位和倒带信号接通
023	EMERGENCY　STOP　ON	急停
024	RESET ON	外部复位、急停
025	STOP　MOTION　OR　DWELL	停止脉冲分配的标志,在下列情况时设置:外部复位信号接通 复位/倒带键接通 急停 进给暂停 MDI 面板的复位键接通 手动方式(JOG/HANDLE/INC) 其他报警(未被设置的报警)发生时

通过表 2-16 所示的各诊断参数数据的状态组合，可以分析、确定系统实际所处的状态，这些状态的含义如表 2-17 所示。

表 2-17　诊断数据的状态组合

020	021	022	023	024	025	原　因
1	0	0	1	1	1	紧急停止信号输入
0	0	0	0	1	1	外部复位信号输入
0	1	0	0	1	1	MDI 复位键接通
0	0	0	0	1	1	复位/倒带信号输入
1	0	0	0	0	1	伺服报警发生
0	0	0	0	0	1	转换到其他方式或者进给暂停
0	0	0	0	0	0	单段程序停止

4. 系统不能进行手动操作

系统不能进行手动操作时，维修人员可以按图 2-12 所示步骤对系统进行分析与维修。在如图 2-12 所示的分析与维修步骤中，不同的系统，各检测信号、参数的地址是不同的。具体的检测信号、参数地址应该参照 FANUC 提供的数控系统连接说明书或有关的资料。

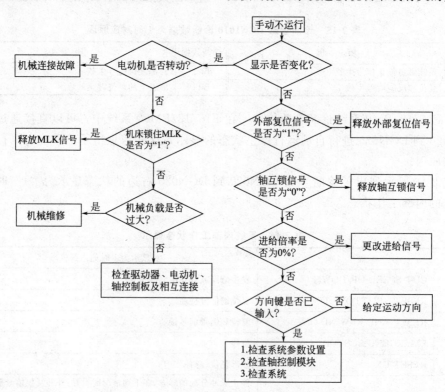

图 2-12　系统无法进行手动的分析与维修步骤

5. 系统返回参考点异常

所谓返回参考点异常是指数控机床能够执行回参考点动作，但是参考点返回时会出现位置偏差量。这个时候，维修人员可以参照图 2-13 所示给出的步骤对系统进行分析与维修。

不同的系统，各检测信号、参数的地址是不同的。具体的检测信号、参数地址应该参照

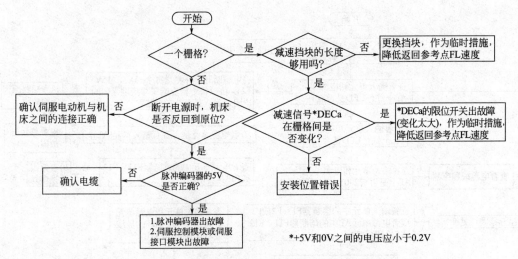

图 2-13　系统返回参考点异常的分析与维修步骤

FANUC 提供的数控系统连接说明书或有关的资料。

6. 系统无显示

接通电源后，若系统无显示，这个时候维修人员可以根据图 2-14（a）、（b）所示步骤对系统进行分析与维修。不同的 FANUC 系统，具有不同的元件、插头编号，在图 2-14 中这些都是与 F0 相对应的。对于其他的 FANUC 系统，维修人员可以根据实际系统的编号对照进行检查。

7. 系统常出现的一些其他故障

除以上常见的典型故障外，在实际机床维修过程中，系统还有其他多种故障，如驱动系统故障、主轴系统故障、数控系统本身故障、操作错误、参数设定错误、编程错误等。下面再简单介绍其他几种故障及解决方法。

（1）系统运行不正常，功能不按指令执行。

原因：CNC 系统参数丢失。

解决办法：系统全清零，重新输入系统参数。

（2）T、M、S 功能有时不执行。

原因：TMF 和 TFIN 的时间短。

解决办法：一般 TMF 和 TFIN 时间设为 100ms。

（3）全闭环时系统振荡，响声大。

原因：传动链（包括机械，电器）的刚性不足（有间隙，皮带松，变形大，导轨与工作台间的摩擦大，润滑不良等）。

解决办法：解决上述有关问题，主要是机械问题。

（4）主轴能以很低速度转几转，然后就出现 408♯（0 系统）、71♯（16 系统）参数报警。

原因：主轴电动机无反馈，或反馈断线。

解决办法：检查反馈电缆或反馈电路。

（5）按下急停按钮，系统无任何反应，在诊断画面（或梯形图）上检查 * ESP 信号，其状态不变。

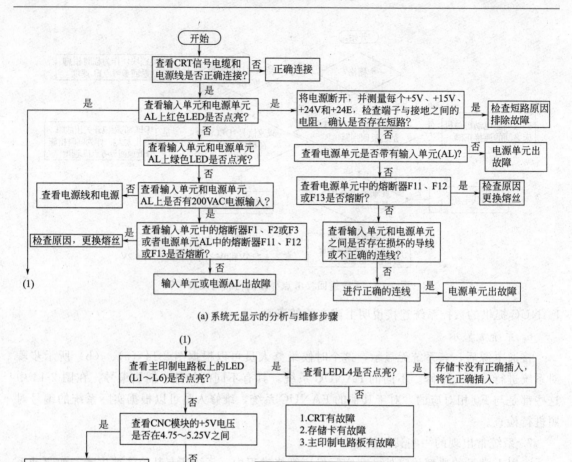

(a) 系统无显示的分析与维修步骤

(b) 系统无显示的分析与维修步骤

图 2-14　对系统进行分析与维修

原因：系统死机，印制电路板未插好。

解决办法：插好印制电路板。

（6）给 1 个、2 个脉冲机床不动，给 3 个脉冲机床就走了 $4\mu m$ 或 $5\mu m$。

原因：机床爬行。

解决方法：处理机床导轨和工作台之间的摩擦与润滑，适当加大伺服增益。

（7）车床：刀具长度补偿加不上。

原因：T 代码的位数设定不对，使用那一位 T 代码的补偿参数设定不对。

解决办法：

① T 代码可设为 4 位或 2 位。T 代码设为 4 位时补偿代码可用前两位或后两位；T 代码设为 2 位时补偿代码可用前一位或后一位。0 系统设参数 14#0 和 13#1；16 系统设参数

为 5002♯0，5002♯1 和 3032♯。

② 在编梯形图时应注意译码指令的使用：0 系统为 BCD 译码指令；16 系统为二进制译码指令。

(8) PMC 程序（梯形图）不能传送。

原因：

① 电缆不对。0 系统与 16 系统用的电缆（计算机与 CNC 的 RS-232C 口间）接线不同。

② 波特率不对。计算机与 CNC 两边的波特率值不一样。

③ 梯形图软件不对。不同系统用的软件不一样。

解决方法：

① 按上述原因解决。

② 2.0 系统的梯形图从 CNC 传至计算机时，必须在 CNC 上插有 PMC 编辑卡。

(9) MDI 键盘的输入与显示器的显示字符不相符。

原因：大、小键盘的参数设定不对。

解决方法：检查参数，设定相应值。

2.5.2 SIEMENS 系统的故障诊断

SIEMENS 系统在数控机床上使用非常广泛，了解 SIEMENS 数控系统故障诊断方法，对于维修人员是十分必要的。下面对 SIEMENS 数控系统故障诊断进行分类介绍，以供维修人员参考。

SIEMENS 有许多系统，对于其故障诊断，本书中无法全部述说，只能以 810/820 为例，其他系统的故障诊断方法与此类似。在讲述 SIEMENS 数控系统故障诊断时，从硬件、软件和参数调整三个方面分别介绍。

1. 硬件故障的分析与维修

810 系统硬件的特点是模块少、整体结构简单，用户无须调整，这主要是硬件软化，采用大规模集成电路的结果。因此，其硬件故障率很低。然而，一旦出现系统自身的硬件故障，往往又是在使用现场难以处理的。因为对模块的检测与维修，需要对硬件和基本系统软件进行过相对全面、深入的分析，并且必须具备一定的测试设备、工装和相应的器件才有可能进行。对于现场维修，比较现实的要求是能够根据模块的功能和故障现象，判断查找出故障的模块，以事先准备好的备件替换，根据情况，决定是否需要重新加载数据和进行初始化调整，使系统恢复正常工作。故障的模块可以返修。

对于硬件所出现的故障，一般可以按以下步骤进行分析与维修。

(1) 电源模块的故障分析与维修　SIEMENS810 与 820 系统电源模块的区别仅在于输入电压不同，模块的输出电压及外部接口相同。810 系统电源模块采用的是直流 24V 输入，显示器电源为直流 15V；820 采用交流 220V 输入，显示器电源为交流 220V。电源模块的输出直流电压有 +5V、-5V、+12V、-12V、+15V 等，具有过电流、短路等保护功能。测量与控制端有 +5V 电压测量孔、电源正常（POWER SUPPLY OK）信号输出端子、系统启动（NC-ON）信号输入端子及复位按钮（RESET）等。

电源模块的工作过程如下：

① 外部直流电压 24V 加入，或交流 220V 电压加入；

② 通过短时接通系统启动（NC-ON）信号，接通系统电源；

③ 若控制电路正常，直流输出线路中无过电流，"电源正常"输出触点信号闭合；否则

输出信号断开。

电源模块的故障通常可以通过对+5V测量孔的电压测量进行判断,若接通NC-ON信号后,+5V测量孔有+5V电压输出,则表明电源模块工作正常。

若无+5V电压输出,则表明电源模块可能损坏。维修时可取下电源模块,检查各电子元器件的外观与电源输入熔丝是否熔断。在此基础上,再根据原理图逐一检查各元器件。

当系统出现开机时有+5V电压输出,但几秒后+5V电压又断开的故障时。一般情况下,电源模块本身无损坏,故障是由于系统内部电源过载引起的。维修时可以将电源模块拔出,使其与负载断开,再通过接通NC-ON正常上电,若这种情况下+5V电压输出正常且电源正常信号输出触点闭合,则证明电源模块本身工作正常,故障原因属于系统内部电源过载。这时可以逐一取下系统各组成模块,进一步检查判断故障范围。若电源模块取下后,无+5V输出或仍然只有几秒的+5V电压输出,可能是电源模块本身存在过载或内部元器件损坏,可根据原理图进行进一步的检查。

(2) CPU板的故障诊断　CPU板是整个系统的核心,它包括了PLC与CNC的控制、处理线路。CPU板上主要安装有80186处理器、插补器、RAM、EPROM、通信接口、总线等部件。系统软件固化在EPROM中。PLC程序、NC程序、机床数据可通过两个V.24接口用编程器或计算机进行编辑、传输;同时,NC程序、机床数据亦可通过V.24接口进行输入/输出操作。在系统内部,CPU板通过系统总线与存储板、接口板、视频板、位置控制板进行数据传输,实现对这些部件的控制。

当CPU板出现故障时,一般有如下现象:

① 屏幕无任何显示,系统无法启动,CPU板上的报警指示灯亮;

② 系统不能通过自检,屏幕有图像显示,但不能进入CNC正常画面;

③ 屏幕有图像显示,能进入CNC画面,但不响应键盘的任何按键;

④ 通信不能进行。

当CPU板出现故障时,一般情况下只能更换新的CPU备件板。

(3) 存储器板的故障诊断　810/820存储器板上安装有UMS用户存储子模块、系统存储器子模块等,其中UMS可以是固化用户WS800A开发软件的用户程序子模块,或是西门子提供的固定循环子模块,或是RAM子模块。

存储器板出现故障时,一般有如下几种现象:

① 系统死机,无法启动;

② 存储器上的软件与CPU板上系统软件不匹配,导致系统死机或报警。

当存储器板出现故障时,若通过更换软件仍然不能排除故障,一般应更换一块新的备件板。

(4) 接口板的故障诊断　810/820接口板上主要安装有系统软件子程序模块、两个数字测头的信号输入端、PLC输入/输出模块的接口部件等。

接口板出现故障时,一般有如下几种现象:

① 系统死机,无法启动;

② 接口板上系统软件与CPU板上系统软件不匹配,导致系统死机或报警;

③ PLC输入/输出无效;

④ 电子手轮无法正常工作。

当接口板发生故障时,通常应更换一块新的备件板。

(5) 位置控制板的故障诊断　位置控制板是CNC的重要组成部分,它由位置控制、编码器接口、光栅尺的前置放大（EXE）等部件组成。

当位置测量系统板出现故障时，一般有如下现象：

① CNC 不能执行回参考点动作，或每次回参考点位置不一致；

② 坐标轴、主轴的运动速度不稳定或不可调；

③ 加工尺寸不稳定；

④ 出现测量系统或接口电路硬件故障报警；

⑤ 在驱动器正常的情况下，坐标轴不运动或定位不正确。

位置控制板发生故障时，一般应先检查测量系统的接口电路，包括编码器输入信号的接口电路、位置给定输出的转换器回路等，在现场不能修理的情况下，一般应更换一块新的备件板。

（6）显示系统的故障诊断　810/820 系统显示控制主要由 CRT、视频板等部件组成。CRT 的作用是将视频信号转换为图像进行显示；视频板的作用是将字符及图像点阵转换为视频信号进行输出。

当 CRT 出现故障时，一般有以下几种现象：

① 屏幕无任何显示，系统无法启动，当按住系统面板上的诊断键（带有"眼睛"标志的键）接通系统电源启动，在系统启动时，面板上方的 4 个指示灯闪烁；

② 屏幕显示一条水平或垂直的亮线；

③ 屏幕左右图像变形；

④ 屏幕上下线性不一致，或被压缩，或被扩展；

⑤ 屏幕图像发生倾斜或抖动。

以上故障一般为显示驱动线路不良引起的，维修时应重点针对显示驱动线路进行检查。

当视频板出现故障时，一般有以下几种现象：

① 屏幕无任何显示，系统无法启动，当按住系统面板上的诊断键（带有"眼睛"标志的键）接通系统电源启动，在系统启动时，面板上方的 4 个指示灯闪烁；

② 屏幕图像不完整；

③ 显示器有光栅，但屏幕无图像。

2. 软件系统的分析与维修

SIEMENS 系统的软件设计较复杂，功能也较强，通常都要用编程器、计算机进行安装与调试。而且在有的系统中（如 810/820），包括 PLC 程序在内的大量数据都是存储在电池供电的 RAM 之中，这些数据一旦丢失，必须对机床进行重新调整，甚至需要重新编制 PLC 程序，因此必须重视对系统软件及数据的保护。表 2-18 列举出了 810/820 系统的数据组成与存储方式。

表 2-18　810/820 系统软件及数据组成

分类	名称	传输识别符	紧要说明	所在存储器	编制者
I	启动芯片	无	启动基本系统程序，引导控制系统建立工作状态	CPU 模块上的 EPROM	西门子公司
	基本系统程序	无	NC 与 PLC 的基本系统程序，NC 的基本功能和选择功能、显示语种	存储器模块上的 EPROM 子模块	西门子公司
	加工循环	无	用于实现某些特定加工功能的子程序软件包	存储器模块上的 EPROM 子模块	西门子公司
	测量循环	无	用于配接快速测量头的测量子程序软件包，是选购件	占用一定容量的工作程序存储器	西门子公司

续表

分类	名称	传输识别符	紧要说明	所在存储器	编制者
Ⅱ	NC 机床数据	%TEA1	将数控系统的 NC 部分与机床适配所需设置的各方面数据	16KB RAM 数据存储器子模块	机床生产厂
	PLC 机床数据	%TEA2	系统的集成式 PLC 在使用中需要设置的各方面数据	16KB RAM 数据存储器子模块	机床生产厂
	PLC 用户程序	%PCP	用 STEPS 语言编制的 PLC 循环程序块和中断报警控制的程序块,处理数控系统与机床的接口和电气控制	16KB RAM 数据存储器子模块	机床生产厂
	报警文本	%PCA	结合 PLC 用户程序设置 PLC 报警(N6000～N6031)和 PLC 操作提示(N7000～N7031)的显示文本	16KB RAM 数据存储器子模块	机床生产厂
	系统设定数据	%SEA	进给轴的工作区域范围、主轴限速、串行接口的参数设定等		机床生产厂
Ⅲ	加工主程序	%MPF	工件加工主程序%0～%9999	工件程序存储器	机床用户的编程人员
	加工子程序	%SPF	工件加工子程序 L1～L999	工件程序存储器	机床用户的编程人员
	刀补参数	%TOA	刀具补偿参数(含刀具几何值和刀具磨损值)	工件程序存储器	机床用户的编程人员
	零点偏置	%ZOA	可设定零偏(G54～G57);可编程零偏 G58、G59 及外部零偏(由 PLC 传送)	工件程序存储器	机床用户的编程人员
	R 参数	%RPA	R 参数分子通道 R 参数(各通道有 R00～R499)和所有通道共用的中央 R 参数 R900～R999	16KB RAM 数据存储器子模块	机床用户的编程人员

从表 2-18 中可以看出,第Ⅰ、Ⅲ两类由于它们的存储方式或者编制来源,不容易发生数据丢失或者数据丢失后也容易恢复,因此它们的保护问题不突出。而第Ⅱ类软件和数据(包括 PLC 用户程序、报警文本、NC 与 PC 机床数据)是机床制造厂或改装设计者编制并经过一系列的调整、优化得到的,是组成每台具体的数控机床系统的关键所在,它们存储于用电池保持的 RAM 存储器子模块中,清除和修改很容易,一旦这些内容被改乱或丢失,整台机床就不能正常工作,甚至瘫痪。因此,这类软件和数据的保护问题就很突出。可以采取下述措施来保护这些软件和数据。

① 将这些软件和数据通过编程器存储于磁盘中或者制成纸带备用,同时最好还能打印出文字硬拷贝,以便丢失时能很快通过设备或手动输入。这点应当在机床验收时就严格把关,责成机床制造厂家和改装设计者予以提供。

② 这些软件和数据容易清除与修改,给调整带来了很大方便。但如果管理不善,也会带来灾难。特别是系统的初始化调整状态,错误的操作可能删除不该清除的内容或加载上不该加载的内容,造成机床的全面瘫痪。因此,应当制定严格的制度,防止无关人员操作数控系统。机床的操作人员、编程人员和维修人员也应明确各自的职责范围。修改机床数据、进行初始化调整工作只能由维修人员执行和掌握,以避免其他人员的误操作造成事故。

③ 810 系统已经发展出多种机型,各种机型的软件版本自成体系。但到目前为止,中国用户基本上只拥有 810 A1 这种机型,使用的版本有 02、04 和 06。早期版本的软件存在一些缺陷,使用中如果操作不当,容易引起一些故障。这时可以通过初始化调整,重新建立

正常的工作状态。06 版的软件已相当完善，一般不会再发生这类问题。不同版本的软件对启动芯片有特定的要求，机床数据的定义、调整方法甚至工作状态和显示画面的配置也有差异。因此，维修人员应对所维护系统的软件版本心中有数，在请专职维修人员处理故障时，不仅应讲明故障现象，也应告知数控系统的软件版本，以便做相应的处理准备。

另外，不同版本、不同机型、不同种类（指 T、M 等）的软件芯片不能混合使用，监控功能会识别这些错误，阻止系统启动。

3. 参数调整

将系统适配于一台机床，需要处理系统与机床的电气控制部分、位置控制部分（轴驱动单元与位置反馈回路）以及数据传输设备三个方面的接口。实现这些接口，其中大部分的设计和调试工作是编制、设置和优化有关的软件和数据，这个特点也会反映到机床的维修工作中。因为尽管机床已经有过出厂调整和现场的使用调整，但由于试加工的局限性、加工要求或者控制要求的改变、甚至环境条件的改变，都会提出一些新的调整要求，需要在维修中加以解决。因此，维修人员应当对系统的使用及设计者编制的这些软件和数据有相当的了解，才能进行深入维修。以 810/820 系统为例，机床参数包括 NC 机床数据和 PLC 用户软件。下面分别进行介绍。

（1）NC 机床数据（NC-MD）

NC 机床数据是将系统适配于具体的机床所需设置的各方面有关数据。其中包括以下几种：

① NC-MD1~156 是系统的通用数据。机床交付使用后，这些数据一般不需要再调整。

② NC-MD200*~396*（*代表轴号，可用 0、1、2、3 分别表示 4 个进给轴）为进给轴专用数据。其中各轴的漂移补偿、传动间隙补偿、复合增益、KV 系数（位控环增益）、加速度、夹紧容差、与轮廓监控有关的数据及各种速度值等，在维修中都有可能需要调整，有时需要一边进行数据修改，一边用动态记录仪或存储示波器检查有关的给定和响应，以达到所要求的轴的特性。

③ NC-MD4000~4590 为主轴专用数据。通过这些数据可对主轴不同传动级的各种特性分别加以调整，但也需要借助动态记录仪或存储示波器。

④ NC-MD5000~5050 为系统的通用数据位。主要是使系统的一些操作和控制功能的选择生效，在使用中，可以根据需要做一些改变。

⑤ NC-MD5200~5210 是主轴的专用数据位。这是对主轴控制功能进行选择的参数，在维修时可以根据需要做某些改变。

⑥ NC-MD540~558*（*代表通道号，可以是 1、2）为通道专用数据位。机床交付使用后，一般不需再做调整。

⑦ NC-MD560*~576*（*代表轴号，可用 1、2、3、4 分别表示 4 个进给轴）为进给轴专用数据位。在维修时可以根据需要做某些改变。

⑧ NC-MD6000~6249 为丝杠螺距误差补偿数据。订购这个选择功能后，可通过这些数据最多定义 1000 个补偿点并分配给各进给轴，需与有关轴的专用数据配合使用。

进行这项补偿，需要用激光干涉仪之类的精密测量仪器，测绘出丝杠螺距误差曲线。

由于 NC 机床数据涉及内容广泛，数量很大，因此在对它们进行修改与优化时，必须弄清被修改数据的确切含义、取值范围和设定方法，及时做出相应的修改记录，以免发生混乱。

（2）PLC 用户软件　PLC 用户软件包括 PLC 机床数据（PLC-MD）、PLC 用户程序和 PLC 报警文本。这三者之间有密切的联系，PLC 机床数据和 PLC 报警文本都是按照 PLC 用户程序要求设定和编制的。机床交付使用后，一般不再需要对它们进行修改，除非提出新的接口或控制要求。但是，维修人员应当读懂自己机床的 PLC 用户软件，否则，就无法通过接口检查找出机床电气控制部分的故障。因为机床的电气控制逻辑关系主要是在 PLC 用户程序中编定的。

通过操作选择"诊断"（按"DIAGNOS"软键）可以实时读出 PLC 的全部输入字（IW）、输出字（OW）、标志字（FW）、计时器（T）和计数器（C）的状态信号，这可以用来做接口诊断。然而，要更深入地处理与 PLC 有关的问题，应借助西门子某些型号的可编程控制器编程器，例如 PG675，它不但可以用来编辑、传输、读出上述 PLC 用户软件，而且可以对 PLC 进行在线诊断和状态控制，诸如读出中断堆栈、信号状态；进行变量强制及启、停 PLC 等，为查找和处理与 PLC 有关的故障提供了极大的方便。

4. SIEMENS 810 系统故障诊断与维修实例

【例 12】　一台数控淬火机床，采用 SIEMENS 810 系统，在正常工作时经常自动断电关机。

故障诊断：系统自动断电关机，屏幕上无法显示故障，检查硬件部分也没有报警灯指示，根据经验怀疑数控系统的 24V 供电电源有问题。对供电电源进行实时检测，发现电压稳定在 24V，没有问题。接着对系统的硬件结构进行检查，发现系统的风扇冷却风入口的过滤网太脏。装过滤网是操作人员为防止灰尘进入系统而采取的措施。由于长期没有更换，过滤网变脏后通风效果不好。恰好出问题时又是夏季，影响系统的冷却效果，使系统温度过高，这时系统自动检测出系统超温，采取保护措施将系统自动关闭。

故障排除：更换新的过滤网后，机床故障消失，因此先前的判断是正确的。

【例 13】　一台数控淬火机床，采用 SIEMENS 810 系统，在正常淬火加工时系统死机，不能进行任何操作。

故障诊断：机床正常加工时出现系统死机，关机重新启动，系统自检后，直接进入自动状态画面，系统工作状态不能改变，也不能进行任何其他操作。诊断认为系统陷入了死循环。

故障排除：为了退出死循环，对系统进行强行启动，进入初始化状态，检查系统数据并没有丢失，所以没有进行初始化操作，退出初始化状态后，系统恢复正常工作。

【例 14】　一台数控外圆磨床，采用 SIEMENS 810 系统，执行加工程序时死机。

故障诊断：这台机床上的问题是在设备调试时出现的。这台从英国进口的数控磨床在最终调试验收时，发现因为备用电池失效，机床数据和程序已丢失。生产方技术人员将数据重新输入后，对机床进行调试，当进行自动磨削时，程序执行一段后就死机，不能进行任何操作，重新开机后，系统还可以正常工作，当执行加工程序时又死机。生产方技术人员认为数控系统 CPU 主板有问题，但更换主板后，故障仍然没有消除。使用方技术人员认为加工程序有问题，为此单步执行加工程序，这时发现每次执行子程序 L110 的 N220 语句时，系统就死机，N220 语句的内容为 G18D1，调用刀具补偿，而检查刀具补偿数据时发现都为"0"，没有数据输入。

故障排除：根据机床要求将刀具补偿 P1 赋值 10 后，机床不再出现问题。

【例 15】　一台数控磨床，采用 SIEMENS 810 系统，在自动加工时出现 3 号（PLC

Stop）报警。

故障诊断：在 DIAGNOSIS 菜单下查看 PLC 报警信息，发现有 "6138 No Response From EU" 报警，查看手册，故障原因可能是与 CPU 模块连接的 EU 模块或者连接 EU 模块的电缆有问题。首先检查连接电缆，没有发现问题。又仔细观察故障现象，在出现故障时，接口板 EU 上的红色报警灯亮，所以怀疑 EU 板有问题。将这块控制板与另一台机床的对换，这时另一台机床出现这个报警，从而确认接口模块 EU 出现故障。

故障排除：购买新的控制板，换上后系统恢复正常工作。

【例 16】 一台数控淬火机床，采用 SIEMENS 810 系统，在正常加工过程中经常出现 3 号（PLC Stop）报警，关机再开还可以正常工作。

故障诊断：机床在加工过程中经常出现 3 号报警。仔细观察故障现象，每次停机时，都是一工位淬火能量过低发生的，按理应该出现一工位能量低的报警，而不应该出现 PLC 停止的报警，并且出现 3 号报警时还有 "6105 Missing：MC5 Block" 的 PLC 报警信息，指示控制程序调用的程序块不可用。分析 PLC 的控制程序，在检测到一工位的能量低的输入 I5.1 为 "1" 时，跳转到程序块 PB21，但检查控制程序根本没有这个程序块，所以出现了 3 号报警，说明程序设计有问题。

故障排除：修改 PLC 程序，在 I5.1 为 "1" 时，让其将产生一工位能量低的报警标志 F121.1 置 "1"，而不是跳转到 PB121，从而将机床故障排除。

思考与练习题

1. 数控系统的特点是什么？
2. 何谓离线诊断？
3. 为什么我们大多数数控机床开机必须回参考点？
4. 数控机床参数分为哪几类？各有何特点？
5. 怎样检查与排除数控机床回参考点异常的故障？
6. FANUC 系统常见故障有哪些？怎么排除？

第 3 章　主轴伺服系统的故障诊断

3.1　伺服系统概述

伺服是英文 Servo 的谐音，意思是服从指挥、服从命令。数控机床中的伺服系统取代了传统机床的机械传动，这是数控机床重要特征之一。

由于伺服系统包含了众多的电子电力器件，并应用反馈控制原理将它们有机地组织起来，因此在一定意义上，伺服系统的高性能和高可靠性决定了整台数控机床性能和可靠性。

驱动系统与 CNC 位置控制部分构成位置伺服系统。伺服系统如果离开了高精度的位置检测装置，就满足不了数控机床的要求。数控机床的驱动系统主要有两种：进给驱动系统和主轴驱动系统。从作用看，前者是控制机床各坐标的进给运动，后者是控制机床主轴旋转运动。驱动系统的性能，在较大程度上决定了现代数控机床的性能。数控机床的最大移动速度、定位精度等指标主要取决于驱动系统及 CNC 位置控制部分的动态和静态性能。另外，对某些加工中心而言，刀库驱动也可认为是数控机床的某一伺服轴，用以控制刀库中刀具的定位。

不论是进给驱动系统还是主轴驱动系统，从电气控制原理来分都可分为直流和交流驱动。直流驱动系统在 20 世纪 70 年代初至 80 年代中期在数控机床上占据主导地位，这是由于直流电动机具有良好的调速性能，输出力矩大，过载能力强，精度高，控制原理简单，易于调整。随着微电子技术的迅速发展，加之交流伺服电动机材料、结构及控制理论有了突破性的进展，20 世纪 80 年代初期推出了交流驱动系统，标志着新一代驱动系统的开始。由于交流驱动系统保持了直流驱动系统的优越性，而且交流电动机无需维护，便于制造，不受恶劣环境影响，所以目前直流驱动系统已逐步被交流驱动系统所取代。从 20 世纪 90 年代开始，交流伺服驱动系统已走向数字化，驱动系统中的电流环、速度环的反馈控制已全部数字化，系统的控制模型和动态补偿均由高速微处理器实时处理，增强了系统自诊断能力，提高了系统的快速性和精度。

3.2　伺服系统的组成及工作原理

在自动控制系统中，把输出量能够以一定准确度跟随输入量的变化而变化的系统称为随动系统，亦称伺服系统或拖动系统。数控机床的伺服系统是指以机床移动部件的位移和速度作为控制量的自动控制系统。数控机床的伺服系统主要是控制机床的进给运动和主轴转速。

数控机床的伺服系统是机床主体和数控装置（CNC）的联系环节，是数控机床的重要组成部分，是关键部件，故称伺服系统为数控机床的三大组成部分之一。

1. 伺服系统的组成

数控机床的伺服系统一般由驱动控制单元，驱动元件，机械传动部件，执行件和检测反馈环节等组成。驱动控制单元和驱动元件组成伺服驱动系统。机械传动部件和执行元件组成机械传动系统。检测元件与反馈电路组成检测装置，亦称检测系统。如图 3-1 所示。

2. 伺服系统的工作原理

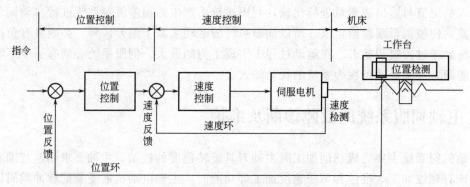

图 3-1　闭环伺服系统框图

在图 3-1 中，位置环也称为外环，其输入信号是计算机给出的指令和位置检测器反馈的位置信号。这个反馈是负反馈，也就是说与指令信号相位相反。指令信号是向位置环送去加数，而反馈信号是送去减数。位置环的输出就是速度环的输入。

速度环也称为中环。这个环是一个非常重要的环，它的输入信号有两个：一个是位置环的输出，作为速度环的指令信号送给速度环；另一个是由电动机带动的测速发电机经反馈网络处理后的信息，作为负反馈送给速度环。速度环的两个输入信号也是反相的。一个是加，一个是减。速度环的输出就是电流环的指令输入信号。

另外，在速度环中还有个电流环，如图 3-2 所示。电流环也叫做内环，也有两个输入信号，一个是速度环输出的指令信号；另一个是经电流互感器，并经处理后得到的电流信号，它代表电动机电枢回路的电流，送入电流环也是负反馈。电流环的输出是一个电压模拟信号，用它来控制PWM 电路，产生相应的占空比信号去触发功率变换单元电路，使电动机获得一个与计算机指令相关的，并与电动机位置、速度、电流相关的运行状态。这个运行状态满足计算机指令的要求。

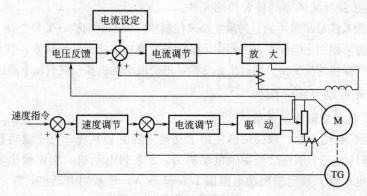

图 3-2　速度环中的电流环

这三个环都有调节器，其中有时采用比例调节器，有时采用比例积分调节器，有时还要用比例积分微分调节器。比例调节器称为 P 调节器，比例积分调节器称为 PI 调节器，比例积分微分调节器称为 PID 调节器。之所以采用这种调节方式，主要是能充分利用设备的潜能，使整个机床能快速准确地响应计算机的指令要求。

在这三环系统中，应该知道两个问题。第一个问题是位置调节器的输出是速度调节器的输入；速度调节器的输出是电流调节器的输入；电流调节器的输出直接控制功率变换单元，也就是去控制 PWM。第二个问题就是这三个环的反馈信号都是负反馈，这里没有正反馈问题，所以三个环都是反相放大器。由此可以看出伺服系统是一种反馈控制系统，它以指令脉冲为输入给定值与输出被调量进行比较，利用比较后产生的偏差值对系统进行自动调节，以消除偏差，使被调量跟踪给定值。所以伺服系统的运动来源于偏差信号，必须具有负反馈回路，始终处于过渡过程状态。在运动过程中实现了力的放大。伺服系统必须有一个不断输入能量的能源，外加负载可视为系统的扰动输入。

3.3　主轴伺服系统的故障诊断及维护

主轴伺服系统主要完成切削加工时主轴刀具旋转速度的控制，主轴要求调速范围宽，当数控机床有螺纹加工、准停和恒线速度加工等功能时，主轴电动机需要装配脉冲编码器位置检测元件作为主轴位置反馈。现在有些系统还具有 C 轴功能，即主轴旋转像进给轴一样进行位置控制，它可以完成主轴任意角度的停止以及和 Z 轴联动完成刚性攻螺纹等功能。

主轴伺服系统分为直流主轴系统和交流主轴系统。直流主轴电动机的结构和永磁式电动机不同，由于要输出较大的功率，所以一般采用他励式。直流主轴控制系统要为电动机提供励磁电压和电枢电压，在恒转矩区励磁电压恒定，通过增大电枢的电压来提高电动机的速度；在恒功率区保持电枢电压恒定，通过减少励磁电压来提高电动机转速。为了防止直流主轴电动机在工作中过热，常采用轴向强迫风冷或采用热管冷却技术。直流电动机的功率一般比较大，因此直流主轴驱动多半采用三相全控晶闸管调速。交流主轴伺服电动机大多数采用感应异步电动机的结构形式，这是因为永磁式电动机的容量还不能做得很大，对主轴电动机的性能要求还没有对进给伺服电动机的性能要求那么高。感应异步电动机是在定子上安装一套三相绕组，各绕组之间的角度相差是 120°，其中转子是用合金铝浇注的短路条与端环。这样的结构简单，与普通电动机相比，它的机械强度和电气强度得到了加强，在通风结构上已有很大的改进，定子上增加了通风孔，电动机外壳使用成形的硅钢片叠片，有利于散热。电动机尾部安装了脉冲编码器等位置检测元件。

交流主轴伺服系统最早采用的是矢量变换来控制感应异步电动机，矢量变换主要包括：三相固定坐标系变换为两相固定坐标系，两相固定坐标系变换成两相旋转坐标系，直角坐标系变换成极坐标系以及这些变换的反变换。通过坐标变换，把交流电动机模拟成直流电动机来控制。

3.3.1　常用主轴驱动系统介绍

1. FANUC 公司主轴驱动系统

从 20 世纪 80 年代开始，该公司已使用了交流主轴驱动系统，直流驱动系统已被交流驱动系统所取代。目前三个系列交流主轴电动机为：S 系列电动机，额定输出功率范围 1.5～37kW；H 系列电动机，额定输出功率范围 1.5～22kW；P 系列电动机，额定输出功率范围 3.7～37kW。该公司交流主轴驱动系统的特点为：

（1）采用微处理器控制技术，进行矢量计算，从而实现最佳控制；

（2）主回路采用晶体管 PWM 逆变器，使电动机电流非常接近正弦波形；

（3）具有主轴定向控制、数字和模拟输入接口等功能。

2. SIEMENS 公司主轴驱动系统

西门子公司生产的直流主轴电动机有 1GG5、1GF5、1GL5 和 1GH5 四个系列，与这四个系列电动机配套的 6RA24、6RA27 系列驱动装置采用晶闸管控制。

20 世纪 80 年代初期，该公司又推出了 1PH5 和 1PH6 两个系列的交流主轴电动机，功率范围为 3～100kW。驱动装置为 6SC650 系列交流主轴驱动装置或 6SC611A（SIMO-

DRIVE 611A）主轴驱动模块，主回路采用晶体管 SPWM 变频器控制的方式，具有能量再生制动功能。另外，采用微处理器 80186 可进行闭环转速、转矩控制及磁场计算，从而完成矢量控制。通过选件实现 C 轴进给控制，在不需要 CNC 的帮助下，实现主轴的定位控制。

3. 华中数控公司系列主轴驱动系统

HSV-20S 是武汉华中数控股份有限公司推出的全数字交流主轴驱动器。该驱动器结构紧凑、使用方便、可靠性高，采用的是最新专用运动控制 DSP、大规模现场可编程逻辑阵列（FPGA）和智能化功率模块（IPM）等当今最新技术设计，具有 025、050、075、100 多种型号规格，具有很宽的功率选择范围。用户可根据要求选配不同型号驱动器和交流主轴电动机，形成高可靠性、高性能的交流主轴驱动系统。

3.3.2　主轴通用变频器

1. 变频器简介

随着交流调速技术的发展，目前数控机床的主轴驱动多采用交流主轴配变频器控制的方式。变频器的控制方式从最初的电压空间矢量控制（磁通轨迹法）到矢量控制（磁通定向控制），发展至今为直接转矩控制，从而能方便地实现无速度传感器化；脉宽调制技术（PWM）从正弦 PWM 发展至优化 PWM 和随机 PWM，以实现电流谐波畸变小，电压利用率最高，效率最优，转矩脉冲最小及噪声强度大幅度削弱的目标；功率器件由 GTO、GTR、IGBT 发展到智能模块 IPM，其开关速度快，驱动电流小，控制驱动简单，故障率降

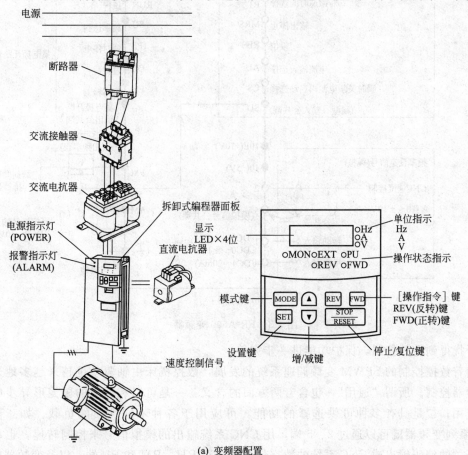

(a) 变频器配置

图 3-3

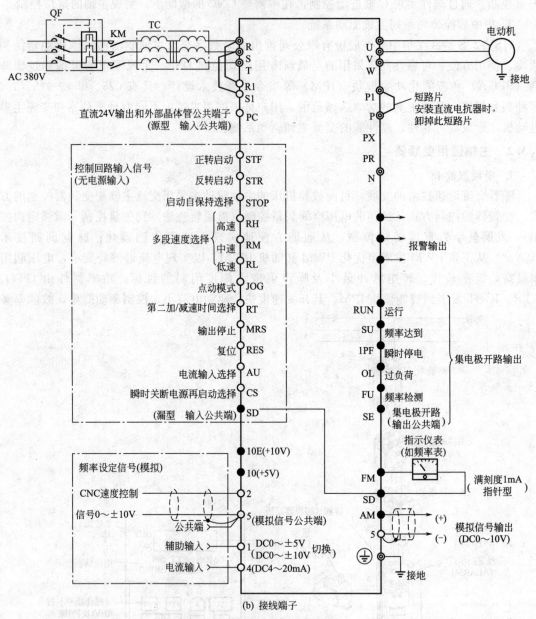

图 3-3 FR-A500 变频器

低，干扰得到有效控制，保护功能进一步完善。

随着数控控制的 SPWM 变频调速系统的发展，数控机床主轴驱动也越来越多地采用通用变频器控制。所谓"通用"，包含着两方面的含义：一是可以和通用的鼠笼形异步电动机配套应用；二是具有多种可供选择的功能，可应用于各种不同性质的负载。如三菱 FR-A500 系列变频器既可以通过 2、5 端，用 CNC 系统输出的模拟信号来控制转速，也可通过拨码开关的编码输出或 CNC 系统的数字信号输出至 RH、RM 和 RL 端，以及变频器的参数设置实现从最低速到最高速的变速。图 3-3 是三菱 FR-A500 系列变频器的配置及接线端子。

2. 变频器的故障显示

各种变频器对故障原因的显示有以下三种方式。

(1) 发光二极管显示 不同的故障原因由各自的发光二极管来显示。如 AC200S 交流主轴驱动装置上的 LED1 灭,说明欠电压、过电压及贯通性过电流;LED2 灭,说明过热。

(2) 代码表示 不同的故障原因由不同的代码来显示。如三肯 (SANKEN) SVF 系列变频器中,代码 5 表示过电压报警;代码 3 表示过载过电流;代码 4 表示冲击过电流等。

(3) 字符显示 针对各种故障原因,用缩写的英文字符来显示。如过电流为 OC (over current),过电压为 OV (over voltage),欠电压为 LV (low voltage),过载为 OL (over load),过热为 OH (over heat) 等。如三菱 FR-A500 系列变频器,E. OC1 表示加速时过电流报警;E. OV3 表示减速时再生过电压报警。

3. 通用变频器常见故障与诊断

常见故障与诊断见表 3-1。

表 3-1 通用变频器常见故障与诊断

故障现象	发生时的工作状况	诊断方法
电动机不运转	变频器输出端子 U、V、W 不能提供电源	检查电源是否已提供给端子
		检查运行命令是否有效
		检查 RS(复位)功能或自由运行/停车功能是否处于开启状态
	负载过重	检查电动机负载是否太重
	任选远程操作器被使用	确保其操作设定正确
电动机反转	输出端子 U/T1、V/T2 和 W/T3 的连接不正确	使得电动机的相序与端子连接相对应,通常来说,正转(FWD),U-V-W;
	电动机正反转的相序未与 U/T1、V/T2 和 W/T3 相对应	反转(REV),U-W-V
	控制端子(FW)和(RV)连线不正确	端子(FW)用于正转,(RV)用于反转
电动机转速不能到达	如果使用模拟输入,电流或电压为"0"	检查连线
		检查电位器或信号发生器
	负载太重	减少负载
		重负载激活了过载限定(根据需要不让此过载信号输出)
转动不稳定	负载波动过大	增加电动机容量(变频器及电动机)
	电源不稳定	解决电源问题
	该现象只是出现在某一特定频率下	稍微改变输出频率,使用调频设定将有此问题的频率跳过
过流	加速中过流	电动机是否短路或局部短路,输出线绝缘是否良好
		延长加速时间
		检查变频器配置,若不合理,增大变频器容量
		降低转矩提升设定值
	恒速中过流	检查电动机是否短路或局部短路,输出线绝缘是否良好
		检查电动机是否堵转,机械负载是否有突变
		检查变频器容量是否太小,若是,则增大变频器容量
		检查电网电压是否有突变
	减速中或停车时过流	检查输出连线绝缘是否良好,电动机是否有短路现象
		延长减速时间
		更换容量较大的变频器
		直流制动量太大,减少直流制动量

故障现象	发生时的工作状况	诊 断 方 法
短路	对地短路	机械故障,送厂维修
		检查电动机连线是否短路
		检查输出线绝缘是否良好
		送修
		电动机是否短路或局部短路,输出线绝缘是否良好
过压	停车中过压	延长减速时间或加装刹车电阻;改善电网电压,检查是否有突变电压产生
	加速中过压	
	恒速中过压	
	减速中过压	
低压		检查输入电压是否正常
		检查负载是否有突变
		检查是否缺相
变频器过热		检查风扇是否堵转,散热片是否有异物
		检查环境温度是否正常
		检查通风空间是否足够,空气是否能对流
变频器过载	连续超负载 150% 时间 1min 以上	检查变频器容量是否过小,若是,则加大容量
		检查机械负载是否有卡死现象
		若 V/F 曲线设定不良,则重新设定
电动机过载	连续超负载 150% 时间 1min 以上	检查机械负载是否有突变
		电动机配置加大
		检查电动机发热绝缘变差
		检查电压是否波动过大
		检查是否存在缺相
电动机过转矩		检查机械负载增大
		检查机械负载是否有波动
		检查电动机配置是否偏小

4. 通用变频器故障维修实例

【例 1】 配置某系统的数控车床,主轴驱动采用三菱公司的 E540 变频器,在加工过程中,变频器出现过压报警。

故障分析:仔细观察机床故障产生的过程,发现故障总是在主轴启动、制动时发生,因此,可以初步确定故障的产生与变频器的加/减速时间设定有关。当加/减速时间设定不当(如主轴启动/制动频繁或时间设定太短),变频器的加/减速无法在规定的时间内完成,通常容易产生过电压报警。

故障处理:修改变频器参数,适当增加加/减速时间后,故障消除。

【例 2】 配置某系统的数控车床,开机时发现当机床进行换刀动作时,主轴也随之转动。

故障分析:由于该机床采用的是安川变频器控制主轴,主轴转速是通过系统输出的模拟电压控制的。根据以往的经验,安川变频器对输入信号的干扰比较敏感,因此初步确认故障原因与线路有关。为了确认,再次检查机床的主轴驱动器、刀架控制的原理图与实际接线,可以判定在线路连接、控制上两者相互独立,不存在相互影响。进一步检查变频器的输入模拟量屏蔽电缆布线与屏蔽线连接,发现该电缆的布线位置与屏蔽线连接均不合理。

故障处理:将电缆重新布线并对屏蔽线进行重新连接后,故障消除。

3.3.3　主轴伺服系统的故障形式及诊断方法

主轴伺服系统发生故障时，通常有三种表现形式：一是在 CRT 或操作面板上显示报警内容或报警信息；二是在主轴驱动装置上用报警灯或数码管显示主轴驱动装置的故障；三是主轴工作不正常，但无任何报警信息。主轴伺服系统常见故障如下。

1. 外界干扰

由于受电磁干扰，屏蔽和接地措施不良，主轴转速指令信号或反馈信号受到干扰，使主轴驱动出现随机和无规律性的波动。有干扰的现象是：当主轴转速指令为零时，主轴仍往复转动，调整零速平衡和漂移补偿也不能消除故障。

2. 过载

切削用量过大，频繁正、反转等均可引起过载报警。具体表现为主轴电动机过热、主轴驱动装置显示过电流报警等。

3. 主轴定位抖动

主轴定向控制（也称主轴定位控制）是将主轴准确停在某一固定位置上，以便在该位置进行刀具交换、精镗退刀及齿轮换挡等，一般用以下三种方式实现主轴准停定向。

（1）机械准停控制。由带 V 形槽的定位盘和定位用的液压缸配合动作。

（2）磁性传感器的电气准停控制。发磁体安装在主轴后端，磁传感器安装在主轴箱上，其安装位置决定了主轴的准停点，发磁体和磁传感器之间的间隙为 (1.5 ± 0.5)mm。

（3）编码器型的电气准停控制。通过在主轴电动机内安装或在机床主轴上直接安装一个光电编码器来实现准停控制，准停角度可任意设定。

上述准停均要经过减速的过程，如减速或增益等参数设置不当，均可能引起定位抖动。此外，采用上述准停方式(1) 时，定位液压缸活塞移动的限位开关失灵；采用上述准停方式(2) 时，发磁体和磁传感器之间的间隙发生变化或磁传感器失灵，均可能引起定位抖动。

4. 主轴电动机振动或噪声太大

引起主轴电动机振动或噪声太大故障的可能原因有：

（1）电源缺相或电源电压不正常；

（2）驱动器上的电源开关设定错误（如 50/60Hz 切换开关设定错误等）；

（3）驱动器上的增益调整电路或颤动调整电路的调整不当；

（4）电流反馈回路调整不当；

（5）三相电源相序不正确；

（6）电动机轴承存在故障；

（7）主轴齿轮啮合不良或主轴负载太大。

5. 主轴转速与进给不匹配

当进行螺纹切削或用每转进给指令切削时，可能出现停止进给、主轴仍继续运转的故障。

系统要执行每转进给的指令，主轴每转必须由主轴编码器发出一个脉冲反馈信号，出现主轴转速与进给不匹配故障，一般情况下为主轴编码器有问题。可用以下方法来确定：

（1）CRT 界面有报警显示；

（2）通过 CRT 调用机床数据或 I/O 状态，观察编码器的信号状态；

（3）用每分钟进给指令代替每转进给指令来执行程序，观察故障是否消失。

6. 转速偏离指令值

当主轴转速超过技术要求所规定的范围时，要考虑的因素是：

（1）电动机过载；

（2）CNC 系统输出的主轴转速模拟量（通常为 0～±10V）没有达到与转速指令对应的值；

（3）测速装置有故障或速度反馈信号断线；

（4）主轴驱动装置故障。

7. 主轴异常噪声及振动

首先要区别异常噪声及振动发生在主轴机械部分还是在电气驱动部分。

（1）在减速过程中发生异常噪声，一般是由驱动装置造成的，如交流驱动中的再生回路故障。

（2）在恒转速时产生异常噪声，可通过观察主轴电动机自由停车过程中是否有噪声和振动来区别，如有，则主轴机械部分有问题。

（3）检查振动周期是否与转速有关。如无关，一般是主轴驱动装置未调整好；如有关，应检查主轴机械部分是否良好，测速装置是否不良。

8. 主轴电动机不转

CNC 系统至主轴驱动装置除了转速模拟量控制信号外，还有使能控制信号，一般为 DC +24V 继电器线圈电压。

（1）检查 CNC 系统是否有速度控制信号输出。

（2）检查使能信号是否接通。通过 CRT、观察 I/O 状态，分析机床 PLC 梯形图（或流程图），以确定主轴的启动条件，如润滑、冷却等是否满足。

（3）主轴驱动装置故障。

（4）主轴电动机故障。

（5）机床负载太大。

（6）高/低挡齿轮切换用的离合器切换不好。

3.3.4 直流伺服主轴驱动系统的维护与故障诊断

1. 直流主轴控制系统介绍

直流主轴控制系统，是由直流主轴控制单元与直流主轴电机组成的。直流主轴电机的结构，因为要求大功率输出，所以与永磁式直流伺服电机不同，而与普通直流电机类似，是他励式电动机。直流主轴电机的转子与永磁式直流伺服电机相同，由电枢绕组和换向器组成。而直流主轴电机的定子上不但有主磁极绕组，还带有补偿绕组。因此，直流主轴电机一般都有过载能力。大多可以为过载 150%（即连续额定电流的 1.5 倍）。而过载持续时间一般可在 1～30min 范围内，具体视不同产品而不同。

直流主轴控制单元，也类似于直流伺服控制系统。一般是由速度环与电流环组成的双环速度控制系统来控制直流主轴电机的电枢电压，进行恒转矩调速。

直流主轴控制系统是由主回路与磁场控制回路组成的。一般采用三相桥式全控直流主轴系统，如图 3-4 所示。图中，上半部为磁场控制回路，而下半部为主回路。这是一个多环系统：由电压环、电流环与速度环三种反馈回路组成。（由于电压环的引用，补偿了电流断续时的非线性。）常用测速电机作为速度的检测反馈元件，而由机外的开关控制可逆运转。主回路中，多采用反并联可逆整流电路。由于主轴电动机的容量较大，因此所有的功率开关组件大多采用晶闸管。磁场控制回路，是用来控制主轴电机的激励绕组（主磁极绕组）的电流

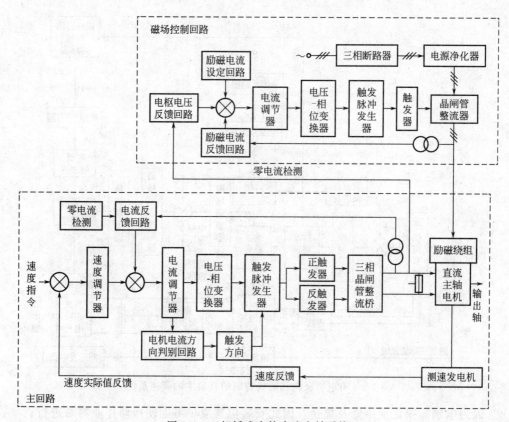

图 3-4 三相桥式全控直流主轴系统

大小，以完成恒功率控制的调速。在磁场控制回路中，触发器的触发脉冲电路也大多采用晶闸管作为功率开关组件。（显然，直流主轴控制系统中的这些晶闸管是容易出故障的器件。）

　　直流主轴内采用轴向强迫通风冷却或热管冷却。必须保证风扇的正常运转与风道的畅通以防止电机过热。

　　另外，具有主轴定向控制的直流主轴控制系统（一般主轴伺服不具有位置控制），大多主轴电机采用齿轮传动装置并安装脉冲编码器或磁性传感器及其放大器来组成位置环。

　　图 3-5 所示为有电枢反向和磁场控制的直流主轴调速系统。其中，触发器与逆变器中也是具有电容器与晶闸管，可以成为故障的成因。其中，换向逻辑与电枢反向控制接触器构成再生回路。它不仅可实现转矩换向控制，而且，如果速度实际值超过调整值而引起转矩反向时，传动装置再生制动，回收的能量通过运行在逆变器方式的晶闸管反馈给电网。

2. 直流主轴伺服系统使用注意事项及日常维护

安装注意事项如下。

（1）伺服单元应置于密封的强电柜内。为了不使强电柜内温度过高，应将强电柜内部的温升设计在 15℃ 以下；强电柜的外部空气引入口务必设置过滤器；要注意从排气口侵入的尘埃或烟雾；要注意电缆出入口、门等的密封；冷却风扇的风不要直接吹向伺服单元，以免尘埃等附着在伺服单元上。

（2）安装伺服单元时要考虑到容易维修检查和拆卸。

（3）电动机的安装要遵守下列原则：

① 安装面要平，且有足够的刚性，要考虑到不会受电动机振动等影响；

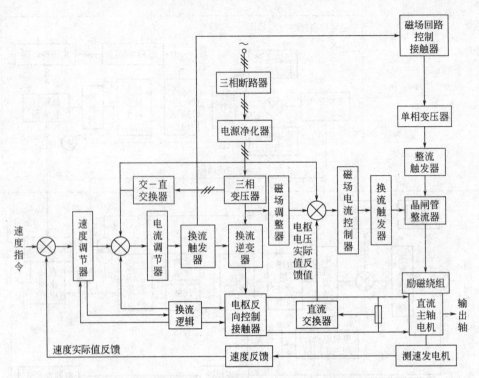

图 3-5 有电枢反向和磁场控制的直流主轴调速系统

② 因为电刷需要定期维修及更换，因此安装位置应尽可能使检修作业容易进行；

③ 出入电动机冷却风口的空气要充分，安装位置要尽可能使冷却部分的检修清洁工作容易进行；

④ 电动机应安装在灰尘少、湿度不高的场所，环境温度应在 40℃以下；

⑤ 电动机应安装在切削液和油之类的东西不能直接溅到的位置上。

使用检查及日常维护如下。

（1）伺服系统启动前的检查按下述步骤进行：

① 检查伺服单元和电动机的信号线、动力线等连接是否正确，是否松动以及绝缘是否良好；

② 强电柜和电动机是否可靠接地；

③ 电动机电刷的安装是否牢靠，电动机安装螺栓是否完全拧紧。

（2）使用时的检查注意事项：

① 运行时强电柜门应关闭；

② 检查速度指令值与电动机转速是否一致，负载转矩指示（或电动机、电流指示）是否太大；

③ 电动机有否发出异常声音和异常振动；

④ 轴承温度是否有急剧上升的不正常现象；

⑤ 在电刷上是否有显著的火花发生痕迹。

（3）日常维护步骤：

① 对强电柜的空气过滤器每月清扫一次；

② 强电柜及伺服单元的冷却风扇应每两年检查一次；

③ 主轴电动机每天应检查内容有旋转速度、异常振动、异常声音、通风状态、轴承温度、机壳温度、异常臭味；

④ 主轴电动机每月（至少也应每三个月）检查项目有电动机电刷的清理和检查、换向器检查；

⑤ 主轴电动机每半年（至少也要每年一次）检查项目内容有测速发电机、轴承、热管冷却部分的清理、绝缘电阻的测量。

3. 直流主轴伺服系统可能出现的故障及其排除

除前面讲述的以外，直流主轴伺服系统还可能出现的故障及排除的办法如下（这里以FANUC 系统为例）。

（1）电动机转速异常或转速不稳定的原因：

① D/A 变换器故障；

② 反馈线断线或接触不良；

③ 速度指令电压不良或错误；

④ 电动机失效（包括励磁丧失）；

⑤ 过负荷；

⑥ 印制线路板太脏；

⑦ 驱动器故障；

⑧ 误差放大器故障。

（2）发生过流报警可能的原因：

① 电流极限设定错误；

② 主轴负载过大或机械故障；

③ 主轴电动机电枢线圈内部短路；

④ 长时间切削条件恶劣；

⑤ 直流电机线圈电阻不正常，换向器太脏；

⑥ 动力线接线不牢；

⑦ 励磁线连接不牢；

⑧ 驱动器故障（如同步触发脉冲不正确）。

（3）速度偏差过大的原因：

① 负荷太大；

② 电流零信号没有输出；

③ 主轴被制动。

（4）引起熔丝熔断的原因有：

① 印制线路板不良引起主回路电流过大；

② 伺服电动机或主回路绝缘不良；

③ 测速发电机不良（LED2 灯亮）；

④ 输入电源反相（LED3 灯亮）；

⑤ 输入电源缺相；

⑥ 输入电压太高；

⑦ 电枢线路短路。

（5）热继电器跳闸原因：

这时 LED4 灯亮，表示过负荷。

（6）电动机过热的原因：

这时 LED4 灯亮，表示过载。

（7）过电压吸收器烧坏的原因：

这是由于外加电压过高或干扰引起的。

（8）运转停止：

这时 LED5 灯亮，表示电源电压太低，控制电源混乱。

（9）LED2 灯亮的原因：它表示励磁丧失。

（10）速度达不到最高转速的原因是：

① 励磁电流太大；

② 励磁控制回路不动作；

③ 晶闸管整流部分太脏，造成绝缘能力降低。

（11）主轴在加/减速时工作不正常故障的原因：

① 减速极限电路调整不良；

② 电流反馈回路不良；

③ 加/减速回路时间常数设定和负载惯量不匹配；

④ 传动带连接不良。

（12）电动机电刷磨损严重或电刷上有火花痕迹或电刷滑动面上有深沟。造成这些现象的原因有：

① 过负荷；

② 换向器表面太脏或有伤痕；

③ 电刷上粘有多量的切削液；

④ 驱动回路给定参数值不正确。

（13）主轴定向不停止的原因：

① 主轴没有收到编码器信号；

② 磁传感器故障；

③ 定向板上的继电器损坏。

【例3】 某加工中心采用直流主轴电动机、逻辑无环流可逆调速系统。当用 M03 指令启动时有"咔、咔"的冲击声，电动机换向片上有轻微的火花，启动后，无明显的异常现象；用 M05 指令使主轴停止运转时，换向片上出现强烈的火花，同时伴有"叭、叭"的放电声，随即交流回路的保险丝熔断。火花的强烈程度与电动机的转速有关，转速越高，火花越大，启动时的冲击声也越明显。用急停方式停止主轴，换向片上没有任何火花。

故障分析与排除：该机床的主轴电动机有两种制动方式，一是电阻能耗制动，只用于急停；二是回馈制动用于正常停机（M05）。主轴直流电动机驱动系统是一个逻辑无环流可逆控制系统，任何时候不允许正、反两组晶闸管同时工作，制动过程为"本桥逆变—电流为零—他桥逆变制动"。根据故障特点，急停时无火花，而用 M05 时有火花，说明故障与逆变电路有关。他桥逆变时，电动机运行在发电机状态，导通的晶闸管始终承受着正向电压，这时晶闸管触发控制电路必须在适当时刻使导通的晶闸管受到反压而被迫关断。若是漏发或延迟了触发脉冲，已导通的晶闸管就会因得不到反压而继续导通，并逐渐进入整流状态，其输出电压与电动势成顺极性串联，造成短路，引起换向片上出现火花、熔丝熔断的故障。同理，启动过程中的整流状态，若漏发触发脉冲，已导通的晶闸管会在经过自然换向点后自行关断。这将导致晶闸管输出断续，造成电机启动时的冲击。因此，本故障是由晶闸管的触发电路故障引起的。

【例 4】　某配置 SIEMENS 6RA26×× 系列直流主轴驱动器的数控机床，开机后显示主轴报警。

故障分析与排除：SIEMENS 6RA26×× 系列直流主轴驱动器，发现报警的含义与提示是"电源故障"，其可能的原因有：

① 电源相序接反；

② 电源缺相，相位不正确；

③ 电源电压低于额定值的 80%。

测量驱动器输入电压正常，相序正确，但主驱动仍有报警，因此可能的原因是电源板存在故障。

根据 SIEMENS 6RA26×× 系列直流主轴驱动器原理图，逐级测量各板的电源回路，发现触发板的同步电源中有一相低于正常电压。

检查确认印制电路板存在虚焊，导致了同步电源的电压降低，引起了电源报警。重新焊接后电压恢复正常，报警消失，机床恢复正常。

【例 5】　某配置 FANUC 15 型直流主轴驱动器的数控仿形铣床，主轴在启动后，运转过程中声音沉闷；当主轴制动时，CRT 显示 "FEED HOLD"（进给保持），主轴驱动装置的过电流报警指示灯亮。

故障分析与排除：为了判别主轴过电流报警产生的原因，维修时首先脱开主轴与主轴间的连接，检查机械传动系统，未发现异常，因此排除了机械上的原因。接着测量、检查绕组、对地电阻及它们的连接情况，在对换向器及电刷进行检查时，发现部分电刷已达使用极限，换向器表面有严重的烧熔痕迹。

针对以上问题，维修时首先更换同型号的电刷，并拆开，对换向器的表面进行修磨处理。重新安装后再进行试车，当时故障消失；但在第 2 天开机时，又再次出现上述故障，并且在机床通电约 30min 之后，故障自动消失。

根据以上现象，由于排除了机械传动系统、主轴、连接方面的原因，故而可以判定故障原因在主轴驱动器上。

对照主轴伺服驱动系统的原理图，重点针对电流反馈环节的有关线路进行分析检查；对电路板中有可能虚焊的部位进行重新焊接，对全部接插件进行表面处理，但故障现象仍然存在。由于维修现场无驱动器备件，不可能进行驱动器的电路板互换处理，为了确定故障的大致部位，针对机床通电约 30min 后故障可以自动消失这一特点，维修时采用局部升温的方法。通过吹风机在距电路板 8~10cm 处，对电路板的每一部分进行局部升温，结果发现当对触发线路升温后，主轴运转可以马上恢复正常。由此分析，初步判定故障部位在驱动器的触发线路上。

通过示波器观察触发部分线路的输出波形，发现其中的一片集成电路在常温下无触发脉冲发生，引起整流回路 U 相的 4 只晶闸管（正组和反组各两只）的触发脉冲消失；更换此芯片后故障排除。

维修完成后，进一步分析故障原因，在主轴驱动器工作时，三相全控桥整流主回路有一相无触发脉冲，导致直流母线整流电压波形脉动变大，谐波分量提高，产生换向困难，运行声音沉闷。当主轴制动时，由于驱动器采用的是回馈制动，控制线路首先要关断正组的触发脉冲，并触发反组的晶闸管使其逆变。逆变时同样由于缺一相触发脉冲，使能量不能及时回馈电网，因此产生过流，从而驱动器产生过电流报警，保护电路动作。

【例6】 SABRE-750 数控龙门式加工中心，数控系统为 FANUC 0M。该加工中心无论在 MDI 方式或 AUTO 方式，送入主轴速度指令，一按启动键，机床 PLC 立刻送出"主轴单元故障"的报警信息。观察电柜中主轴伺服单元的报警号为 AL-12。

故障分析与排除：报警号 AL-12，意为主轴单元逆变回路的直流侧有过电流发生。拆开主轴单元的前端控制板及中层的功率控制板，露出底层的两只 150A 的大功率 IGBT 晶体管模块。每只 IGBT 模块内封装着 6 个 IGBT 晶体管和 6 只阻尼二极管，组成两组三相全控桥，分别用来整流和逆变。用万用表按其端子图测量，发现其中一只晶体管模块中的 IGBT 管有短路现象。

故障已经查出，似乎只要外购一只晶体管模块换上，主轴单元就能修复。但不能这样简单地处理，重要的问题是要找出故障产生的根源。经询问故障过程得知，当主轴箱移动到不同的位置时，主轴有时能正常工作，有时不能正常工作。尤其主轴箱沿机床的横梁（即 r 轴）移动时，在某些位置主轴能正常运行。为确定故障的发生与主轴箱的位置有何联系，爬到横梁上仔细观察主轴箱的运动情况，很快就找到了故障的原因。原来主轴箱作为机床的 r 轴沿着横梁移动，主轴电动机的动力线和反馈线是通过电缆拖链与电柜连接的，拖链随着主轴箱在横梁上移动。拖链的材质虽然是工程塑料的，但每节之间的连接销是金属的，当拖链中的电缆与拖链一起移动时，电缆的绝缘外皮与连接销摩擦，时间长了竟将绝缘皮磨破，露出了中间的金属线，当主轴移动到某个位置时，电缆中的金属线与金属的连接销相碰，连接销又直接与机床的床身相碰，造成主轴电动机的动力线对地短路，主轴驱动单元的功率晶体管模块被击穿。这才是 IGBT 模块损坏的根本原因。

故障排除：更换晶体管模块，对磨破的电缆进行处理和更换，对拖链中电缆的固定方式进行改进，使电缆与连接销不再摩擦。经此次修复后未再发生过类似的故障。

3.3.5 直流主轴驱动装置的保护

为了保证主轴驱动装置安全、可靠地运行，FANUC 直流主轴驱动系统在出现故障和异常情况时，设置了较多的保护功能，这些保护功能与直流主轴驱动装置的故障检测与维修密切相关，当驱动装置出现故障时，可以根据保护功能的动作特点，为分析故障提供帮助。

FANUC 直流主轴驱动系统的保护功能主要如下。

(1) 对地保护 当主轴驱动系统的直流输出主回路或主轴电动机内部等部位出现直接对地短路时，可以通过快速熔断器瞬间切断电源，对驱动器的晶闸管进行保护。

(2) 过载保护 当驱动器、电动机负载超过额定值时，可以通过安装在电动机内部的温度传感器或驱动器主回路的断路器对电动机进行过载保护。

(3) 速度偏差过大报警 当主轴电动机的速度由于某种原因偏离指令速度，且达到一定的误差后，驱动器将产生警报，并进行可靠的保护。

(4) 瞬时过电流报警 当驱动器中由于内部短路、输出短路等原因产生异常的大电流时，驱动器将发出报警，并进行可靠的保护。

(5) 速度检测回路断线或短路报警 当测速发电动机出现信号断线或连接错误时，驱动器能进行自动检测与保护，防止"飞车"，同时产生报警。

(6) 速度超过报警 通过设定与调节，当检测出的主轴电动机转速超过额定值的 115% 时，驱动器可以发出报警并进行保护。

(7) 励磁监控 如果主轴电动机励磁电流过低或无励磁电流时，为防止"飞车"，驱动器将可以产生报警并进行保护。

（8）短路保护　当主回路发生短路时，驱动器可以通过主回路的快速熔断器进行短路保护。

（9）电源相序监控　当三相输入电源"相序"不正确或存在"缺相"时，驱动器将通过自动检测电路，发出报警并进行保护。

3.3.6　交流伺服主轴驱动系统的维护与故障诊断

1. 交流主轴控制系统介绍

交流主轴控制系统的系统框图，可参考图 3-6。由图可见，交流感应电机调速系统也是一个多环系统。其中变频器内的滤波电容与大功率器件是常见的故障组件之一。

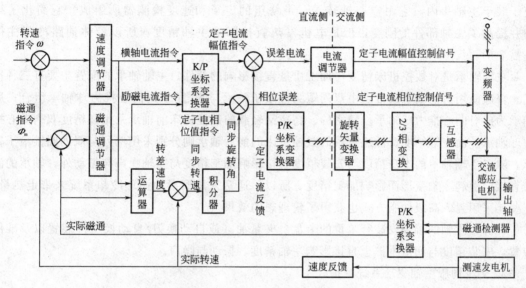

图 3-6　交流感应电机主轴调速系统

交流主轴电动机大都采用交流感应电动机，并且通常多采用不带换向器的三相感应电动机。其定子由对称的三相绕组组成。圆柱体的转子铁芯上是由均匀分布的斜槽、铸铝结构笼条与端部的金属环构成的笼式转子（故也称笼式电动机）。定子的铁芯具有轴向孔而无外壳以利通风（所以，交流电机往往是非封闭式的电机）。（为了提高输出功率，防止主轴的热变形，也有在电动机外壳与前端盖中通有循环油路，实现液体冷却绕组与主轴轴承。）交流主轴控制单元，是一种转差频率矢量控制系统，用来控制交流感应电机的。

交流电机的尾部大多同轴安装有脉冲编码器或脉冲发生器。此时，速度反馈可以有两种方式，如果主轴放大器是数字式，则可接受反馈。如果主轴放大器是模拟式，则直接反馈给CNC主轴伺服接口（这一点与采用测速发电机的图 3-6 不同）。

交流主传动目前有三种配置（见图 3-7）。

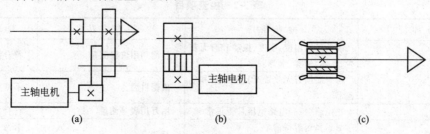

图 3-7　数控机床主传动的三种配置

（1）带变速齿轮的主传动是大、中型数控机床的常用配置，通过简单的几对齿轮减速来扩大输出扭矩。其滑移齿轮大多采用液压拨叉或直接液压油缸来移动，而很少使用电磁离合器，以避免电刷磨损与摩擦、剩磁与发热等影响变速可靠性、加工精度与主轴寿命。

（2）同步齿形皮带传动，常用于低扭矩特性的小型数控机床的主轴传动，以避免齿轮传动引起的噪声与振动，又满足主轴伺服功能。

（3）调速电机直接启动的主传动是小扭矩数控机床新发展的配置方法。主轴与其电动机制成一体。这种主轴电机的转子轴就是机床的主轴，省去了齿轮传动结构，而电机的定子装于主轴头内。它由空心轴转子、带绕组的定子和速度检测器所组成。它简化了结构并提高了主轴部件的刚度，但是电机发热直接影响主轴精度。所以液体油路冷却往往是需要的。

主轴轴承是对数控机床精度与加工质量直接影响的部件。主轴轴承的配置主要有三种形式。普遍使用的前轴承通常是由双列短圆柱滚子轴承与 60°角双列向心推力球轴承组合；后轴承为成对向心推力球轴承。精密的、高速又轻载的数控机床前轴承采用高精度双列向心推力球轴承。而中等精度、低速重载的数控机床的前后轴承则分别采用单列与双列圆锥滚子轴承。除了主轴轴承的本身精度与安装精度直接影响加工精度与主轴噪声与振动外，轴承的温升直接会引起主轴变形而影响加工精度。所以，通常采用润滑油循环冷却系统来带走热量。近些年采用封入高级油脂方式也获得了较理想的效果。

另外，主轴的端部安装有笨重的卡盘、夹紧油缸或自动换刀/自动换工件装置以及准停装置，安装精度与润滑维护也直接影响主轴精度、振动与噪声。

2. 交流伺服主轴驱动系统维护

为了使主交流轴伺服驱动系统长期可靠连续运行，防患于未然，应进行日常检查和定期检查。

（1）日常检查 通电和运行时不取去外盖，从外部目检变频器的运行，确认没有异常情况。通常检查以下几个方面。

① 运行性能是否符合标准规范。

② 周围环境是否符合标准规范。

③ 键盘面板显示是否正常。

④ 有没有异常的噪声、振动和气味。

⑤ 有没有过热或变色等异常情况。

其检查项目见表 3-2。

表 3-2　检查项目

检查部分	检查项目	检查方法	判断标准
周围环境	确认环境温度、湿度、振动和有无灰尘、气体、油雾、水等	目测和用仪器测量	符合技术规范
	检查周围有无放置工具等异物和危险品	依据目测	不能放置
电压	主电路、控制电路电压是否正常	用万用表等测量	符合技术规范
键盘显示面板	显示是否看得清楚	目测	需要时都能显示，没有异常
	是否缺少字符		

续表

检 查 部 分		检 查 项 目	检 查 方 法	判 断 标 准
框架盖板等结构		有无异常声音、异常振动	依据目测、听觉	没有异常
		螺栓等(紧固件)是否松动	拧紧	
		有无变形损坏	依据目测	
		有无因过热而变色		
		有无附着灰尘、污损		
主电路	公用	螺栓等有无松动和脱落	拧紧	没有异常(注意:铜排变色不表示有问题)
		机器、绝缘体有无变形、裂纹、破损或因过热和老化而变色	依据目测	
		有无附着污损、灰尘		
	导体导线	导体有无因过热而变色和变形等	依据目测	没有异常
		电线护层有无破裂和变色		
	端子排	有无损伤	依据目测	没有损伤
	滤波电容器	有无漏液、变色、裂纹和外壳膨胀	依据目测	没有异常
		安全阀是否出来,阀体是否显著膨胀	根据维护信息判断寿命或用静电容量测量测定电容量	静电容量≥初始值×0.85
		按照需要测量静电容量		
主电路	电阻器	有无因过热产生异味和绝缘体开裂	依据嗅觉或目测	电阻值的变化在±10%标准值以内
		有无断线	依据目测或卸开一端的连接,用万用表测量	
	变压器、电抗器	有无异常的振动声和异味	依据听觉、目测、嗅觉	没有异常
	电磁接触器	工作时有无振动声音	依据听觉	没有异常
		接触点是否接触良好	依据目测	
控制电路	控制印刷电路板连接器	螺丝和连接器是否松动	拧紧	没有异常
		有无异味和变色	依据嗅觉或目测	
		有无裂缝、破损、变形、显著锈蚀	依据目测	
		电容器有无漏液和变形痕迹	目测并根据维护信息判断寿命	
冷却系统	冷却风扇	有无异常声音、振动	依据听觉、视觉、或用手转一下(必须切断电源)	没有异常
		螺栓等是否松动	拧紧	
		有无因过热而变色	依据目测并按维护信息判断寿命	
	通风道	散热片和进气、排气口是否堵塞和附着异物	依据目测	

注:对于主轴伺服系统中污染的地方,用化学上中性的清洁布擦拭干净,用电气清除器去除灰尘等。

(2) 定期检查　定期检查时,应注意以下事项。

① 维护检查时,务必先切断输入变频器 (R、S、T) 的电源。

② 确定变频器电源切断,显示消失后,等到内部高压指示灯熄灭后,方可实施维护、检查。

③ 在检查过程中,绝对不可以将内部电源及线材,排线拔起及误配,否则会造成变频器不工作或损坏。

④ 安装时,螺丝等配件不可置留在变频器内部,以免电路板造成短路现象。

⑤ 安装后保持变频器的干净,避免尘埃、油雾、湿气侵入。

特别注意:即使断开变频器的供电电源后,滤波电容器上仍有充电电压,放电需要一定时间。

3. 交流伺服主轴驱动系统的故障诊断

交流电机主轴系统的故障也可以分成报警与不报警两大类。由于近 20 年大多采用交流主轴控制系统,其故障报警能力也同步发展得愈来愈强。交流主轴控制也分成由 CNC 直接处理的与主轴放大器独立处理的两种控制形式。如果是由 CNC 实现主轴控制，则可以在 CRT 上的警示信息画面上以及主轴监视画面上显示主轴系统的报警信息。而主轴放大器上也是以七段数码管来显示故障代码的。可充分利用系统自诊断及其维修手册来进行故障定位。类似于直流主轴系统，交流主轴系统主要有下面几种故障现象。

（1）主轴不能转动，且无任何报警显示　引起此故障的可能原因有：

① 机械负载过大；

② 主轴与电动机连接皮带过松；

③ 主轴中的拉杆未拉紧刀柄上的拉钉（在车床上就是卡盘未夹紧工件）；

④ 系统处于急停状态；

⑤ 机械准备好信号断路；

⑥ 主轴动力线断线；

⑦ 电源缺相；

⑧ 正反转信号同时输入；

⑨ 无正反转信号；

⑩ 没有速度控制信号输出；

⑪ 使能信号没有接通；

⑫ 主轴驱动装置故障；

⑬ 主轴电动机故障。

（2）主轴速度指令无效，转速仅有 $1\sim2r/min$　可能的成因有：

① 动力线连接错误；

② CNC 模拟量输出（D/A）转换电路故障；

③ CNC 速度输出模拟量与驱动器连接不良或断线；

④ 主轴驱动器参数设定不当；

⑤ 反馈线连接不正常；

⑥ 反馈信号不正常。

（3）速度偏差过大　指主轴电动机的实际速度与指令速度的误差值超过允许值，一般是启动时电动机没有转动或速度上不去。引起此故障的原因有：

① 反馈连接不良；

② 反馈装置故障；

③ 动力线连接不正常；

④ 动力电压不正常；

⑤ 机床切削负荷太重，切削条件恶劣；

⑥ 机械传动系统不良；

⑦ 制动器未松开；

⑧ 驱动器故障；

⑨ 电流调节器控制板故障；

⑩ 电动机故障。

（4）过载报警　切削用量过大，频繁正、反转等均可引起过载报警，具体表现为主轴过热、主轴驱动装置显示过电流报警等，其情况有：

① 长时间开机后再出现此报警。这一般是负载太大或频繁正、反转引起。

② 开机后即出现此报警。这一般是热控开关坏了或控制板有故障引起。

(5) 主轴振动或噪声过大　首先要区别异常噪声及振动发生在主轴机械部分还是在电气驱动部分。检查方法详述如下。

① 若在减速过程中发生，一般是由驱动装置造成的，如交流驱动中的再生回路故障。

② 若在恒转速时产生，可通过观察主轴在停车过程中是否有噪声和振动来区别；如存在，则主轴机械部分有问题。

③ 检查振动周期是否与转速有关，如无关，一般是主轴驱动装置未调整好；如有关系，应检查主轴机械部分是否良好，测速装置是否正常。造成这类故障的原因有：

a. 系统电源缺相、相序不正确或电压不正常；

b. 反馈不正确；

c. 驱动器异常，如增益调整电路或颤动调整电路的调整不当；

d. 三相输入的相序不对；

e. 主轴负载过大；

f. 润滑不良；

g. 主轴与主轴电动机的连接皮带过紧；

h. 轴承故障、主轴和主轴电动机之间离合器故障；

i. 轴承拉毛或损坏；

j. 齿轮严重损伤；

k. 主轴部件上动平衡不好（从最高速度向下时发生此故障）；

l. 轴承预紧力不够或预紧螺钉松动；

m. 游隙过大或齿轮啮合间隙过大。

(6) 保险丝熔断　交流输入电路的保险丝熔断，其成因大多是：

① 交流电源侧的阻抗太高。例如当采用了自耦变压器而不是隔离变压器的情况，或保险丝管接触不良。

② 交流电源输入电路中浪涌吸收器损坏。

③ 电源整流桥损坏。

④ 逆变器内的晶闸管损坏。

⑤ 控制单元的印刷线路板故障等。

⑥ 输入电源存在缺相。

⑦ 电动机电枢线短路。

再生回路（在变频器回路中）的保险丝熔断，大多为主轴电机加速或减速频率太高所致。

(7) 主轴转速出现随机和无规律性的波动　可能的原因有：

① 屏蔽和接地措施不良；

② 主轴转速指令信号受干扰；

③ 反馈信号受到干扰。

(8) 主轴不能进行变速　可能的原因有：

① CNC 参数设置不当；

② 加工程序编程错误；

③ D/A 转换电路故障；

④ 主轴驱动器速度模拟量输入电路故障。

另外，有些其他故障现象也与主轴系统故障成因相关。

例如，系统工作正常，但在自动方式下不能执行螺纹切削功能。可能的原因有：

① 主轴电缆断线、有虚焊或接触不良；

② 主轴编码器故障（脉冲相位、幅度不正常）；

③ 主板主轴脉冲反馈检测电路故障等。

再如，车削螺纹乱扣或螺纹不准，可能的原因有：

① 主轴电缆插头未拧紧导致接触不良；

② 多主轴反馈电缆连接不正确或断线；

③ 主轴编码器损坏；

④（如果①～③检查都正常时）主板主轴脉冲反馈检测电路故障；

⑤ 编程问题。

【例7】　配置某系统的数控车床，使用安川变频器作为主轴驱动装置，当输入指令 S××M03后，主轴旋转，但转速不能改变。

故障分析与排除：由于该机床主轴采用的是变频器调速，在自动方式下运行时，主轴转速是通过系统输出的模拟电压控制的。利用万用表测量变频器的模拟电压输入，发现在不同转速下模拟电压有变化，说明 CNC 工作正常。

进一步检查主轴的方向输入信号正确，因此初步判定故障原因是变频器的参数设定不当或外部信号不正确。检查变频器参数设定，发现参数设定正确；检查外部控制信号，发现在主轴正转时，变频器的多级固定速度控制输入信号中有一个被固定为"1"，断开此信号后，主轴恢复正常。

【例8】　配置某系统的数控车床，在 G32 车螺纹时，出现起始段螺纹"乱牙"的故障。

故障分析与排除：数控车床加工螺纹，其实质是主轴的角位移与 Z 轴进给之间进行的插补，"乱牙"是由于主轴与 Z 轴进给不能实现同步引起的。

由于该机床使用的是变频器作为主轴调速装置，主轴速度为开环控制，在不同的负载下，主轴的启动时间不同，且启动时的主轴速度不稳，转速亦有相应的变化，导致了主轴与 Z 轴进给不能实现同步。

解决以上故障的方法有如下两种。

① 通过在主轴旋转指令（M03）后、螺纹加工指令（G32）前增加 G04 延时指令，保证在主轴速度稳定后，再开始螺纹加工。

② 更改螺纹加工程序的起始点，使其离开工件一段距离，保证在主轴速度稳定后，再真正接触工件，开始螺纹的加工。

通过采用以上方法的任何一种都可以解决该例故障，实现正常的螺纹加工。

3.4　主轴的准停

主轴准停功能又称为主轴定位功能。即当主轴停止时，控制其停于固定位置，这是自动换刀所必需的功能。在自动换刀的镗铣加工中心上，切削的转矩通常是通过刀杆的端面键来传递的。这就要求主轴具有准确定位于圆周上特定角度的功能，见图 3-8。当加工阶梯孔或精镗孔后退刀时，为防止刀具与小阶梯孔碰撞或拉毛已精加工的孔表面必须先让刀，再退刀，而要让刀，刀具就必须具有定位功能，如图 3-9 所示。

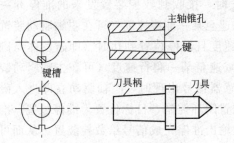

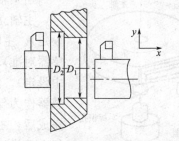

图 3-8　主轴准停换刀示意图　　　　　　图 3-9　主轴准停镗阶梯孔示意图

3.4.1　主轴准停装置的分类

主轴准停功能分为机械准停和电气准停。

1. 机械准停控制

图 3-10 为典型的 V 形槽轮定位盘机械准停结构。带有 V 形槽的定位盘与主轴端面保持一定的关系，以确定定位位置。当准停指令到来时，首先使主轴减速至某一可以设定的低速转动，然后当无触点开关有效信号被检测到后，立即使主轴电动机停转并断开主轴传动链，此时主轴电动机与主轴传动件依惯性继续空转，同时准停油缸定位销伸出并压向定位盘。当定位盘 V 形槽与定位销正对时，由于油缸的压力，定位销插入 V 形槽中，LS_2 准停到信号有效，表明准停动作完成。这里 LS_1 为准停释放信号。采用这种准停方式，必须有一定的逻辑互锁，即 LS_2 有效时，才能进行下面诸如换刀等动作。而只有当 LS_1 有效时才能启动主轴电动机正常运转。上述准停功能通常可由数控系统所配的可编程控制器完成。

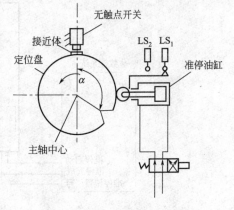

机械准停还有其他方式，如端面螺旋凸轮准停等，但基本原理是一样的。

2. 电气准停控制

目前国内外中高档数控系统均采用电气准停控制，采用电气准停控制有如下优点：

图 3-10　机械准停原理示意图

(1) 简化机械结构　与机械准停相比，电气准停只需在这种旋转部件和固定部件上安装传感器即可。

(2) 缩短准停时间　准停时间包括在换刀时间内，而换刀时间是加工中心的一项重要指标。采用电气准停，即使主轴在高速转动时，也能快速定位于准停位置。

(3) 可靠性增加　由于无需复杂的机械、开关、液压缸等装置，也没有机械准停所形成的机械冲击，因而准停控制的寿命与可靠性大大增加。

(4) 性能价格比提高　由于简化了机械结构和强电控制逻辑，这部分的成本大大降低。但电气准停常作为选择功能，订购电气准停附件需另加费用。但总体来看，性价比大大提高。

目前电气准停通常有以下三种方式：

(1) 磁传感器准停　磁传感器主轴准停控制由主轴驱动自身完成。主轴驱动完成准停后会向数控装置回答完成信号 ORE，然后数控系统再进行下面的工作。

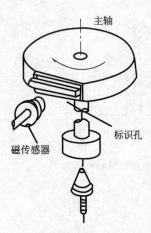

图 3-11 磁发体与磁传感器在主轴上的位置

当主轴转动或停止时，接收到数控装置发来的准停开关信号，主轴立即加速或减速至某一准停速度（可在主轴驱动装置中设定）。主轴到达准停速度且准停位置到达时（即磁发体与磁传感器对准），主轴立即减速至某一爬行速度（可在主轴驱动装置中设定）。然后当磁传感器信号出现时，主轴驱动立即进入磁传感器作为反馈元件的位置闭环控制，目标位置为准停位置。准停完成后，主轴驱动装置输出准停完成信号给数控装置，从而可进行自动换刀（ATC）或其他动作。磁发体与磁传感器在主轴上位置如图 3-11 所示。

（2）编码器型主轴准停　图 3-12 为编码器主轴准停控制结构图。可采用主轴电动机内部安装的编码器信号（来自于主轴驱动装置），也可以在主轴上直接安装另外一个编码器。采用前一种方式要注意传动链对主轴准停精度的影响。主轴驱动装置内部可自动转换，使主轴驱动处于速度控制或位置控制状态。准停角度可由外部开关量（十二位）设定，这一点与磁准停不同，磁准停的角度无法随意设定，要想调整准停位置，只有调整磁发体与磁传感器的相对位置。其步骤与传感器类似。

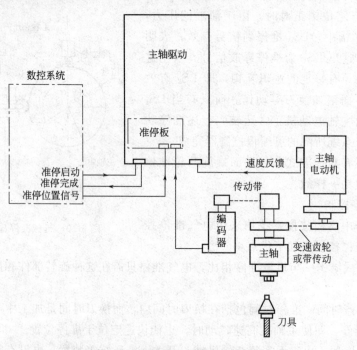

图 3-12　编码器型主轴准停结构图

无论采用何种准停方案（特别是对磁传感器准停方式），当需在主轴上安装元件时应注意动平衡问题，因为数控机床精度很高，转速也很高，因此对动平衡要求严格。一般对中速以上的主轴来说，有一点不平衡还不至于有太大的问题。但对高速主轴这一不平衡量会引起主轴振动。为适应主轴高速化的需要，国外已开发出整环式磁传感器主轴准停装置，由于磁发体是整环，动平衡好。

（3）数控系统准停　这种准停控制方式是由数控系统完成的，采用这种控制方式时需注意以下问题：

① 数控系统须具有主轴闭环控制功能。通常为避免冲击，主轴驱动都具有软启动功能。但这对主轴位置闭环控制产生不良影响。此时位置增益过低则准停精度和刚度（克服外界扰动的能力）不能满足要求，而过高则会产生严重的定位振荡现象。因此必须使主轴进入伺服状态，此时其特性与进给伺服系统相近，才可进行位置控制。

② 当采用电动机轴端编码器信号反馈给数控装置，这时主轴传动链精度可能对主轴精度产生影响。

数控系统控制主轴准停的原理与进给位置控制的原理非常相似，如图 3-13 所示。

采用数控系统控制主轴准停时，角度指定由数控系统内部设定，因此准停角度可更方便地设定。其工作原理是：

数控系统执行准停指令 M19 或 M19 S＊＊时，首先将 M19 送至可编程控制器，可编程控制器经译码送出控制信号使主轴驱动进入伺服状态，同时数控系统控制主轴电动机降速并寻找零位脉冲 C，然后进入位置闭环控制状态。如执行：M19，无 S 指令，则主轴定位于相对于零位脉冲 C 的某一缺省位置（可由数控系统设定）。如执行 M19 S＊＊，则主轴定位于指令位置，也就是相对零位脉冲 S＊＊的角度位置。

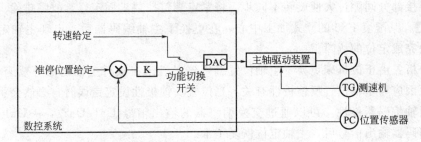

图 3-13　数控系统控制主轴准停结构

例如：M03　　S1000 主轴以 1000r/min 正转

　　　　M19　　　主轴准停于缺省位置

　　　　M19　　S100 主轴准停转至 100°处

　　　　S1000　　　主轴再次以 1000r/min 正转

　　　　M19　　S200 主轴准停至 200°处

3.4.2　主轴准停装置的故障诊断与维护

1. 主轴准停装置的维护

对于主轴准停装置的维护，主要包括以下几个方面。

（1）经常检查插件和电缆有无损坏，使它们保持接触良好。

（2）保持磁传感器上的固定螺栓和连接器上的螺钉紧固。

（3）保持编码器上连接套的螺钉紧固，保证编码器连接套与主轴连接部分的合理间隙。

（4）保证传感器的合理安装位置。

2. 主轴准停装置的故障诊断

主轴发生准停错误时大都无报警，只能在换刀过程中发生中断时才会被发现。发生主轴准停方面的故障应根据机床的具体结构进行分析处理，先检查电气部分，如确认正常后再考虑机械部分。机械部分结构简单，最主要的是连接。主轴准停装置常见故障见表 3-3。

表 3-3　主轴准停装置常见故障

序号	故障现象	故障原因	排除方法
1	主轴不准停	传感器或编码器损坏	更换传感器或编码器
		传感器或编码器连接套上的紧定螺钉松动	紧固传感器或编码器的紧定螺钉
		插接件和电缆损坏或接触不良	更换或使之接触良好
2	主轴准停位置不准	重set后传感器或编码器位置不准	调整元件位置或对机床参数进行调整
		编码器与主轴的连接部分间隙过大使旋转不同步	调整间隙到指定值

主轴准停装置故障实例如下：

【例9】　某加工中心主轴准停位置不准，引发换刀过程发生中断。

故障分析：加工中心，采用编码器型主轴准停控制，开始时，故障出现次数不多，重新开机又能工作。经检查，主轴准停后发生位置偏移，且主轴在准停后如用手碰一下（和工作中在换刀时当刀具插入主轴时的情况相近）主轴会产生向相反方向漂移。检查电气部分无任何报警，所以从故障的现象和可能发生的部位来看，电气部分的可能性比较小。检查机械连接部分，当检查到编码器的连接时发现编码器上连接套的紧定螺钉松动，使连接套后退造成与主轴的连接部分间隙过大使旋转不同步。将紧定螺钉按要求固定好，故障排除。

【例10】　某配套 FS0 的立式加工中心，在更换了主轴编码器后，出现主轴定位时不断振荡，无法完成定位的故障。

故障分析：由于该机床更换了主轴位置编码器，机床在执行主轴定位时减速动作正确，分析故障原因应与主轴位置反馈极性有关，当位置反馈极性设定错误时，必然会引起以上现象。更换主轴编码器极性，可以通过交换编码器的输出信号 Ua1/Ua2/，＊Ua1/＊Ua2 进行，交换编码器输出信号后，主轴定位恢复正常。

【例11】　某采用 FS0 的立式加工中心，配套 S 系列主轴驱动器，在调试时，出现主轴定位点不稳定的故障。

故障分析：维修时通过多次定位进行反复试验，确认本故障的实际故障现象如下。

① 机床可以在任意时刻进行主轴定位，定位动作正确。

② 进行重新定位后，其定位点每次都不同，主轴可以在任意位置定位。

因为主轴定位的过程，事实上是将主轴停止在编码器"零位脉冲"位置的定位过程，并在该点进行位置闭环调节。

根据以上现象，可以确认故障是由于编码器的"零位脉冲"不固定引起的。分析可能引起以上故障的原因如下。

① 编码器固定不良，在旋转过程中编码器与主轴的相对位置在不断变化。

② 编码器不良，无"零位脉冲"输出或"零位脉冲"受到干扰。

③ 编码器连接错误。

根据以上可能的原因，逐一检查，排除了编码器固定不良、编码器不良的原因。进一步检查编码器的连接，发现该编码器内部的"零位脉冲"Ua0 与＊Ua0 引出线接反，重新连接后，故障排除。

【例12】　某采用 FS0 的立式加工中心，配套 S 系列主轴驱动器，在调试时，出现主轴定位点不稳定的故障。

故障分析：由于故障现象与上例相同，故障的分析与处理过程同上，经检查在本例中引起故障的原因是编码器联轴器固定不良，在旋转过程中编码器与主轴的相对位置在不断变化。重新安装编码器联轴器后，故障排除，机床恢复正常。

【例 13】　某配套 FS0 的加工中心，在机床换刀时，出现主轴定位不准的故障。

故障分析：仔细检查机床的定位动作，发现机床在主轴低速时，主轴定位位置正确，但在主轴转速大于一定值后，定位点在不同的速度下都不一致。

通过检查主轴编码器的零位脉冲信号输入，发现该机床的主轴零位脉冲输入信号混乱，在一转内可能有多个输入，引起了定位点的混乱。

检查主轴编码器的连接，发现机床出厂时，主轴编码器的连接电缆线，未按照规定的要求使用双绞屏蔽线。当机床环境发生变化后，由于线路的干扰，引起了主轴零位脉冲的混乱，重新使用双绞屏蔽线连接后，故障消除，机床恢复正常工作。

【例 14】　某配套 FS0 的加工中心，在机床用户调试时，出现主轴定位不准的故障。

故障分析：仔细检查机床的编码器的连接，未发现错误。进一步利用示波器单独检测主轴位置编码器，发现编码器输出脉冲正常。

在进行以上检查后，可以基本确认编码器无故障，故障原因可能是定位板不良或编码器连接不良引起的。由于维修现场无备件，无法迅速确认主轴定位板是否存在故障，维修时针对以上两种可能的原因，首先对编码器的连接进行了仔细检查。经检查发现，该机床的主轴编码器与 CNC 之间的 +5V 电源与 0V 连接，仅使用了两根 $0.12mm^2$ 的连接线，而且，主轴编码器与 CNC 的距离较远，不符合系统的要求。

为了验证，通过原编码器连接电缆的备用线，通过三对双绞屏蔽线连接主轴编码器与 CNC 之间的 +5V 电源与 0V 后，报警消除，机床恢复正常。

思考与练习题

1. 简述伺服系统的组成及工作原理。
2. 怎样进行直流主轴系统的维护？
3. 怎样进行交流主轴系统的维护？
4. 主轴通用变频器有哪些故障？
5. 列举交流主轴系统的常见故障。
6. 怎样进行主轴通用变频器的故障诊断？
7. 主轴准停方法有哪些？试述主轴准停的常见故障有哪些？怎样排除？

第4章　进给伺服系统的故障诊断

4.1　进给伺服系统概述

　　进给伺服系统由各坐标轴的进给驱动装置、位置检测装置及机床进给传动链等组成，其中位置检测装置主要有光栅、光电编码器、感应同步器、旋转变压器和磁栅等；机床进给传动链主要由减速齿轮、滚珠丝杠、机床导轨、工作台和滑板等组成。进给伺服系统的任务就是要完成各坐标轴的位置控制。对于伺服驱动控制系统，按其反馈信号的有无，分为开环、半闭环和全闭环三种控制方式。对于开环伺服系统一般由步进电动机驱动，它由步进电动机驱动电源与步进电动机组成。闭环伺服系统则分为直流电动机和交流电动机两种驱动方式，并且均为双闭环系统，内环是速度环，外环是位置环。速度环中用作速度反馈的检测装置为测速发电机、脉冲编码器等。速度控制单元是一个独立的单元部件，它由速度调节器、电流调节器及功率驱动放大器等部分组成。位置环是由数控系统装置中的位置控制模块、速度控制单元、位置检测及反馈控制等部分组成。根据其位置检测信号所取部位的不同，闭环伺服系统又分为半闭环与全闭环两种。如图 4-1 所示。

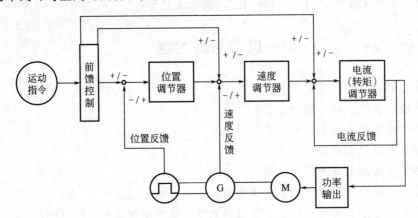

图 4-1　闭环伺服系统

　　电流环是为伺服电机提供转矩的电路。一般情况下它与电动机的匹配调节已由制造者作好了或者指定了相应的匹配参数，其反馈信号一般在伺服系统内连接完成，因此不需接线与调整。

　　速度环是控制电动机转速亦即坐标轴运行速度的电路。速度调节器是比例积分（PI）调节器，其 P、I 调整值完全取决于所驱动坐标轴的负载大小和机械传动系统（导轨、传动机构）的传动刚度与传动间隙等机械特性，一旦这些特性发生明显变化时，首先需要对机械传动系统进行修复工作，然后重新调整速度环（PI）调节器。速度环的最佳调节是在位置环开环的条件下才能完成的，这对于水平运动的坐标轴和转动坐标轴较容易进行，而对于垂直运动坐标轴，位置开环时会自动下落而发生危险，可以采取先摘下电动机空载调整，然后再装好电动机与位置环一起调整或者直接带位置环一起调整,这时需要有一定的经验和细心。

位置环是控制各坐标轴按指令位置精确定位的控制环节。位置环将最终影响坐标轴的位置精度及工作精度。其中有两方面的工作。一是位置测量元件的精度与数控系统脉冲当量的匹配问题,测量元件单位移动距离发出的脉冲数目经过外部倍频电路和/或数控系统内部倍频系数的倍频后,要与数控系统规定的分辨率相符。例如位置测量元件 10 脉冲/mm,数控系统分辨率即脉冲当量为 0.001mm,则测量元件送出的脉冲必须经过 100 倍频方可匹配。二是位置环增益系数 K_v 值的正确设定与调节。通常 K_v 值是作为数控机床数据设置的,数控系统中对各个坐标轴分别指定了 K_v 值的设置地址和数值单位。在速度环最佳化调节后 K_v 值的设定则成为反映机床性能好坏、影响最终精度的重要因素。K_v 值是数控机床运动坐标自身性能优劣的直接表现而并非可以任意放大。关于 K_v 值的设置要注意两个问题,首先要满足下列公式:

$$K_v = \frac{V}{E}$$

式中 V——坐标轴运行速度,m/min;

E——跟踪误差,mm。

不同的数控系统采用的单位可能不同,设置时要注意数控系统规定的单位。例如,坐标运行速度的单位是 m/min,则 K_v 值单位为 m/(mm·min),若 V 的单位为 mm/s,则 K_v 的单位应为 mm/(mm·s)。其次要满足各联动坐标轴的 K_v 值必须相同,以保证合成运动时的精度。通常是以 K_v 值最低的坐标轴为准。

位置反馈有三种情况:第一种是没有位置测量元件,为位置开环控制即无位置反馈,步进电机驱动一般即为开环;第二种是半闭环控制,即位置测量元件不在坐标轴最终运动部件上,也就是说还有部分传动环节在位置闭环控制之外,这种情况要求环外传动部分应有相当的传动刚度和传动精度,加入反向间隙补偿和螺距误差补偿之后,可以得到很高的位置控制精度;第三种是全闭环控制,即位置测量元件安装在坐标轴的最终运动部件上,理论上这种控制的位置精度情况最好,但是它对整个机械传动系统的要求更高而不是低,如若不然,则会严重影响两坐标的动态精度,而使得机床只能在降低速度环和位置精度的情况下工作。影响全闭环控制精度的另一个重要问题是测量元件的精确安装问题,千万不可轻视。

前馈控制与反馈相反,它是将指令值取出部分预加到后面的调节电路,其主要作用是减小跟踪误差以提高动态响应特性从而提高位置控制精度。因为多数机床没有设此功能,故本文不详述,只是要注意,前馈的加入必须是在上述三个控制环均最佳调试完毕后方可进行。

4.2 常用进给驱动系统介绍

1. 直流进给驱动系统

(1) FANUC 公司直流进给驱动系统 从 1980 年开始,FANUC 公司陆续推出了小惯量 L 系列、中惯量 M 系列和大惯量 H 系列的直流伺服电动机。中、小惯量伺服电动机采用 PWM 速度控制单元,大惯量伺服电动机采用晶闸管速度控制单元。驱动装置具有多种保护功能,如过速、过电流、过电压和过载等。

(2) SIEMENS 公司直流进给驱动系统 SIEMENS 公司在 20 世纪 70 年代中期推出了 1HU 系列永磁式直流伺服电动机,规格有 1HU504、1HU305、1HU307、1HU310 和

1HU313。与伺服电动机配套的速度控制单元有 6RA20 和 6RA26 两个系列，前者采用晶体管 PWM 控制，后者采用晶闸管控制。进给伺服驱动系统除了各种保护功能外，另具有 I^2t 热效应监控等功能。

（3）MITSUBISHI 公司直流进给驱动系统　MITSUBISHI 公司的 HD 系列永磁式直流伺服电动机，规格有 HD21、HD41、HD81、HD101、HD201 和 HD301 等。配套的 6R 系列伺服驱动单元，采用晶体管 PWM 控制技术，具有过载、过电流、过电压、过速保护和电流监控等功能。

2. 交流进给驱动系统

（1）FANUC 公司交流进给驱动系统　FANUC 公司在 20 世纪 80 年代中期推出了晶体管 PWM 控制的交流驱动单元和永磁式三相交流同步电动机，电动机有 S 系列、L 系列、SP 系列和 T 系列。目前广泛使用的是 α、β 系列交流驱动装置及电动机。新一代的 $α_i$ 系列结合使用纳米插补和伺服 HRV 控制的高增益伺服系统，可以实现高速、高精度加工。$α_i$ 系列交流伺服系统主要由交流数字伺服驱动单元和 α 系列交流伺服电机组成，控制结构已实现软件化。α 系列交流伺服电机是永磁式三相电动机，采用了强磁材料。为了保证定子和转子之间处于一定的同步状态，避免电动机启动时的失步，电动机使用了确定转子位置的 4 位格林码绝对位置串行脉冲编码器。α 系列交流伺服电机有标准系列、小惯量系列、中惯量系列、经济型 AC 系列和高压（380V）HV 系列等。此外，通过自动跟随 HRV 滤波器，可避免因频率变化而造成的机床共振。$β_i$ 系列是高可靠、高性价比的交流伺服系统，通过驱动器代码信息可方便地进行故障诊断和维护。

（2）SIEMENS 公司交流进给驱动系统　1983 年以来，SIEMENS 公司推出了交流驱动系统，由 6SC610 系列进给驱动装置和 6SC611A（SIMODRIVE611A）系列进给驱动模块、IFT5 和 IFT6 系列永磁式交流同步电动机组成。驱动采用晶体管 PWM 控制技术，带有 I^2t 热监控等功能。另外，SIEMENS 公司还有用于数字伺服系统的 SIMODRIVE 611D、SIMODRIVE 611U 系列进给驱动模块。

（3）MITSUBISHI 公司交流进给驱动系统　MITSUBISHI 公司的交流驱动单元有通用型的 MR-J2-Super 系列、MR-J2S 系列和 MR-E 系列。MR-J2S 系列采用高达 131072 脉冲数/转（p/r）的高分辨率编码器，具有 550Hz 的速度频率响应，能够适应多种系列伺服电动机需求。该驱动单元具有优异的自动调谐性能，高适应性的防振控制，能够进行包含机械性能在内的最佳状态调整。

MR-E 系列操作简单，具有高响应性、高精度定位、能自动调谐实现增益设置。

交流伺服电动机有 HC-KFS 系列、HC-MFS 系列、HC-RFS 系列、HC-UFS 系列。另外，MITSUBISHI 公司还有数字伺服系统 MDS-SVJ2 系列交流驱动单元。

（4）华中数控交流进给伺服系统　武汉华中数控公司的交流进给伺服系统主要有 HSV-9、HSV-11、HSV-16 和 HSV-20D 四种型号。HSV-11 运用了矢量控制原理和柔性控制技术，共有额定电流分别为 14A、20A、40A、60A 的 4 个系列；HSV-16 采用专用运动控制数字信号处理器（DSP）、大规模可现场编程逻辑门阵列（FPGA）和智能化功率模块（IPM）等新技术设计，操作简单、可靠性高、体积小巧、易于安装；HSV-20D 是该公司继 HSV-9、HSV-11、HSV-16 之后推出的一款全数字交流伺服驱动器，有 025、050、075、100 等多种规格，具有很宽的功率选择范围。

3. 步进驱动系统

在步进电动机驱动的开环控制系统中，典型的产品有 KT400 数控系统及 KT300 步进驱动装置，SINUMERIK 802S 数控系统配 STEPDRIVE 步进驱动装置及 IMP5 五相步进电动机等。

4.3　进给伺服系统的结构形式

伺服系统不同的结构形式，主要体现在检测信号的反馈形式上，以带编码器的伺服电动机为例。

1. 方式一（见图 4-2）

转速反馈信号与位置反馈信号处理分离，驱动装置与数控系统配接有通用性。图 4-2（b）为 SINUMERIK800 系列数控系统与 SIMODRIVE611A 进给驱动模块和 IFT5 伺服电动机构成的进给伺服系统。数控系统位置控制模块上 X141 端口的 25 针插座为伺服输出口，输出 0～±10V 的模拟信号及使能信号至进给驱动模块上 56、14 速度控制信号接线端子和 65、9 使能信号接线端子；位控模块上的 X111、X121 和 X131 端口的 15 针插座为位置检测信号输入口，由 IFT5 伺服电动机上的光电脉冲编码器（ROD320）检测获得；速度反馈信号由 IFT5 伺服电动机上的三相交流测速发电机检测反馈至驱动模块 X311 插座中。

2. 方式二（见图 4-3）

伺服电动机上的编码器既作为转速检测，又作为位置检测，位置处理和速度处理均在数控系统中完成。图 4-3（b）为 FANUC 数控系统与用于车床进给控制的 α 系列 2 轴交流驱动单元的伺服系统，伺服电动机上的脉冲编码器将检测信号直接反馈至数控系统，经位置处理和速度处理，输出速度控制信号、速度反馈信号及使能信号至驱动单元 JV1B 和 JV2B 端口中。

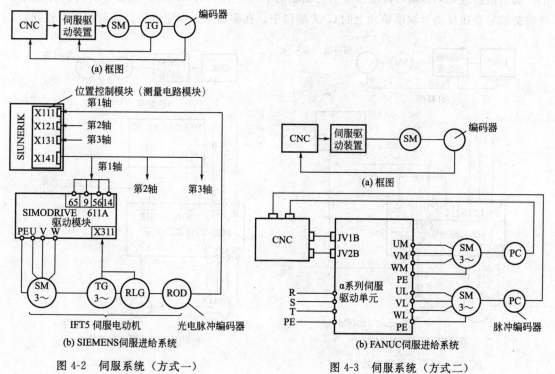

图 4-2　伺服系统（方式一）　　　　图 4-3　伺服系统（方式二）

3. 方式三（见图4-4）

伺服电动机上的编码器同样作为速度和位置检测，检测信号经伺服驱动单元一方面作为速度控制，另一方面输出至数控系统进行位置控制，驱动装置具有通用性。如图4-4（b）为由 MR-J2 伺服驱动单元和伺服电动机组成的伺服系统。数控系统输出速度控制模拟信号（0~±10V）和使能信号至驱动单元 CN1B 插座中的 1、2 针脚和 5、8 针脚，伺服电动机上的编码器将检测信号反馈至 CN2 插座中，一方面用于速度控制，另一方面再通过 CN1A 插座输出至数控系统中的位置检测输入口，在数控系统中完成位置控制。

该类型控制同样适用于由 SANYO DENKI P 系列交流伺服驱动单元和 P6、P8 伺服电动机组成的伺服系统。

在上述三种控制方式中，共同的特点是位置控制均在数控系统中进行，且速度控制信号均为模拟信号。

4. 方式四（见图4-5）

图4-5（a）所示为数字式伺服系统。在数字式伺服系统中，数控系统将位置控制指令以数字量的形式输出至数字伺服系统，数字伺服驱动单元本身具有位置反馈和位置控制功能，能独立完成位置控制。数控系统和数字伺服驱动单元采用串行通信的方式，可极大地减少连接电缆，便于机床安装和维护，提高了系统的可靠性。由于数字伺服系统读取指令的周期必须与数控系统的插补周期严格保持同步，因此决定了数控系统与伺服系统之间必须有特定的通信协议。就数字式伺服系统而言，CNC 系统与伺服系统之间传递的信息有：位置指令和实际位置；速度指令和实际速度；扭矩指令和实际扭矩；伺服驱动及伺服电动机参数；伺服状态和报警；控制方式命令。图4-5（b）为三菱 MELDAS 50 系列数控系统和 MDS-SVJ2 伺服驱动单元构成的数字式伺服系统。数控系统伺服输出口（SERVO）与驱动单元上的 CN1A 端口实行串行通信，通信信息经 CN1B 端口再输出至第二轴驱动单元上的 CN1A 端口，伺服电动机上的编码器将检测信号直接反馈至驱动单元上的 CN2 端口中。在驱动单元中完成位置控制和速度控制。

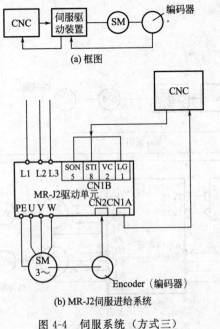

图 4-4　伺服系统（方式三）

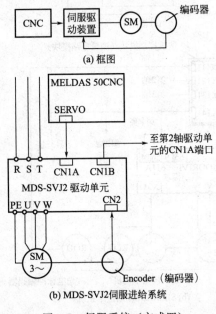

图 4-5　伺服系统（方式四）

能实现数字伺服控制的数控系统还有 FANUC 0D、SINUMERIK 810D 和 840D 等。

4.4　步进驱动系统常见故障诊断与维修

4.4.1　概述

步进驱动系统的执行机构为步进电动机。步进电动机流行于 20 世纪 70 年代，其结构简单、控制容易、维修方便，且控制为全数字化，是一种能将数字脉冲转化成一个步距角增量的电磁执行元件，能很方便地将电脉冲转换为角位移，具有较好的定位精度，无漂移和无积累定位误差，能跟踪一定频率范围的脉冲，可作为同步电动机使用。随着计算机技术的发展，除功率驱动电路之外，其他部分均可由软件实现，从而进一步简化结构。因此，至今国内外对这种系统仍在进一步开发。但是，步进电动机也有其缺点，具体如下：

(1) 由于步进电动机基本上用于开环系统，精度不高，不能应用于中高档数控机床；

(2) 步进电动机耗能大，速度低（远不如交、直流电动机）。

因此，目前步进电动机仅用于小容量、低速、精度要求不高的场合，如经济型数控机床，打印机、绘图机等计算机的外部设备。

步进电动机按转矩产生的原理可分为反应式、永磁式及混合式步进电动机；从控制绕组数量上可分为二相、三相、四相、五相、六相步进电动机；从电流的极性上可分为单极性和双极性步进电动机；从运动的形式上可分为旋转、直线、平面步进电动机。

4.4.2　步进驱动系统常见故障及排除

步进驱动系统是开环进给控制系统中最常选用的伺服驱动系统。开环进给控制系统的结构较简单，调试、维修、使用都很方便，工作可靠，成本低廉。在一般要求精度不太高的机床上曾得到广泛应用。以 SIEMENS 802S 为例，它的常见故障如下。

1. 步进驱动装置故障（STEPDRIVE C Fault）

故障现象 1：驱动装置上的绿色发光二极管 RDY 亮，但驱动装置的输出信号 RDY 为低电平。如果 PLC 应用程序中对 RDY 信号进行扫描，则导致 PLC 运算结果错误。

故障原因：机床现场无大地（PE 与交流电源的中性线连接），静电放电（工作环境差）。

排除方法：首先将电气柜中的 PE 与大地连接，如果仍有故障，则驱动装置模块可能损坏，应更换模块。

故障现象 2：电动机旋转时噪声太大。

故障原因：电动机低频旋转时有进二退一现象，电动机高速上不去。

排除方法：检查相序。

2. 数控系统故障

故障现象：显示时有时无或抖动。

故障原因：通常是由于干扰造成，检查系统接地是否良好，是否采用屏蔽线。

排除方法：正确接地。

3. 高速时电动机堵转

故障现象：在快速点动（或运行 GOO）时步进电动机堵转丢步（注意：这里所指的丢步是步进电动机在设定的高速时不能转动，而不是像某些简易数控系统那样，由于硬件不稳定，在系统工作过程中出现随机的丢步），或使用了脉冲监控功能系统出现 25201 报警。

故障原因：传动系统设计问题。传动系统在设定高速时所需的转矩大于所选用步进电动机在设定的最高速度下的输出转矩。如果选择的步进电动机正确，802S 保证不会丢步。因此，如果出现丢步说明所选择的步进电动机不合适。在设计时应注意步进电动机的矩频特性曲线。

排除方法：

① 若进给倍率为 85％时高速点动不堵转则可使用折线加速特性；

② 降低最高进给速度；

③ 更换大转矩步进电动机。

4. 传动系统定位精度不稳定

故障现象：某坐标的重复定位精度不稳定（时大时小）。

故障原因：该传动系统机械装配问题。由于丝杠螺母安装不正，造成运动部件的装配应力，如图 4-6 所示。

排除方法：重新安装丝杠螺母。

5. 参考点定位误差过大

故障现象：参考点定位误差过大。

故障原因：接近开关或检测体的安装不正确，接近开关与检测体之间的间隙为检测临界值；所选用接近开关的检测距离过大，检测体和相邻金属物体均在检测范围内；接近开关的电气特性差，接近开关的重复特性影响参考点的定位精度。

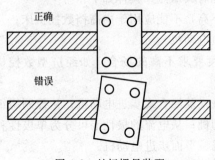

图 4-6　丝杆螺母装配

排除方法：

① 检查接近开关的安装；

② 调整接近开关与检测体间的间隙，接近开关技术指标表示的是最大检测距离，调整时应将间隙调整为最大间隙的 50％；

③ 更换接近开关。

6. 返回参考点动作不正确

故障现象：返回参考点的动作不正确。

故障原因：选用了负逻辑（NPN 型）的接近开关，即 DC0V 表示接近开关动作；DC24V 表示接近开关无动作。

排除方法：更换正逻辑接近开关（PNP 型）。

7. 传动系统定位误差较大

故障现象：某坐标的定位误差较大，有重复。

故障原因：丝杠螺距误差过大。

排除方法：进行丝杠螺距误差补偿，或更换较高精度的丝杠。如果丝杠无预紧力安装，丝杠螺距误差补偿就没有意义。

8. 传动系统定位误差较大

故障现象：某坐标的定位误差较大，不重复。

故障原因：电动机与丝杠之间的机械连接松动。

排除方法：检查电动机与丝杠之间的连接。

9. 螺纹加工时螺纹乱扣

故障现象：在进行螺纹加工时，螺纹不能重复，即乱扣。

故障原因：主轴与主轴编码器之间的机械连接松动。

排除方法：检查主轴与编码器之间的连接。当主轴编码器连好后，在 NC 屏幕上显示的主轴角位置与卡盘的实际位置是唯一的；如果检测结果不是唯一的，则说明主轴与编码器间连接松动。

【例 1】　某经济型数控机床的启动、停车影响工件的精度。

故障分析：步进电动机旋转时，其绕组线圈的通、断电流是有一定顺序的。以一个五相十拍步进电动机为例，电动机启动时，A 相线圈通电，然后各相线圈按照 A—AB—B—BC—C—CD—D—DE—E—EA—A 的顺序通电。这里称 A 相为初始相，因为电动机每次重新通电的时候，总是 A 相处于通电状态。当步进电动机旋转一段时间后，电动机通电的状态是其中的某个状态。这时机床断电停止运行时，步进电动机由该状态处结束。当机床再次启动通电工作时，步进电动机又从 A 相开始，与前次结束时不一定是同相，这两个不同的状态会使电动机偏转若干个步距角，工作台的位置产生偏差，CNC 对此偏差是无法进行补偿的。

数控机床在批量加工零件时，如果因换班断电停车或者其他原因断电停车更换加工零件，根据上述的原因，这时所加工的零件尺寸会有偏差。

排除故障方法：要解决这类问题可以通过检测步进电动机驱动单元的初始相信号，使机床在初始相处断电停车来解决。另一种解决方法是在数控机床上安装机床回参考点装置来解决。

4.5　直流进给伺服系统

4.5.1　晶闸管调速与晶体管脉宽调制调速

以 FANUC 系统为例。FANUC 直流进给伺服系统采用晶闸管可控硅调速（SCR）和晶体管脉宽调制调速（PWM）两种形式。一般中、小惯量伺服电动机采用晶体管脉宽调制方式（PWM 速度控制单元），大惯量伺服电动机采用晶闸管整流方式（SCR 速度控制系统）。

由于 PWM 系统具有更为突出的控制性能，所以它正在逐步取代 SCR 系统。在位置环的调节方式上有模拟式和数字式，或者说有连续控制方式和离散控制方式。机床的数字调节系统是由计算机作为调节器，按采样方式工作的，因而属于离散控制方式。这类系统精度高，动态性能好，可充分利用计算机的快速运算功能和存储功能，使进给伺服系统始终处在最佳工作状态。另外，由于计算机作为调节器，因而调节系统具有很大的柔性。

1. SCR 速度控制系统

根据数控机床的控制要求，对于直流伺服驱动，速度控制单元的主回路一般都采用三相全控桥式整流电路。SCR 速度控制系统又有"无环流"和"有环流可逆"系统之分。"有环流可逆"系统具有反应迅速的优点，但其线路较复杂；而无环流可逆系统虽线路简单，却存在换向死区。为了提高快速性与精度，数控机床用的伺服驱动系统一般都采用图 4-7 所示的"逻辑无环流可逆系统"，这是一种既有速度环又有电流环的双环自动控制系统。

系统的自动调节原理如下：

（1）当系统的速度指令电压增大时，由于实际速度反馈信号不变，使速度误差信号增

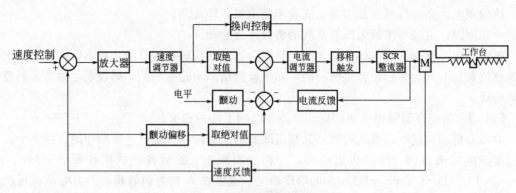

图 4-7 双环调速系统的原理框图

加，速度调节器的输出电压也随之加大，使触发器的触发脉冲前移，整流输出电压提高，电动机转速也随之上升。随着电动机转速的增加，测速发电机输出电压也逐渐增加，当它等于或接近于给定值时，系统达到新的平衡点，电动机就按要求的转速稳定旋转。

(2) 当系统受到外界干扰，例如：负载突然增加时，电动机输出转速就下降，测速发电机的输出电压随之下降，使速度调节器的速度误差增大，速度调节器的输出电压增加，触发脉冲前移，晶闸管整流器的输出电压升高，使电动机转速上升并恢复到外界干扰前的转移值。

(3) 当电网电压突然降低时，整流器的输出电压也随之降低。在电动机转速由于惯性的原因尚未变化之前，首先引起主回路电流减小。在此同时，反映主回路电流的电流反馈信号也随之减小，使电流调节器输出增加，触发脉冲前移，又使整流器输出电压恢复到原来的值，因而抑制了主回路电流的变化。总之，具有速度外环、电流内环的双环调速系统具有良好的静态和动态指标，它可最大限度地利用电动机的过载能力，使过渡过程最短。

2. PWM 速度控制系统

PWM 速度控制系统是通过脉宽调制器对大功率晶体管的开关时间进行控制，将直流电压转换成某种频率的方波电压，并通过对脉冲宽度的控制，改变输出直流平均电压的自动调速系统。以脉冲编码器作为检测器件的常见 PWM 直流伺服系统的框图如图 4-8 所示。

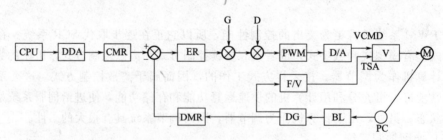

图 4-8 PWM 直流伺服系统原理图

其工作过程如下：数控装置 CPU 发出的指令信号，经过数值积分器 DDA（即为插补器）转换后，输出一系列的均匀脉冲。为了使实际机床位置分辨率与指令脉冲相对应，系统中通常都需要通过指令倍乘器 CMR，对指令脉冲进行倍频/分频变换。指令脉冲与位置反馈脉冲比较的差值，送到误差寄存器 ER；误差寄存器的输出与位置增益（C）、偏移值补偿（D）运算，合成后，送到脉宽调制器（PWM）进行脉宽调制。被调制的脉冲经过 D/A 转换器转换成模拟电压，作为速度控制单元（V）的指令电压 VCMD 输出。

电动机旋转后，脉冲编码器（PC）发出的脉冲，经断线检查器（BL）确认无信号断线之后，送到鉴相器（DG），进行电动机的旋转方向的识别。鉴相器的输出分二路，一路经F/V 转换器，将反馈脉冲变换成测速电压（TSA），送速度控制单元，并与 VCMD 指令进行比较，从而实现速度的闭环控制。另一路输出到检测倍乘器 DMR，经倍乘后送到比较器作为位置环的位置反馈输入。通过设置不同的 CMR 与 DMR 值，可以将指令脉冲的移动量和实际机床的每脉冲移动量相一致，从而使控制系统能适合于各种场合。

PWM 速度控制系统与 SCR 速度控制系统相比，具有如下优点：

（1）能有效防止系统产生共振，提高了数控机床工作的稳定性。在 SCR 速度控制系统中，由于晶闸管的工作频率与电源频率相同，为 50/60Hz，因此电枢电流脉动频率亦为 50/60Hz，从而可能诱发机械系统的共振，影响数控机床的工作稳定性，从而影响被加工零件的表面精度。而在 PWM 控制方式中，由于晶体管工作频率很高（约 2kHz），远远高于机械系统的固有频率，避免了系统可能产生的共振。

（2）电枢电流脉动小，保证了机床在低速运动时仍能稳定地工作。在 SCR 速度控制系统中，整流波形差，特别是在低速、轻载时，电流断续严重。由于电枢电流的不连续，将影响到低速运行的稳定性，这也是 SCR 速度控制系统产生低速脉动的原因之一。在 PWM 速度控制系统中，由于开关频率很高，依靠电枢绕组的电感滤波作用就可获得脉动很小的直流电流，而且电枢电流也很容易连续，因此，机床在低速时仍然可以平滑、稳定地工作。

（3）电动机损耗、发热小。由于 PWM 速度控制系统输出电流的纹波系数（电流有效值和平均值之比）只有 1.001～1.03，而 SCR 速度控制系统为 1.05～1.6，所以电动机在同样的输出转矩（它与电流的平均值成正比）时，前者的电动机损耗和发热均较后者小，在数控机床上，它可以减少电动机发热，减小热变形，提高机床精度。

（4）PWM 速度控制系统的系统响应快。当 PWM 控制方式的速度控制单元与小惯量的电动机相匹配时，可以充分发挥系统的性能，使系统具有快的响应，因此，它适合于频繁启动、制动的场合。

（5）动态特性好。由于 PWM 控制方式具有很宽的响应频率范围，因此整个系统的动态特性好，系统校正瞬态负载扰动的能力强。特别是在负载周期性变化的场合，机床仍平稳地工作，延长了刀具使用寿命，改善了被加工零件表面的精度。

4.5.2　直流伺服电机的检查与维护

1. 直流伺服电动机的检查

（1）在数控系统处于断电状态且电动机已经完全冷却的情况下进行检查。

（2）取下橡胶刷帽，用螺钉旋具拧下刷盖取出电刷。直流伺服电机电刷安装部位如图4-9所示。

（3）测量电刷长度，如 FANUC 直流伺服电动机的电刷由 10mm 磨损到小于 5mm 时，必须更换同型号的新电刷。

（4）仔细检查电刷的弧形接触面是否有深沟或裂痕，以及电刷弹簧上有无打火痕迹。如有上述现象，则要考虑电动机的工作条件是否过分恶劣或电动机本身是否有问题。

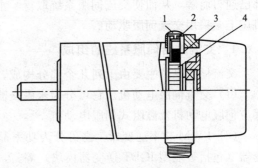

图 4-9　直流伺服电动机电刷安装部位示意图
1—橡胶刷帽；2—刷盖；3—电刷；4—换向器

（5）将不含金属粉末及水分的压缩空气导入装电刷的刷握孔，吹净粘在孔壁上的电刷粉末。如果难以吹净，可用螺钉旋具尖轻轻清理，直至孔壁全部干净为止，但要注意不要碰到换向器表面。

（6）重新装上电刷，拧紧刷盖。如果更换了新电刷，应使电动机空运行跑合一段时间，以使电刷表面和换向器表面相吻合。

2. 直流伺服电动机的日常维护

（1）每天在机床运行时的维护检查。

在电动机运转过程中要注意观察电动机的旋转速度；是否有异常的振动和噪声；是否有异常臭味；检查电动机的机壳和轴承的温度。

（2）直流伺服电动机的定期检查。

直流伺服电动机带有数对电刷，电动机旋转时，电刷与换向器摩擦而逐渐磨损。电刷异常或过度磨损，会影响电动机工作性能，所以对直流伺服电动机进行定期检查是必要的。数控车床、铣床和加工中心中的直流伺服电动机应每年检查一次，频繁加、减速的机床（如冲床等）中的直流伺服电动机应每两个月检查一次。对电动机电刷进行清理和检查，要注意电动机电刷的允许使用长度。

（3）每半年（最少也要每年一次）的定期检查。这包括测速发电机的检查，电枢绝缘电阻的检查等。

3. 直流伺服电动机的存放要求

不要将直流伺服电动机长期存放在室外，也要避免存放在湿度高，温度有急剧变化和多尘的地方。如需存放一年以上，应将电刷从电动机上取下来，否则易腐蚀换向器，损坏电动机。

4. 当机床长期不运行时的保养

机床长达几个月不开启的情况下，要对全部电刷进行检查，并要认真检查换向器表面是否生锈。如有锈，要用特别缓慢的速度，充分、均匀地运转。经过 1～2h 后再行检查，直至处于正常状态，方可使用机床。

4.6　交流进给伺服系统

由于交流电动机具有构造简单、坚固耐用的特点，随着电力电子器件的小型化和高性能化，以及计算机技术的迅速发展，过去在技术上和经济上都难以实现的交流电动机控制问题都已迎刃而解，从而使交流伺服系统取得了主导地位。从 20 世纪 80 年代中、后期起，数控机床上多采用交流伺服驱动。

4.6.1　交流进给伺服系统的组成

交流伺服系统主要由下列几个部分构成，如图 4-10 所示。

（1）交流伺服电动机。它可分为永磁交流同步伺服电动机、永磁无刷直流伺服电动机、感应伺服电动机及磁阻式伺服电动机。

（2）PWM 功率逆变器。它可分为功率晶体管逆变器、功率场效应管逆变器、IGBT 逆变器（包括智能型 IGBT 逆变器模块）等。

（3）微处理器控制器及逻辑门阵列。它可分为单片机、DSP 数字信号处理器、DSP＋CPU、多功能 DSP（如 TMS320F240）等。

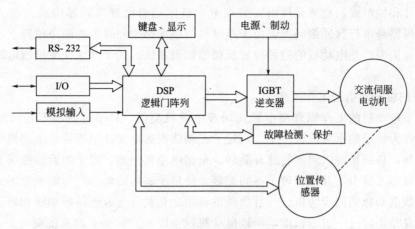

图 4-10　交流伺服系统组成图

（4）位置传感器（含速度）。它可分为旋转变压器、磁性编码器、光电编码器等。

（5）电源及能耗制动电路。

（6）键盘及显示电路。

（7）接口电路。它包括模拟电压、数字 I/O 及串口通信电路。

（8）故障检测，保护电路。

4.6.2　交流伺服电动机简介

交流伺服电动机可依据电动机运行原理的不同，分为感应式（或称异步）交流伺服电动机、永磁式同步电动机、永磁式无刷直流伺服电动机和磁阻同步交流伺服电动机。这些电动机具有相同的三相绕组的定子结构。

感应式交流伺服电动机，其转子电流由滑差电势产生，并与磁场相互作用产生转矩，其主要优点是无刷，结构坚固、造价低、免维护，对环境要求低，其主磁通用激磁电流产生，很容易实现弱磁控制，高转速可以达到 4～5 倍的额定转速；缺点是需要激磁电流，内功率因数低，效率较低，转子散热困难，要求较大的伺服驱动器容量，电动机的电磁关系复杂，要实现电动机的磁通与转矩的控制比较困难，电动机非线性参数的变化影响控制精度，必须进行参数在线辨识才能达到较好的控制效果。

永磁同步电动机按其内部结构、工作原理、驱动电流波形和控制方式的不同又可分为两种：矩形波电流驱动的永磁电动机，即无刷直流电动机（BDCM）和正弦波电流驱动的永磁电动机（PMSM）。其中，BDCM 的功率密度高，系统成本较低，但低速转矩脉动大，高速时矩形波电流发生畸变，并引起转矩下降，所以一般用于低速、性能要求不高的场合；而 PMSM 则更多地用于要求较高的速度或位置伺服的场合。永磁同步电动机所采用的永磁材料，目前已从铁氧体发展到具有高居里点的钐钴（SmCo）和高矫顽力、高磁能积、相对价格较低的钕铁硼（NdFeB）。

永磁同步交流伺服电动机，气隙磁场由稀土永磁体产生，转矩控制由调节电枢的电流实现，转矩的控制较感应电动机简单，并且能达到较高的控制精度；转子无铜、铁损耗，效率高、内功率因数高，也具有无刷免维护的特点，体积和惯量小，快速性好；在控制上需要轴位置传感器，以便识别气隙磁场的位置；价格较感应电动机贵。

目前，在控制领域中所采用的交流伺服电动机称为永磁同步电动机，主要由三部分组成：定子、转子和检测元件。其定子与普通的交流感应电机基本相同，其转子由多极的磁钢、定子冲片和轴组成，检测元件由安装在电动机尾端的位置编码器构成。如 Alpha 系列电动机的编码器是串行脉冲编码器，由于电动机的磁场必须和转子的磁极位置垂直，所以电动机的位置反馈需要把电动机的磁场位置反馈给伺服系统，用于产生交流伺服电动机的磁场矢量控制。

1. 交流伺服电动机的工作原理

交流伺服电动机的工作原理与电磁式同步电动机类似，只不过磁场不是由激磁绕组产生，而是由作为转子的永久磁铁产生。当定子三相绕组通上交流电流后，电动机中就产生一个旋转的磁场，该磁场将以同步转速 n 旋转。根据电动机原理，定子的旋转磁场总是要和转子的旋转磁极相互吸引，并带着转子一同旋转，使定子磁场的轴心线与转子磁场的轴心线保持一致，形成电动机的同步转矩。一旦负载的转矩变化就会造成磁场的轴线和转子的轴线发生变化，但总是不超过一定的限度，所以电动机就会以 $n_s = 60f/p$ 的速度旋转。

由于电动机的转子惯量、定子和转子之间的转速差等因素的影响，经常会造成电动机启动时的失步。为了保证定子和转子之间同步，在 FANUC 公司的电动机尾端的编码器都增加了 4 位格林码绝对位置编码器，用于确定转子位置。交流伺服电动机的结构如图 4-11所示。

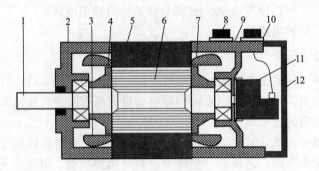

图 4-11 交流伺服电动机的结构

1—电动机轴；2—前端盖；3—三相绕组线圈；4—压板；5—定子；6—磁钢；7—后压板；
8—动力线接头；9—后端盖；10—反馈插头；11—脉冲编码器；12—电动机后盖

无刷直流伺服电动机，其结构与永磁同步伺服电动机相同，借助较简单的位置传感器（如霍尔磁敏开关）的信号，控制电枢绕组的换向，控制最为简单；由于每个绕组的换向都需要一套功率开关电路，电枢绕组的数目通常只采用三相，相当于只有三个换向片的直流电动机，因此运行时电动机的脉动转矩大，造成速度的脉动，需要采用速度闭环才能运行于较低转速，该电动机的气隙磁通为方波分布，可降低电动机制造成本。

磁阻同步交流伺服电动机，转子磁路具有不对称的磁阻特性，无永磁体或绕组，也不产生损耗；其气隙磁场由定子电流的激磁分量产生，定子电流的转矩分量则产生电磁转矩；内功率因数较低，要求较大的伺服驱动器容量，也具有无刷、免维护的特点；并克服了永磁同步电动机弱磁控制效果差的缺点，可实现弱磁控制，速度控制范围可达到 0.1～10000r/min，也兼有永磁同步电动机控制简单的优点，但需要轴位置传感器，价格较永磁同步电动机便宜，但体积较大些。

目前市场上的交流伺服电动机产品主要是永磁同步伺服电动机及无刷直流伺服电动机。图 4-12 表示永磁式同步电动机控制原理框图。交流伺服系统是一个多环控制系统，需要实现位置、速度、电流三种负反馈控制。设置了三个调节器，分别调节位置、速度和电流，三

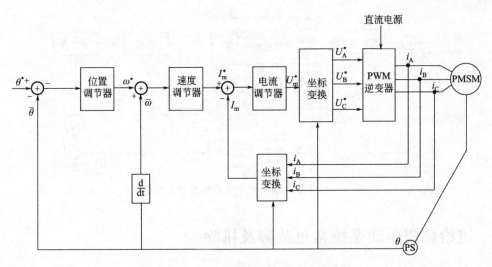

图 4-12　永磁式同步电动机控制原理框图

者之间实行串级连接，把位置调节器的输出当作速度调节器的输入，再把速度调节器的输出作为电流调节器的输入，而把电流调节器的输出经过坐标变换后，给出同步电动机三相电压的瞬时给定值，通过 PWM 逆变器，实现对同步电动机三相绕组的控制。实测的三相电流（i_A，i_B，i_C）瞬时值，也要通过坐标反变换，成为实现电流的反馈控制。上述控制框图，在结构上电流为最内环，位置为最外环，形成了位置、速度、电流的三闭环控制系统。

2. 模拟式与数字式伺服系统

交流伺服系统又有模拟式和数字式之分。早期的伺服单元全是模拟式，但在目前，国外大都采用数字-模拟混合或全数字式，而国内尚处于实验室阶段，还没有做到真正商品化。

模拟式和数字式的伺服单元各有优缺点：模拟式伺服单元一般工作速度很快，系统的频率可以做得很宽，这使系统具有快速的动态响应性能和很宽的调速范围。其缺点是难于实现复杂的控制方法，并且器件多，体积大，不易调试，还存在着零点漂移等问题。

数字式伺服单元的优点是用软件编程，易于实现复杂的算法，而且柔性好，有时几种控制方法之间的改变只需改变软件即可实现，而不需作硬件上的改动，硬件电路一般比较简单，可以设计得相当紧凑。由于参数的设定和调节不必通过调节电位器来进行，所以实现的重复性好，更易批量生产。而介于这两者之间的数模混合系统，其电流环（内环）用硬件电路实现，而速度环、位置环（外环）用软件实现，同时微处理器还可用来实现系统的运行监控、接收数字/模拟给定信号以及与外部设备进行通信联络等功能。

按其形成方式，它大致可分为正弦脉冲宽度调制（SPWM）、自适应电流控制 PWM、相移 PWM 及谐波抑制原理的 PWM 四大类，其中 SPWM 是应用最为广泛的一种。

目前，国内研究开发的全数字化永磁同步电动机控制方法，大都基于空间电压矢量控制方法。图 4-13 为一种全数字永磁同步电动机控制系统框图。

它们的关键在于要根据电动机定子电压矢量的位置或电流矢量的偏差值来选择逆变器施加的电压矢量，其中零矢量和非零矢量的作用时间的计算是这些控制方法的关键。而且，准确地计算电压矢量的作用时间与缩短电流环的采样周期，对提高控制系统的性能而言又是一对矛盾。要准确地计算矢量的作用时间需要复杂的计算，而电流环的采样周期将随计算时间的增加而增加；反之，如追求缩短采样周期，而粗略地计算矢量的作用时间，同样会使系统性能下降。

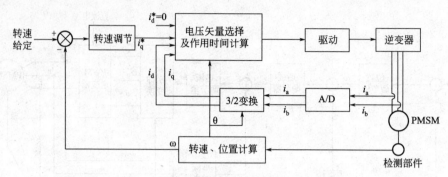

图 4-13　全数字永磁同步电动机控制系统框图

4.7　进给伺服驱动系统常见故障及排除

4.7.1　软件报警（CRT 显示）故障及处理

1. 进给伺服系统出错报警故障

这类故障的起因，大多是速度控制单元方面的故障引起的，或是主控制印制电路板与位置控制或伺服信号有关部分的故障。例：表 4-1 为 FANUC PWM 速度控制单元的控制板上的七个报警指示灯，分别是 BRK、HVAL、HCAL、OVC、LVAL、TGLS 以及 DCAL；在它们下方还有 PRDY（位置控制已准备好信号）和 VRDY（速度控制单元已准备好信号）两个状态指示灯，其含义见表 4-1。

表 4-1　速度控制单元状态指示灯一览表

代号	含　义	备注	代号	含　　义	备注
BRK	驱动器主回路熔断器跳闸	红色	TGLS	转速太高	红色
HCAL	驱动器过电流报警	红色	DCAI	直流母线过电压报警	红色
HVAL	驱动器过电压报警	红色	PRAY	位置控制准备好	绿色
OVC	驱动器过载报警	红色	VRDY	速度控制单元准备好	绿色
LVAL	驱动器欠电压报警	红色	备注：表中含义说明灯亮时表示的状态		

2. 参数被破坏

参数被破坏报警表示伺服单元中的参数由于某些原因引起混乱或丢失。引起此报警的通常原因及常规处理见表 4-2。

表 4-2　参数被破坏报警

警报内容	警报发生状况	可能原因	处理措施
参数破坏	在接通控制电源时发生	正在设定参数时电源断开	进行用户参数初始化后重新输入参数
		正在写入参数时电源断开	
		超出参数的写入次数	更换伺服驱动器(重新评估参数写入法)
		伺服驱动器 EEPROM 以及外围电路故障	更换伺服驱动器
参数设定异常	在接通控制电源时发生	装入了设定不适当的参数	执行用户参数初始化处理

3. 主电路检测部分异常

引起此报警的通常原因及常规处理见表 4-3。

表 4-3　主电路检测部分异常报警

警报内容	警报发生状况	可能原因	处理措施
主电路检测部分异常	在接通控制电源时或者运行过程中发生	控制电源不稳定	将电源恢复正常
		伺服驱动器故障	更换伺服驱动器

4. 超速

引起此报警的通常原因及常规处理见表 4-4。

表 4-4　超速报警

警报内容	警报发生状况	可能原因	处理措施
超速	接通控制电源时发生	电路板故障	更换伺服驱动器
		电动机编码器故障	更换编码器
	电动机运转过程中发生	速度标定设定不合适	重设速度设定
		速度指令过大	使速度指令减到规定范围内
		电动机编码器信号线故障	重新布线
		电动机编码器故障	更换编码器
	电动机启动时发生	超跳过大	重设伺服调整使启动特性曲线变缓
		负载惯量过大	伺服在惯量减到规定范围内

5. 限位动作

限位报警主要指的就是超程报警。引起此报警的通常原因及常规处理见表 4-5。

表 4-5　限位报警

警报发生状况	可能原因	处理措施
限位开关动作	限位开关有动作(即控制轴实际已经超程)	参照机床使用说明书进行超程解除
	限位开关电路开路	依次检查限位电路,处理电路开路故障

6. 过热报警故障

所谓过热是指伺服单元、变压器及伺服电动机等的过热。引起过热报警的原因见表 4-6。

表 4-6　伺服单元过热报警

	过热的具体表现	过热原因	处理措施
过热报警	过热的继电器动作	机床切削条件较苛刻	重新考虑切削参数,改善切削条件
		机床摩擦力矩过大	改善机床润滑条件
	热控开关动作	伺服电动机电枢内部短路或绝缘不良	加绝缘层或更换伺服电动机
		电动机制动器不良	更换制动器
		电动机永久磁钢去磁或脱落	更换电动机
	电动机过热	驱动器参数增益不当	重新设置相应参数
		驱动器与电动机配合不当	重新考虑配合条件
		电动机轴承故障	更换轴承
		驱动器故障	更换驱动器

例如：某伺服电动机过热报警，可能原因有：

（1）过负荷。可以通过测量电动机电流是否超过额定值来判断。

（2）电动机线圈绝缘不良。可用500V绝缘电阻表检查电枢线圈与机壳之间的绝缘电阻。如果在1MΩ以上，表示绝缘正常。

（3）电动机线圈内部短路。可卸下电动机，测电动机空载电流，如果此电流与转速成正比变化，则可判断为电动机线圈内部短路。

（4）电动机磁铁退磁。可通过快速旋转电动机时，测定电动机电枢电压是否正常。如电压低且发热，则说明电动机已退磁，应重新充磁。

（5）制动器失灵。当电动机带有制动器时，如电动机过热则应检查制动器动作是否灵活。

（6）CNC装置的有关印制电路板不良。

7. 电动机过载

引起的通常原因及常规处理见表4-7。

表4-7　伺服驱动系统过载报警

警报内容	警报发生状况	可能原因	处理措施
过载（一般有连续最大负载和瞬间最大负载）	在接通控制电源时发生	伺服单元故障	更换伺服单元
	在伺服ON时发生	电动机配线异常（配线不良或连接不良）	修正电动机配线
		编码器配线异常（配线不良或连接不良）	修正编码器配线
		编码器有故障（反馈脉冲与转角不成比例变化，而有跳跃）	更换编码器
		伺服单元故障	更换伺服单元
	在输入指令时伺服电动机不旋转的情况下发生	电动机配线异常（配线不良或连接不良）	修正电动机配线
		编码器配线异常（配线不良或连接不良）	修正编码器配线
		启动扭矩超过最大扭矩或者负载有冲击现象；电动机振动或抖动	重新考虑负载条件、运行条件或者电动机容量
		伺服单元故障	更换伺服单元
	在通常运行时发生	有效扭矩超过额定扭矩或者启动扭矩大幅度超过额定扭矩	重新考虑负载条件、运行条件或者电动机容量
		伺服单元存储盘温度过高	将工作温度下调
		伺服单元故障	更换伺服单元

8. 伺服单元过电流报警

引起过流的通常原因及常规处理见表4-8。

表4-8　伺服单元过电流报警

警报内容	警报发生状况	可能原因	处理措施
过电流［功率晶体管（IGBT）产生过电流］或者散热片过热	在接通控制电源时发生	伺服驱动器的电路板与热开关连接不良	更换伺服驱动器
		伺服驱动器电路板故障	

续表

警报内容	警报发生状况	可能原因		处理措施
过电流（功率晶体管（IGBT）产生过电流）或者散热片过热	在接通主电路电源时发生或者在电动机运行过程中产生过电流	接线错误	U、V、W 与地线连接错误	检查配线，正确连接
			地线缠在其他端子上	
			电动机主电路用电缆的 U、V、W 与地线之间短路	修正或更换电动机主电路用电缆
			电动机主电路用电缆的 U、V、W 之间短路	
			再生电阻配线错误	检查配线，正确连接
			伺服驱动器的 U、V、W 与地线之间短路	更换伺服驱动器
			伺服驱动器故障（电流反馈电路、功率晶体管或者电路板故障）	
			伺服电动机的 U、V、W 与地线之间短路	更换伺服单元
			伺服电动机的 U、V、W 之间短路	
		其他原因	因负载转动惯量大并且高速旋转，动态制动器停止，制动电路故障	更换伺服驱动器（减少负载或者降低使用转速）
			位置速度指令发生剧烈变化	重新评估指令值
			负载是否过大，是否超出再生处理能力等	重新考虑负载条件、运行条件
			伺服驱动器的安装方法（方向、与其他部分的间隔）不适合	将伺服驱动器的环境温度下降到 55℃ 以下
			伺服驱动器的风扇停止转动	更换伺服驱动器
			伺服驱动器故障	
			驱动器的 IGBT 损坏	最好是更换伺服驱动器
			电动机与驱动器不匹配	重新选配

9. 伺服单元过电压报警

引起过压的通常原因及常规处理见表 4-9。

表 4-9　伺服单元过电压报警

警报内容	警报发生状况	可能原因	处理措施
过电压（伺服驱动器内部的主电路直流电压超过其最大值限）在接通主电路电源时检测	接通控制电源时发生	伺服驱动器电路板故障	更换伺服驱动器
	在接通主电源时发生	AC 电源电压过大	将 AC 电源电压调节到正常范围
		伺服驱动器故障	更换伺服驱动器
	在通常运行时发生	检查 AC 电源电压（是否有过大的变化）	
		使用转速高，负载转动惯量过大（再生能力不足）	检查并调整负载条件、运行条件
		内部或外接的再生放电电路故障（包括接线断开或破损等）	最好是更换伺服驱动器
		伺服驱动器故障	更换伺服驱动器
	在伺服电动机减速时发生	使用转速高，负载转动惯量大	检查并重调整负载条件，运行条件
		加、减速时间过小，在降速过程中引起过电压	调整加、减速时间常数

10. 伺服单元欠电压报警

引起欠电压的通常原因及常规处理见表 4-10。

表 4-10　伺服单元欠电压报警

警报内容	警报发生状况	可能原因	处理措施
电压不足(伺服驱动器内部的主电路直流电压低于其最小值限)在接通主电路电源时检测	接通控制电源时发生	伺服驱动器电路板故障	更换伺服驱动器
		电源容量太小	更换容量大的驱动电源
	在接通主电路电源时发生	AC 电源电压过低	将 AC 电源电压调节到正常范围
		伺服驱动器的熔丝熔断	更换熔丝
		冲击电流限制电阻断线(电源电压是否异常,冲击电流限制电阻是否过载)	更换伺服驱动器(确认电源电压,减少主电路 ON/OFF 的频度)
		伺服 ON 信号提前有效	检查外部使能电路是否短路
		伺服驱动器故障	更换伺服驱动器
	在通常运行时发生	AC 电源电压低(是否有过大的压降)	将 AC 电源电压调节到正常范围
		发生瞬时停电	通过警报复位重新开始运行
		电动机主电路用电缆短路	修正或更换电动机主电路用电缆
		伺服电动机短路	更换伺服电动机
		伺服驱动器故障	更换伺服驱动器
		整流器件损坏	建议更换伺服驱动器

11. 位置偏差过大

引起此故障的通常原因及常规处理见表 4-11。

表 4-11　位置偏差过大报警

警报内容	警报发生状况	可能原因	处理措施
位置偏差过大	在接通控制电源时发生	位置偏差参数设得过小	重新设定正确参数
		伺服单元电路板故障	更换伺服单元
	在高速旋转时发生	伺服电动机的 U、V、W 的配线不正常(缺线)	修正电动机配线
			修正编码器配线
		伺服单元电路板故障	更换伺服单元
	在发出位置指令时电动机不旋转的情况下发生	伺服电动机的 U、V、W 的配线不良	修正电动机配线
		伺服单元电路板故障	更换伺服单元
	动作正常,但在长指令时发生	伺服单元的增益调整不良	上调速度环增益、位置环增益
		位置指令脉冲的频率过高	缓慢降低位置指令频率
			加入平滑功能
			重新评估电子齿轮比
		负载条件(扭矩、转动惯量)与电动机规格不符	重新评估负载或者电动机容量

例如，某采用 SIEMENS 810M 的龙门加工中心，配套 611A 伺服驱动器，在 X 轴定位时，发现 X 轴存在明显的位置"过冲"现象，最终定位位置正确，系统无报警。

分析与处理过程：由于系统无报警，坐标轴定位正确，可以确认故障是由于伺服驱动器或系统调整不良引起的。

X 轴位置"过冲"的实质是伺服进给系统存在超调。解决超调的方法有多种，如：减小加减速时间、提高速度环比例增益、降低速度环积分时间等。

对本机床，通过提高驱动器的速度环比例增益，降低速度环积分时间后，位置超调消除。

12. 再生故障

引起此故障的通常原因及常规处理见表 4-12。

表 4-12　再生故障及排除

警报内容		警报发生状况	可能原因	处理措施
再生故障	再生异常	在接通控制电源时发生	伺服单元电路板故障	更换伺服单元
		在接通主电路电源时发生	6kW 以上时未接再生电阻	连接再生电阻
			检查再生电阻是否配线不良	修正外接再生电阻的配线
			伺服单元故障（再生晶体管、电压检测部分故障）	更换伺服单元
		在通常运行时发生	检查再生电阻是否配线不良、是否脱落	修正外接再生电阻的配线
			再生电阻断线（再生能量是否过大）	更换再生电阻或者更换伺服单元（重新考虑负载、运行条件）
			伺服单元故障（再生晶体管、电压检测部分故障）	更换伺服单元
	再生过载	在接通控制电源时发生	伺服单元电路板故障	更换伺服单元
		在接通主电路电源时发生	电源电压超过 270V	校正电压
		在通常运行时发生（再生电阻温度上升幅度大）	再生能量过大（如放电电阻开路或阻值太大）	重新选择再生电阻容量或者重新考虑负载条件、运行条件
			处于连续再生状态	校正用户参数的设定值
		在通常运行时发生（再生电阻温度上升幅度小）	参数设定的容量小于外接再生电阻的容量（减速时间太短）	更换伺服单元
			伺服单元故障	重新选择再生电阻容量或者重新考虑负载条件、运行条件
		在伺服电动机减速时发生	再生能力过大	更换伺服单元

13. 检测元件或检测信号方面引起的故障

引起此故障的通常原因及常规处理见表 4-13。

表 4-13　编码器出错及排除

警报内容	警报发生状况	可能原因	处理措施
编码器出错	编码器电池警报	电池连接不良、未连接	正确连接电池
		电池电压低于规定值	更换电池、重新启动
		伺服单元故障	更换伺服单元
	编码器故障	无 A 和 B 相脉冲	建议更换脉冲编码器
		引线电缆短路或破损而引起通信错误	
	客观条件	接地、屏蔽不良	处理好接地

例如：某数控机床显示"主轴编码器断线"。引起的原因有：

（1）电动机动力线断线。如果伺服电源刚接通，尚未接到任何指令时，就发生这种报警，则由于断线而造成故障可能性最大。

（2）伺服单元印制线路板上设定错误，如将检测元件脉冲编码器设定成了测速发电动机等。

（3）没有速度反馈电压或时有时无，这可用显示其测量速度反馈信号来判断，这类故障除检测元件本身存在故障外，多数是由于连接不良或接通不良引起的。

（4）由于光电隔离板或中间的某些电路板上劣质元器件所引起的。当有时开机运行相当长一段时间后，出现"主轴编码器断线"，这时，重新开机，可能会自动消除故障。

14. 漂移补偿量过大的报警

引起此故障的通常原因及常规处理见表4-14。

表 4-14　漂移补偿量过大的报警

警报内容	警报发生状况	可能原因	处理措施
漂移补偿量过大	连接不良	动力线连接不良、未连接	正确连接动力线
		检测元件之间的连接不良	正确连接反馈元件连接线
	数控系统的相关参数设置错误	CNC系统中有关漂移量补偿的参数设定错误引起的	重新设置参数
	硬件故障	速度控制单元的位置控制部分	更换此电路板或直接更换伺服单元

4.7.2　常见的故障及处理

1. 机床振动

指的是机床在移动式或停止时的振荡、运动时的爬行、正常加工过程中的运动不稳等。故障可能是机械传动系统的原因，亦可能是伺服进给系统的调整与设定不当等。

（1）开停机时振荡的故障原因、检查和处理方法见表4-15。

表 4-15　机床振动的原因与检查、处理方法

项目	故障原因	检查步骤	措　施
1	位置控制系统参数设定错误	对照系统参数说明检查原因	设定正确的参数
2	速度控制单元设定错误	对照速度控制单元说明或根据机床厂提供的设定单检查设定	正确设定速度控制单元
3	反馈装置出错	反馈装置本身是否有故障	更换反馈装置
		反馈装置连线是否正确	正确连接反馈线
4	电动机本身有故障	用替换法，检查是否电动机有故障	如有故障,更换电动机
5	振动周期与进给速度成正比故障原因：机床、检测器不良，插补精度差或检测增益设定太高	若插补精度差，振动周期可能为位置检测器信号周期的1或2倍；若为连续振动，可能是检测增益设定太高。检查与振动周期同步的部分，并找到不良部分	更换或维修不良部分,调整或检测增益

故障查找的方法：当机床以高速运行时，如果产生振动，这时就会出现过流报警。这种振动问题一般属于速度问题，所以应去查找速度环，而机床速度的整个调节过程是由速度调节器来完成的。即凡是与速度有关的问题，应该去查找速度调节器，因此振动

问题应查找速度调节器。主要从给定信号、反馈信号及速度调节器本身这三方面去查找故障。

① 首先检查输给速度调节器的信号，即给定信号，这个给定信号是由位置偏差计数器出来经 D/A 转换器转换的模拟量 VCMD 送入速度调节器的，应查一下这个信号是否有振动分量，如它只有一个周期的振动信号，可以确认速度调节器没有问题，而是前级的问题，即应向 D/A 转换器或位置偏差计数器去查找问题。如果正常，就转向查测速发电动机或伺服电动机的位置反馈装置是否有故障或连线错误。

② 检查测速发电动机及伺服电动机：当机床振动时，说明机床速度在振荡，当然反馈回来的波形一定也在振荡，观察它的波形是否出现有规律的大起大落。这时，最好能测一下机床的振动频率与旋转的速度是否存在一个准确的比例关系，如振动频率是电动机转速的 4 倍频率，这时就应考虑电动机或发电动机有故障。

因振动频率与电动机转速成一定比例，首先要检查电动机有无故障，如果没有问题，就再检查反馈装置连线是否正确。

③ 位置控制系统或速度控制单元上的设定错误：如系统或位置环的放大倍数（检测倍率）过大，最大轴速度、最大指令值等设置错误。

④ 速度调节器故障如采用上述方法还不能完全消除振动，甚至无任何改善，就应考虑速度调节器本身的问题，应更换速度调节器板或换下后彻底检测各处波形。

⑤ 检查振动频率与进给速度的关系：如二者成比例，除机床共振原因外，多数是因为 CNC 系统插补精度太差或位置检测增益太高引起的，须进行插补调整和检测增益的调整。如果与进给速度无关，可能原因有：速度控制单元的设定与机床不匹配，速度控制单元调整不好，该轴的速度环增益太大，或是速度控制单元的印制线路板不良。

例：一台配套某数控系统的龙门加工中心，在启动完成、进入可操作状态后，X 轴只要一运动即出现高频振荡，产生尖叫，系统无任何报警。

分析与处理过程：在故障出现后，观察 X 轴拖板，发现实际拖板振动位移很小；但触摸输出轴，可感觉到转子在以很小的幅度、极高的频率振动；且振动的噪声就来自 X 轴伺服。

考虑到振动无论是在运动中还是静止时均发生，与运动速度无关，故基本上可以排除测速发电动机、位置反馈编码器等硬件损坏的可能性。

分析可能的原因是 CNC 中与伺服驱动有关的参数设定、调整不当引起的；且由于机床振动频率很高，因此时间常数较小的电流环引起振动的可能性较大。

由于 FANUC 15MA 数控系统采用的是数字伺服，伺服参数的调整可以直接通过系统进行，维修时调出伺服调整参数页面，并与机床随机资料中提供的参数表对照，发现参数 PARM1852、PARM1825 与提供值不符，设定值见下：

参数号	正常值	实际设定值
1852	1000	3414
1825	2000	2770

将上述参数重新修改后，振动现象消失，机床恢复正常工作。

(2) 工作过程中，振动或爬行。引起此故障的通常原因及常规处理见表 4-16。

表 4-16 工作过程中，振动或爬行故障的原因及排除综述

可能原因	排除方法	措　施
负载过重	重新考虑此机床所能承受的负载	减轻负载，让机床工作在额定负载以内
机械传动系统不良	依次查看机械传动链	保持良好的机械润滑，并排除传动故障
位置环增益过高	查看相关参数	重新调整伺服参数
伺服不良	通过交换法，一般可快速排除	更换伺服驱动器

【例 2】　故障维修实例：运动不平稳故障维修。

故障现象：一台配套某系统的加工中心，进给加工过程中，发现 X 轴有振动现象。

分析与处理过程：加工过程中坐标轴出现振动、爬行现象与多种原因有关，故障可能是机械传动系统的原因，亦可能是伺服进给系统的调整与设定不当等。

为了判定故障原因，将机床操作方式置于手动方式，用手摇脉冲发生器控制 X 轴进给，发现 X 轴仍有振动现象。在此方式下，通过较长时间的移动后，X 轴速度单元上 OVC 报警灯亮。证明 X 轴伺服驱动器发生了过电流报警，根据以上现象，分析可能的原因如下：

① 负载过重。

② 机械传动系统不良。

③ 位置环增益过高。

④ 伺服不良等。

维修时通过互换法，确认故障原因出在直流伺服上。卸下 X 轴，经检查发现六个电刷中有两个的弹簧已经烧断，造成了电枢电流不平衡，使输出转矩不平衡。另外，发现的轴承亦有损坏，故而引起 X 轴的振动与过电流。更换轴承与电刷后，机床恢复正常。

【例 3】　配套某系统的加工中心，在长期使用后，手动操作 Z 轴时有振动和异常响声，并出现"移动过程中 Z 轴误差过大"报警。

为了分清故障部位，考虑到机床伺服系统为半闭环结构，通过脱开与丝杠的连接，再次开机试验，发现伺服驱动系统工作正常，故障清除，从而判定故障原因在机床机械部分。利用手动转动机床 Z 轴，发现丝杠转动困难，丝杠的轴承发热。经仔细检查，发现 Z 轴导轨无润滑，造成 Z 轴摩擦阻力过大；重新修理 Z 轴润滑系统后，机床恢复正常。

工作台移动到某处时出现缓慢地正反向摆动。机床经过长期使用，机床与伺服驱动系统之间的配合可能会产生部分改变，一旦匹配不良，可能引起伺服系统的局部振动。

2. 运动失控（即飞车）

可能的原因见表 4-17。

表 4-17 机床失控的原因与检查、处理方法

项目	故障原因	检查步骤	措施
1	位置检测、速度检测信号不良	检查连线，位置、速度环是否为正反馈	改正连线
2	位置编码器故障	可以用交换法	重新正确连接
3	主板、速度控制单元故障	用排除法确定次模块有故障	更换印制电路板

3. 机床定位精度或加工精度差

机床定位精度或加工精度差可分为定位超调、单脉冲进给精度差、定位点精度不好、圆弧插补加工的圆度差等情况。其故障的原因、检查和处理方法见表 4-18。

表 4-18　机床定位精度和加工精度差的原因与检查、处理方法

项目	故障原因	检查步骤	措　施
超调	加/减速时间设定过小	检测起、制动电流是否已经饱和	延长加/减速时间设定
	与机床的连接部分刚性差或连接不牢固	检查故障是否可以通过减小位置环增益改善	减小位置环增益或提高机床的刚性
单脉冲精度差	需要根据不同情况进行故障分析	检查定位时位置跟随误差是否正确	若正确,见第 2 项,否则第 3 项
	机械传动系统存在爬行或松动	检查机械部件的安装精度与定位精度	调整机床机械传动系统
	伺服系统的增益不足	调整速度控制单元的相应旋钮,提高速度环增益	提高位置环、速度环增益
定位精度不良	需根据不同情况进行故障分析	检查定位是位置跟随误差是否正确	若正确,见第 2 项,否则第 3 项
	机械传动系统存在爬行或松动	检查机械部件的安装精度与定位精度	调整机床机械传动系统
	位置控制单元不良	更换位置控制单元板(主板)	更换不良板
	位置检测器件(编码器、光栅)不良	检测位置检测器件(编码器、光栅)	更换不良位置检测期间(编码器、光栅)
	速度控制单元控制板不良		维修、更换不良板
圆弧插补加工的圆度差	需根据不同情况进行故障分析	测量不圆度,检查周向上是否变形,45°方向上是否成椭圆	若轴向变形,则见第 2 项,若45°方向上成椭圆,则见第 3 项
	机床反向间隙大、定位精度差	测量各轴的定位精度与反向间隙	调整机床,进行定位精度、反向间隙的补偿
	位置环增益设定不当	调整控制单元,使同样的进给速度下各插补轴的位置跟随误差的差值在±1%以内	调整位置环增益以消除各轴间的增益差
	各插补轴的检测增益设定不良	在项目 3 调整后,在 45°上成椭圆	调整检测增益
	感应同步器或旋转变压器的接口板调整不良	检查接口板的调整	重新调整接口板
	丝杠间隙或传动系统间隙	测量、重新调整间隙	调整间隙或改变间隙补偿值

当圆弧插补出现 45°方向上的椭圆时,可以通过调整伺服进给轴的位置增益进行调整。坐标轴的位置增益由下式计算:

$$K_V = 16.67V/e_{SS}$$

式中　V——进给速度,mm/min;

　　　e_{SS}——位置跟随误差(0.001mm);

　　　K_V——位置增益,1/s。

位置跟随误差可以通过数控系统的诊断参数检查。位置跟随误差则在速度控制单元上由相应的电位器来调节。注意,参与圆弧插补的两轴的位置跟随误差的差值必须控制在 1%以内。

4. 位置跟随误差超差报警

伺服轴运动超过位置允差范围时,数控系统就会产生位置误差过大的报警,包括跟随误差、轮廓误差和定位误差等。主要原因及排除见表 4-19。

表 4-19　位置跟随误差超差报警的原因及处理

故障原因	检查步骤	措　施
伺服过载或有故障	查看伺服驱动器相应的报警指示灯	减轻负载,让机床工作在额定负载以内
动力线或反馈线连接错误	检查连线	正确连接电动机与反馈装置的连接线
伺服变压器过热	查看相应的工作条件和状态	观察散热风扇是否工作正常,作好散热措施
保护熔断器熔断		
输入电源电压太低	用万用表测量输入电压	确保输入电压正常
伺服驱动器与 CNC 间的信号电缆连接不良	检查信号电缆的连接,分别测量电缆信号线各引脚的通断	确保信号电缆传输正常
干扰	检查屏蔽线	处理好地线以及屏蔽层
参数设置不当	检查设置位置跟随误差的参数,如:伺服系统增益设置不当,位置偏差值设定错误或过小	依参数说明书正确设置参数
速度控制单元故障	都可以用同型号的备用电路板来测试现在的电路板是否有故障	如果确认故障,更换相应电路板或驱动器
系统主板的位置控制部分故障		
编码器反馈不良	用手转动电动机,看反馈的数值是否相符	如果确认不良,更换编码器
机械传动系统有故障	如:进给传动链累计误差过大或机械结构连接不好而造成的传动间隙过大	排除机械故障,确保工作正常

5. 超程

当进给运动超过由软件设定的软限位或由限位开关决定的硬限位时,就会发生超程报警,一般会在 CRT 上显示报警内容,根据数控系统说明书,即可排除故障,解除超程。具体情况见表 4-20。

表 4-20　超程故障的原因及排除

故障原因	检查步骤	措　施
系统出错,提示某轴硬件超程	零件太大,不适合在此机床上加工	重新考虑加工此零件的条件
	伺服的超程回路短路	此次检验超程回路,避免超程信号的误输入
系统出错,提示某轴软件超程	程序错误	重新编制程序
	刀具起点位置有误	重新对刀

6. 超过速度控制范围（一般 CRT 上有超速的提示）

速度控制单元超速的原因及排除见表 4-21。

表 4-21　超速的报警及处理

故障原因	检查步骤	措　施
测速反馈连接错误	用万用表测量各端子极性	按相应端子连接好反馈线
检测信号不正确或无速度与位置检测信号	检查联轴器与工作台的连接是否良好	正确连接工作台与联轴器
速度控制单元参数设定不当或设置过低	检查相应参数是否不当,如加减速时间常数设置过小	重新设置参数
位置控制板发生故障	检查来自 V/F 转速的速度反馈信号,输入到速度控制单元工作是否正常	更换位置控制板或驱动器

7. 过载

当进给运动的负载过大，频繁正、反向运动以及进给传动链润滑状态不良时，均会引起过载的故障。一般会在 CRT 上显示伺服电动机过载、过热或过流等报警信息。同时，在强电柜中的进给驱动单元上，用指示灯或数码管提示驱动单元过载、过电流等信息。具体故障原因及排除见表 4-22。

表 4-22　过载故障的可能原因及排除

可能原因	检查步骤	排除措施
机床负荷异常	用检查电动机电流来判断	需要变更切削条件，减轻机床负荷
参数设定错误	检查设置电动机过载的参数是否正确	依参数说明书，正确设置参数
启动扭矩超过最大扭矩	目测启动或带有负载情况下的工作状况	采用减电流启动的方式，或直接采用启动扭矩小的驱动系统
负载有冲击现象		改善切削条件，减少冲击
频繁正、反向运动	目测工作过程中是否有频繁正、反向	编制数控加工程序时，尽量不要有这种现象
进给传动链润滑状态不良	听工作时的声音，观察工作状态	做好机床的润滑，确保润滑的电动机工作正常并且润滑油足够
电动机或编码器等反馈装置配线异常	检查其连接的通断情况或是否有信号线接反的状况	确保电动机和位置反馈装置配线正常
编码器有故障	测量编码器等的反馈信号是否正常	更换编码器等反馈装置
驱动器有故障	用更换法，判断驱动器是否有故障	更换驱动器

8. 窜动

在进给时出现窜动现象，其可能原因及排除见表 4-23。

表 4-23　进给过程中窜动的可能原因和排除

可能原因	检查步骤	排除措施
位置反馈信号不稳定	测量反馈信号是否均匀与稳定	确保反馈信号正常稳定
位置控制信号不稳定	在驱动电动机端测量位置控制信号是否稳定	确保位置控制信号正常稳定
位置控制信号受到干扰	测试其位置控制信号是否有噪声	作好屏蔽处理
接线端子接触不良	检查紧固的螺钉是否松动等	紧固好螺钉，同时检查其接线是否正常
如果窜动发生在正、反向运动的瞬间	机械传动系统不良，如反向间隙过大	进行机械的调整，排除机械故障
	伺服系统增益过大	依参数说明书，正确设置参数

9. 伺服电动机不转

数控系统至进给驱动单元除了速度与位置控制信号外，还会有控制信号，也称使能信号或伺服允许信号，一般为 DC 24V 继电器线圈电压。造成伺服电动机不转的可能原因及排除见表 4-24。

表 4-24 伺服电动机不转的故障综述

可能原因	检查步骤	排除措施
速度、位置控制信号未输出	测量数控装置的指令输出端子的信号是否正常	确保控制信号已正常输出
使能信号是否接通	通过 CRT 观察 I/O 状态，分析机床 PLC 梯形图（或流程图），以确定进给轴的启动条件，如润滑、冷却等是否满足	确保使能的条件都能具备，并且使能正常
制动电磁阀是否释放	如果伺服电动机本身带有制动电磁阀，应检查制动电磁阀是否释放，确认是因为控制信号没到位或是电磁阀有故障	确保制动电磁阀能正常工作
进给驱动单元故障	用交换法，可判断出相应单元是否有故障	更换伺服驱动单元
伺服电动机故障		更换伺服电动机

【例 4】 一台配套某系统的进口立式加工中心，在加工过程中发现某轴不能正常移动。

分析与处理过程：通过机床电气原理图分析，该机床采用的是 HSV-16 型交流伺服驱动。

现场分析、观察机床动作，发现运行程序后，测量其输出的速度信号和位置控制信号均正常。观察 PLC 状态，发现伺服允许信号没有输入。

对照刀库给定值转换/定位控制板原理图逐级测量，最终发现该板上的模拟开关（型号 DG201）已损坏，更换同型号备件后，机床恢复正常工作。

10. 定位超调

也称位置"过冲"现象。其可能原因及排除措施见表 4-25。

表 4-25 位置"过冲"故障综述

可能原因	检查步骤	排除措施
加减速时间设定不当	依次检查数控装置或伺服驱动器上的这几个参数的设置是否与说明书要求相同	依照参数说明书，正确设置这几个参数
位置环比例增益设置不当		
速度环比例增益设置不当		
速度环积分时间设置不当		

11. 回参考点故障

回参考点故障一般分为找不到参考点和找不准参考点两类，前一类故障一般是回参考点减速开关产生的信号或零位脉冲信号失效，可以通过检查脉冲编码器零标志位或光栅尺零标志位是否有故障。后一类故障是参考点开关挡块位置设置不当引起的，需要重新调整挡块位置。可能原因见表 4-26。

表 4-26 回参考点故障综述

可能原因	检查步骤	排除措施
回参考点减速开关产生的信号或零位脉冲信号失效	可以通过 PLC 观察相应点数是否有输入	确保信号正常
脉冲编码器或光栅尺硬件有故障	检验其是否有输出信号	更换反馈装置
参考点开关挡块位置设置不当	通过目测观察，挡块是否合理	合理设置调整挡块

12. 开机后电动机产生尖叫

开机后电动机产生尖叫（高频振荡），往往是 CNC 中与伺服驱动有关的参数设定、调整不当引起的。排除措施是重新按参数说明书设置好相关参数。

【例 5】　某进口立式加工中心，在用户更换了 SIEMENS 611A 双轴模块后，开机 X、Y 轴出现尖叫声，系统与驱动器均无故障。

分析与处理过程：SIEMENS 611A 驱动器开机时出现尖叫声的情况，在机床首次调试时经常遇到，主要原因是驱动器与实际进给系统的匹配未达到最佳值而引起的。

对于这类故障，通常只要通过驱动器的速度环增益与积分时间的调整即可进行消除，具体方法为：

(1) 根据驱动模块及规格，对驱动器的调节器板的 S2 进行正确电流调解器设定。

(2) 将速度调节器的积分时间 T_n 调节电位器（在驱动器正面）逆时针调制至限（$T_n \approx$ 39ms）。

(3) 将速度调节器的比例 K_p 调节电位器（在驱动器正面），调整至中间位置（$K_p \approx 7 \sim$ 10）。

(4) 在以上调整后，即可以消除伺服的尖叫声，但此时动态性较差，还须进行下一步调整。

(5) 顺时针慢慢旋转积分时间 T_n 调节电位器，减小积分时间，直到电动机出现振荡声。

(6) 逆时针稍稍旋转积分时间 T_n 调节电位器，使振荡声恰好消除。

(7) 保留以上位置，并做好记录。

本机床经以上调整后，尖叫声即消除，机床恢复正常工作。

13. 加工工件尺寸出现无规律变化

加工工件尺寸出现无规律变化的可能原因与排除见表 4-27。

表 4-27　加工工件尺寸出现无规律变化故障综述

可能原因	检查步骤	排除措施
干扰	首先应排除干扰的措施	作好屏蔽及接地的处理
弹性联轴器未能锁紧		锁紧弹性联轴器
机械传动系统的安装、连接与精度不良	例如，机床的反向间隙过大，检查相应的机床传动精度值	调整机床，或进行反向间隙补偿与螺距温差补偿
伺服进给系统参数的设定与调整不当	检查伺服参数	正确设置参数

【例 6】　配套某系统的数控车床，在工作过程中，发现加工工件的 X 向尺寸出现无规律的变化。

分析与处理过程：数控机床的加工尺寸不稳定通常与机械传动系统的安装、连接与精度，以及伺服进给系统的设定与调整有关。在本机床上利用百分表仔细测量 X 轴的定位精度，发现丝杠每移动一个螺距，X 向的实际尺寸总是要增加几十微米，而且此误差不断积累。

根据以上现象分析，故障原因似乎与系统的齿轮比、参数计数器容量、编码器脉冲数等参数的设定有关，但经检查，以上参数的设定均正确无误，排除了参数设定不当引起故障的原因。

为了进一步判定故障部位，维修时拆下 X 轴伺服，并在轴端通过划线做上标记，利用手动增量进给方式移动 X 轴，检查发现 X 轴每次增量移动一个螺距时，轴转动均大于

360°。同时，在以上检测过程中发现伺服每次转动到某一固定的角度上时，均出现"突跳"现象，且在无"突跳"区域，运动距离与轴转过的角度基本相符（无法精确测量，依靠观察确定）。根据以上实验可以判定故障是由于 X 轴的位置监测系统不良引起的，考虑到"突跳"仅在某一固定的角度产生，且在无"突跳"区域，运动距离与轴转过的角度基本相符。因此，可以进一步确认故障与测量系统的电缆连接、系统的接口电路无关，原因是编码器本身的不良。

通过更换编码器试验，确认故障时由于编码器不良引起的，更换编码器后，机床恢复正常。

14. 伺服电动机开机后即自动旋转

造成此故障的可能原因及排除见表 4-28。

表 4-28 伺服电动机开机后即自动旋转故障综述

可能原因	检查步骤	排除措施
干扰	首先应采取排除干扰的措施	作好屏蔽及接地的处理
位置反馈的极性错误	用万用表测量反馈端子	正确连接反馈线
由于外力使坐标轴产生了位置偏移		加工之前,确保无外力使机床发生移动
驱动器、测速发电机、伺服电动机或系统位置测量回路不良	检查相应的位置反馈信号	确保信号正常
电动机故障	用交换法依次检查电动机和驱动器是否有故障	更换好的电动机
驱动器故障		更换好的驱动器

4.8 位置检测反馈系统的故障分析与排除

位置检测元件是由检测元件（传感器）和信号处理装置组成，它是进给伺服系统中重要的组成部分，检测机床工作台的位移、伺服电机转子的角位移和速度。将信号反馈到伺服系统，构成闭环控制。

位置检测元件按照检测方式分为直接测量元件和间接测量元件。对机床的直线移动测量时一般采用直线型检测元件，称为直接测量，所构成的位置闭环控制称为全闭环控制。其测量精度主要取决于测量元件的精度，不受机床传动精度的影响。由于机床工作台的直线位移与驱动电动机的旋转角度有精确的比例关系，因此可以采用驱动检测电动机或丝杠旋转角度的方法间接测量工作台的移动距离。这种方法称为间接测量，所构成的位置闭环控制称为半闭环控制。其测量精度取决于检测元件和机床进给传动链的精度。闭环数控机床的加工精度在很大程度上是由位置检测装置的精度决定的，数控机床对位置检测元件有十分严格的要求，其分辨率通常在 $0.001 \sim 0.01 \text{mm}$ 之间或者更小。通常要求快速移动速度达每分钟数十米，并且抗干扰能力要强，工作可靠，能适应机床的工作环境。在设计数控机床进给伺服系统，尤其是高精度进给伺服系统时，必须精心选择位置检测装置。

数控机床上，除位置检测外还要有速度检测，用以形成速度闭环控制。速度检测元件可采用与电动机同轴安装的测速发电机完成模拟信号的测速，测速发电机的输出电压与电动机的转速成正比。另外，也可以通过与电动机同轴安装的光电编码器进行测量，通过检测单位时间内光电编码器所发出的脉冲数量或检测所发出的脉冲周期完成数字测速。数字测速的精度更高,可与位置检测共用一个检测元件,而且与数控装置和全数字式伺服装置的接口简单,因此应用十分广泛。速度闭环控制通常由伺服装置完成。

位置检测装置按照不同的分类方法可分成不同的种类。按输出信号的形式分类可分为数字式和模拟式;按测量基点的类型分类可分为增量式和绝对式;按位置检测元件的运动形式分类可分为回转式和直线式,如表 4-29 所示。

表 4-29　位置检测装置分类

项　目	数　字　式		模　拟　式	
	增 量 式	绝 对 式	增 量 式	绝 对 式
回转式	脉冲编码器 圆光栅	绝对式脉冲编码器	旋转变压器 圆感应同步器 圆磁尺	三速圆感应同步器
直线式	直线光栅 激光干涉仪	多通道透射光栅	直线感应同步器 磁尺	三速直线型圆感应同步器 绝对磁尺

4.8.1　常用检测反馈元件及维护

1. 光栅

光栅有两种形式:一种是透射光栅,是在透明玻璃片上刻有一系列等间隔密集线纹;另一种是反射光栅,是在长条形金属镜面上制成全反射或漫反射间隔相等的密集线纹。光栅是利用光学原理,通过光敏元件测量莫尔条纹移动的数量来测量机床工作台的位移量。光栅输出信号有两种形式:一种是 TTL 电平脉冲信号,即用于辨向的两个相位信号和用于机床回参考点控制的零标志信号;另一种是电压或电流正弦信号,通过 EXE 脉冲整形插值器产生 TTL 电平辨向和零标志脉冲信号。其维护要点如下。

(1) 防污　光栅尺由于直接安装于工作台和机床床身上,因此,极易受到冷却液的污染,从而造成信号丢失,影响位置控制精度。

① 冷却液在使用过程中会产生轻微结晶,这种结晶在扫描头上形成一层薄膜且透光性差,不易清除,故要慎重选用冷却液。

② 加工过程中,冷却液的压力不要太大,流量不要过大,以免形成大量的水雾进入光栅。

③ 光栅最好通入低压压缩空气(10^5 Pa 左右),以免扫描头运动时形成的负压把污物吸入光栅。压缩空气必须净化,滤芯应保持清洁并定期更换。

④ 光栅上的污染物可以用脱脂棉蘸无水酒精轻轻擦除。

(2) 防振　光栅拆装时要用静力,不能用硬物敲击,以免引起光学元件的损坏。

2. 光电编码器

光电编码器是利用光电原理把机械角位移变换成电脉冲信号,是数控机床常用的位置检测元件。光电编码器按输出信号与对应位置的关系,通常分为增量式光电编码器、绝对式光电编码器和混合式光电编码器。

增量式光电编码器是在光电圆盘的边缘上刻有间隔相等的透光缝隙,在其正反两面分别装有光源和光敏元件。当光电圆盘旋转时光敏元件将明暗变化的光信号转变为脉冲信号,因此增量式光电编码器输出的脉冲数与转动的角位移成正比,但是增量式光电编码器不能检测出轴的绝对位置。

绝对式光电编码器的光电盘上有透光和不透光的编码图案,编码方式可以有二进制编码、二进制循环编码、二至十进制编码等。绝对式光电编码器是通过读取编码盘上的编码图案来确定主轴的位置。

光电编码器输出脉冲中有两个相位输出是作为辨向，每转只输出一个脉冲的信号是零标志位信号，用于机床回参考点控制。

光电脉冲编码器的维护要点如下。

（1）防污和防振　由于编码器是精密测量元件，使用环境或拆装要与光栅一样注意防污和防振问题。污染容易造成信号丢失，振动容易使编码器内的紧固件松动脱落，造成内部电源短路。

（2）防松　脉冲编码器用于位置检测时有两种安装方式。一种是与伺服电动机同轴安装，称为内装式编码器，如西门子 1FT5、1FT6 伺服电动机上的 ROD320 编码器；另一种是编码器安装于传动链末端，称为外装式编码器，当传动链较长时，这种安装方式可以减小传动链累积误差对位置检测精度的影响。由于连接松动往往会影响位置控制精度，因此不管采用哪种安装方式，都要注意编码器连接松动的问题。另外，在有些交流伺服电动机中，内装式编码器除了位置检测外，同时还具有测速和交流伺服电动机转子位置检测的作用，如三菱 HA 系列交流伺服电动机中的编码器（ROTARY ENCODER OSE253S）。因此，编码器连接松动还会引起进给运动不稳定，影响交流伺服电动机的换向控制，从而引起机床的振动。

例如一数控机床出现进给轴"飞车"失控的故障。该机床伺服系统为西门子 6SC610 驱动装置和 1FT5 交流伺服电动机 ROD320 编码器，在排除数控系统、驱动装置及速度反馈等故障因素后，将故障定位于位置检测控制。经检查，编码器输出电缆及连接器均正常，拆开 ROD320 编码器，发现一紧固螺钉脱落并置于 +5V 与接地端之间，造成电源短路，编码器无信号输出，数控系统处于位置环开环状态，从而引起"飞车"失控故障。

3. 感应同步器

感应同步器是一种电磁感应式的高精度位移检测元件，它由定尺和滑尺两部分组成且相对平行安装，定尺和滑尺上的绕组均为矩形绕组，其中定尺绕组是连续的，滑尺上分布着两个励磁绕组，即 sin 绕组和 cos 绕组，分别接入交流电。

感应同步器的维护要点如下：

（1）安装时，必须保持定尺和滑尺相对平行，且定尺固定螺栓不得超过尺面，调整间隙在 0.09～0.15mm 为宜；

（2）不要损坏定尺表面耐切削液涂层和滑尺表面一层带绝缘层的铝箔，否则会腐蚀厚度较小的电解铜箔；

（3）接线时要分清滑尺的 sin 绕组和 cos 绕组，其阻值基本相同，必须分别接入励磁电压。

4. 旋转变压器

旋转变压器是利用电磁感应原理的一种模拟式测角元件，它的输出电压与转子的角位移有固定的函数关系。旋转变压器一般用于精度要求不高的机床。其特点是坚固、耐热和耐冲击。旋转变压器分为有刷和无刷两种，目前数控机床中常用的是无刷转变压器。旋转变压器又分为单极和多极两种形式，单极型的定子和转子各有一对磁极，多极型有多对磁极。

旋转变压器的维护要点如下：

（1）接线时，定子上有相等匝数的励磁绕组和补偿绕组，转子上也有相等匝数的 sin 绕组和 cos 绕组，但转子和定子的绕组阻值不同，一般定子线电阻值稍大，有时补偿绕组自行短接或接入一个阻抗；

（2）由于结构上与绕线转子异步电动机相似，因此，对于有刷旋转变压器，炭刷磨损到一定程度后要更换。

5. 磁栅尺

磁栅尺是由磁性标尺、磁头和检测电路组成，是一种全闭环位置检测元件。磁性标尺是在非导磁材料（如玻璃、铜、不锈钢或其他合金等材料）上涂上一层厚度为 $10 \sim 20 \mu m$ 的磁胶，这种磁胶多是镍-钴合金高导磁材料和树脂胶混合制成的材料。磁头是用于读取磁尺上的磁信号。检测电路包括：磁头激磁电路，读取磁信号的放大，滤波及辨向电路，细分的内插电路，显示及控制电路等。

磁栅尺的维护要点如下：

（1）不能将磁性膜刮坏，防止铁屑和油污落在磁性标尺和磁头上，要用脱脂棉蘸酒精轻轻地擦其表面；

（2）不能用力拆装和撞击磁性标尺和磁头，否则会使磁性减弱或使磁场紊乱；

（3）接线时要分清磁头上激磁绕组和输出绕组，前者绕在磁路截面尺寸较小的横臂上，后者绕在磁路截面尺寸较大的竖杆上。

4.8.2　位置检测系统的故障诊断

当数控机床出现以下故障现象时，应考虑故障是不是由位置检测系统的故障引起的。

1. 机械振荡（加/减时）

可能的故障原因是：

（1）脉冲编码器出现故障，此时检查速度单元上的反馈线端子电压是否下降，如有下降表明脉冲编码器不良；

（2）脉冲编码器十字联轴节可能损坏，导致轴转速与检测到的速度不同步；

（3）测速发电动机出现故障。

2. 机械暴走（"飞车"）

在检查位置控制单元和速度控制单元的情况下，再继续诊断。

可能的故障原因是：

（1）脉冲编码器接线错误（检查编码器接线是否为正反馈，A 相和 B 相是否接反）；

（2）脉冲编码器联轴节损坏（更换联轴节）；

（3）测速发电动机端子接反或励磁信号线接错。

3. 主轴不能定向或定向不到位

在检查定向控制电路设置，定向板与调整主轴控制印刷线路板的同时，应检查位置检测器（编码器）是否不良。

4. 坐标轴振动进给

在检查电动机线圈是否短路，机械进给丝杠同电动机的连接是否良好，整个伺服系统是否稳定的情况下，再继续诊断。

可能的故障原因是：

（1）脉冲编码器不良；

（2）联轴节连接不平稳可靠；

（3）测速机不可靠。

5. NC 报警中因程序错误，操作错误引起的报警

如 FANUC 6ME 系统的 NC 报警 090、091。出现 NC 报警，有可能是主电路故障和进给速度太低引起，同时还有可能是：

（1）脉冲编码器不良；

（2）脉冲编码器电源电压太低（调整电源电压，使主电路板的＋5V 端上的电压值在 4.5～5.1V 内）；

（3）没有输入脉冲编码器的一转信号，因而不能正常执行参考点返回。

6. 伺服系统的报警号

如 FANUC 6ME 系统的伺服报警：416、426、436、446、456。SIEMENS 880 系统的伺服报警：1364。SIEMENS 8 系统的伺服报警：114、104 等。

当出现如上报警号时，有可能是：

（1）轴脉冲编码器反馈信号断线、短路和信号丢失，用示波器测 A 相、B 相一转信号；

（2）编码器内部受到污染，太脏，信号无法正常接收。

思考与练习题

1. 进给伺服系统有哪些结构形式？

2. 怎样进行步进驱动系统的故障诊断？

3. 简述直流 PWM 速度控制系统和晶闸管整流方式 SCR 速度控制系统的工作原理。

4. 伺服单元过热报警的原因有哪些？

5. 简述机床进给系统振动的原因。

6. 常用检测反馈元件有哪些？怎样进行它们的维护？

第5章 机床电气与PLC控制的故障诊断

在数控机床中，数控系统除了对各坐标轴的位置进行连续控制外，还对机床电气的开关量进行顺序控制，如对主轴的正、反转，启动和停止，刀具交换，工件夹紧、松开，工作台交换以及切削液的开、关和润滑系统的启动等进行顺序控制。顺序控制的信息主要是开关量信号，如控制开关、行程开关、压力开关和温度开关等输入元件输入的信号和继电器、接触器、电磁阀等输出元件所需要的输出信号。完成这一控制任务的装置就是可编程控制器PLC。

5.1 电源维护及故障诊断

任何机床都要靠电能进行驱动，在数控机床的工作过程中，电源部分的故障占有一定的比例，因此熟悉电源的配置，掌握工作原理，是数控机床故障诊断与维修的基础。

5.1.1 电源配置

数控机床从供电线路上输入电能后，在电气控制柜中进行再分配，根据不同的负载性质和要求，提供不同容量的交、直流电压和电流，分别输送到数控系统、伺服驱动系统、输入/输出接口、机床强电控制系统等电路。图 5-1 所示为 MITSUBISHI 公司 MELDAS 50 系列 CNC 装置及伺服驱动的电源配置。

在电源开关部分，动力电网 380V、50Hz 的三相交流电接入机床，要求电源电压的波动范

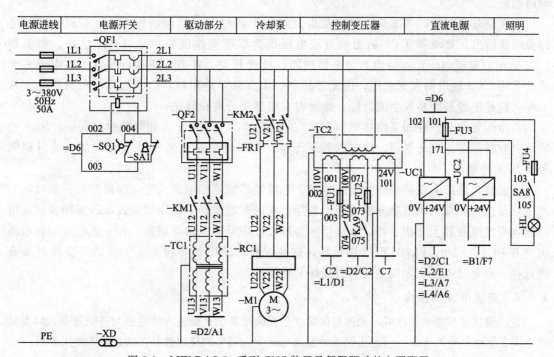

图 5-1　MELDAS 50 系列 CNC 装置及伺服驱动的电源配置

围控制在－15％～＋10％之间，在接入数控机床前最好加装电源净化装置，以消除电网干扰。

主电源开关 QF1 采用断路器，相当于刀开关、熔断器和热继电器的组合，是一种既有手动开关作用又能自动过载和短路保护的电器，它的大小要根据数控机床的总体负荷容量来选择。在原理图中，电源开关 QF1 下面画有两个开关，一个是行程开关 SQ1，另一个是带钥匙的手动开关 SA1。SQ1 安装在电气控制柜的门上，机床正常工作时是闭合的，SQ1 两端 003 号线与 004 号线断开。当控制柜门打开，SQ1 两端的 003 号线与 004 号线接通，图中002 号线与 004 号线之间将有 100V 的交流电压，通过电源开关 QF1 上的保护装置使 SQ1自动断开，这样起到安全保护作用。操作人员在开动机床前，首先用钥匙打开 SA1，断开003 号线与 004 号线之间的连线，使电源开关 QF1 保护装置失效，才能合上 QF1，这样可避免其他人员误操作，造成机床损坏。因此维修人员在打开电气控制柜门进行故障检查维修时，要采取必要的措施。

在驱动部分，由断路器 QF2 和变压器 TC1 将三相交流 380V 电源变换为三相交流 200V电源。TC1 是隔离变压器，其作用：一是变换交流电压，满足主轴和进给伺服驱动单元电源电压要求；二是进行电源隔离，防止高频信号干扰。图中接触器 KM1 控制向主轴和进给伺服驱动单元输送电能。隔离变压器功率大小根据主轴和进给伺服驱动负荷容量来选择，有的数控机床在隔离变压器内安装过热检测元件，若检测温度超过规定值，数控系统会报警并使机床停止运转。

在控制变压器部分，TC2 将单相 220V 电源变换为三组单相交流电：110V、100V 和24V。交流 110V 电压用于数控机床强电电路中交流接触器线圈控制，例如在电源开关部分、断路器 QF1 保护装置的线圈电压。交流 100V 电源，即 072 号线与 073 号线之间的电压，用于 CNC 装置及显示器的电源。有的机床还加装滤波器，防止电源电压对 CNC 装置及显示器产生干扰。交流 24V 是直流电源的输入端。图中继电器 KA9 控制向 CNC 装置及显示器输送电能。

在直流电源部分，考虑整流器容量以及避免干扰对 I/O 信号的影响，将直流＋24V 电源分两路输出，整流器 UC1 输出的直流电压作为机床操作面板指示灯显示电压。整流器UC2 输出的直流电压提供给中间继电器线圈、接近开关、各类按钮和行程开关。由于多个负载共用 UC2 输出的直流电压，因此若其中一个负载对地短路，会引起其他负载不能正常工作，这是电源最容易发生的故障，维修时采用逐个分离排除法。

在冷却泵部分，冷却泵由接触器 KM2 进行控制，FR1 用于冷却泵的过载保护。RC1 是阻容吸收器，防止冷却泵启、停时对外界干扰。照明电源是交流 24V 安全电压，通过照明开关 SA8 控制。

熔断器在供配电线路中作为短路保护，当通过熔断器的电流大于熔断器的额定值时，它产生热量使熔体熔化而自动分断电路。数控机床的配电线路中常用螺旋式熔断器和扳动式熔断器，有的熔断器上有指示器，观察指示器可以发现是哪个熔体熔断。在上述电源配置电路图中有 FU1、FU2、FU3、FU4 熔断器，这些熔断器的电流等级是不一样的，更换时要合理选择，避免过电流引起线路发热或损坏其他器件。

5.1.2 交流电源的检查

它一般包括检查电源进线、相序与保险丝是否满足要求，交流入线是否与外壳连通，以及检查电源系统输出是否正常——电压幅值的波动与畸变、频率的稳定性是否满足机床使用要求。

1. 电源连接的检查

对于新机床或维修后的机床，必须注意检查直流电源与接口电路的阻抗匹配问题。同时用相序表检查机床各部位交流电源输入的相序是否与各标定的相序绝对一致。并根据情况来决定是否需要检查各级的电源电缆的连接完好性，逻辑地必须与直流地及外壳接通等等。

2. 保险丝检查

在机床不能启动或突然失电停止情况下，断开电源开关，拔下熔断器进行检查。还需要检查熔断后熔断器的状况，以帮助确定熔断的原因。假如出现保险管发黑，慢慢熔断现象，一般与搭丝性短路、器件局部性性能渐趋不良导致的局部性击穿或短路有关。若出现保险发黑并有亮斑，一般是大电流瞬间通过的急速熔断，表明存在严重短路。可能的原因有：

（1）接线或操作错误；

（2）相间短路；

（3）击穿性短路（大功率管、高压滤波电容或整流管）；

（4）过载——位控器电位器失调、接口电路或数据传导性等电气阻抗过大；切削量过大、连续重切削、碰撞、摩擦过大与卡死等造成的机械负荷过大；

（5）参数失匹——例加减速频率过高、增益过高、速度过大、延时过长等；

（6）各种高频自激振动。

【例 1】 某数控机床加工过程中，出现突然停机。

现场调查了解到：加工中突然停机发生在 Y 轴运行过程。打开强电柜检查 Y 轴电机主电路保险管烧坏，保险丝管发黑，表明有严重短路。考虑到故障现象与 Y 轴移动有关，先一般后特殊，仔细检查 Y 轴移动电缆。原来是 Y 轴电机动力线外皮已被硬物划伤。在加工移动时，损伤处裸露的电源线碰到机床外壳上，造成短路。更换 Y 轴电机动力线后，故障消除，机床恢复正常。

5.1.3　直流稳压电源的常见故障的诊断与处理

当 CRT 不显示或显示不稳，出现数控装置无输出或输出不正常问题时（例如控制性问题或输出接口问题时），往往需要检查直流稳压电源。

数控系统中的直流稳压电源大多为开关电源，故障率较高。其开关电源的常见故障现象与成因，如表 5-1 所示。其中，较多见的故障现象是：输出电压纹波过大，引起系统不稳定。多数成因是由于稳压管损坏引起的，部分成因是由于滤波电容的击穿或失效导致的滤波不良。

表 5-1　开关电源的常见故障现象与成因

故障现象			成　　因
无输出电压	保险丝熔断	保险管发黑有亮斑	高压滤波电容或整流管击穿等引起严重短路
		保险管不黑	常见为个别开关管击穿或不良造成慢慢熔断
	保险丝不断		负载电器有过流或过压保护装置动作断开了输入
			逆变器故障：器内开关管击穿或高频变压器开路
			整流、滤波电路故障而无输出
输出电压不准，超出电压额定变化范围（±5%）	调整输出电位器奏效		电压调节电位器漂移——可修复
	调整电压电位器无效		电位器坏或稳压管坏——不可修复
	仅某挡电压偏差大		该挡整流二极管损坏
	负载能力差		环增益降低、检测电路非线性状态等参数变化太大，使电路工作点偏离线性区域
开关电源发出周期性"滴答"声（通常是工作频率过低现象）			定时回路中电容器容量变大，使定时振荡频率变低，从而使开关电源工作不正常（正常频率为 20 kHz 左右）

　　判定直流稳压电源是否存在故障，常用万用表，示波器在通电的情况下，测量其各输出点电压是否正常（用测量比较法）。若无输出，先查其有无交流电源输入。若输出不正常，对于老机床或调试阶段的机床，在断电情况下，先测量输出端直流电阻是否在规定值（例如＋5V与0V点间的直流电阻应该为40Ω左右）。若输出电阻不正常，是电位器漂移所致，可以进行调整修复。若输出电阻正常，查直流电源的输入——交流电压及其波形。即交流电源电压波动是否在规定的范围内（一般在－15％～＋10％范围内）。对于正常使用期的机床，可以先查交流输入是否正常。若无交流输入或交流输入不正常，则需用信号追踪法等向前查交流电源系统。若交流电源输入正常，则可判定为：直流电源本身故障。

5.1.4　通过电气原理图诊断电源故障

　　数控机床的通电有顺序要求，在操作过程中，操作者应严格按照说明书要求的顺序操作，否则会引起机床故障。当机床运行中突然停电或根本无法启动时，可以从电源方面查找原因。数控机床的厂家众多，且同一个机床生产厂家采用不同的数控系统。但基本工作原理相同，下面举例说明电源故障的一般诊断分析方法。

　　【例 2】　某台配备 FANUC 7 系统的数控机床，在运行过程中产生丢电故障。图 5-2 为该系统直流稳压电源的监控原理图。

　　故障分析与处理：从图 5-2 可以看出工作过程如下。按电源启动按钮 SB10，交流接触器 KM10 吸合后，常开触点 KM11、KM12 闭合自保，整机启动供电。接触器 KM11、KM12 通电的条件是：电源盘上的继电器 KA31 通电，使并接在 XP2、XP3 端子上的常开触点 KA31 闭合后，才能使主触点 KM10 吸合自保。从图中看出，开关电源进电端 XQ1、XQ2 是通过主接触器 KM10 常开触点闭合后，接到交流 220V 电源上的。继电器 KA31 受

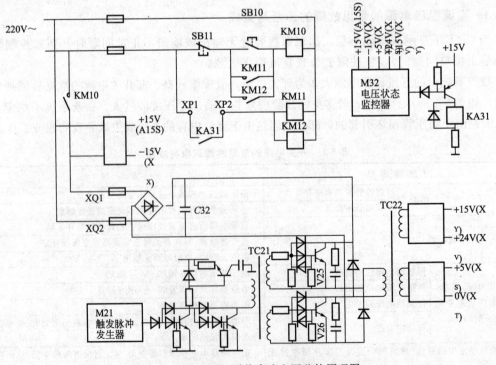

图 5-2　FANUC7 系统直流电源监控原理图

电压状态监控器 M32 控制，当电源板上输出直流电压＋15V、－15 V、＋5V 及＋24V 均正常时，KA31 继电器吸合正常，一旦有任何一项电压不正常时，KA31 继电器即释放，使主接触器 KM10 丢电释放，从而引起丢电故障。

要消除该故障，就要查找引起直流电压不正常的原因。

（1）输出端 A15S 的＋15V、X_X 的－15V、X_Y 的＋15V、X_V 的＋24 V 及 X_S 的＋5V 直流电压是否正常。

（2）电容器 $C32$ 两端电压是否为 110V，以说明供电电源是否正常。

（3）用示波器检查脉冲发生器 M21 是否有 20kHz 触发脉冲输出。

（4）在变压器 TC21 线圈上能否测到波形。

（5）开关管 V25、V26 能否正常工作。

故障处理：可以从下面几个方面进行检查。

（1）检查启动按钮 SB10 常开触点、停止按钮 SB11 常闭触点动作是否灵活，接触是否良好，判断熔断器 FU1 好坏。若两个按钮存在问题，交流接触器 KM10 线圈不能得电，开关电源输入端不会有电压。

（2）若交流接触器 KM10 线圈能够得电，而开关电源输入端没有电压，说明接触器 KM10 的常开触点接触不良或导线断开。

（3）若交流接触器 KM10 线圈得电但不能自锁，检查中间继电器 KA31 的工作情况。

若 KA31 能够工作，检查 KA31 的常开触点及 KM11、KM12 常开触点动作是否灵活，接触是否良好。若 KA31 不能够正常工作，说明电源板上输出的五组直流电压，A15S 的＋15V、X_X 的－15V、X_Y 的＋15V、X_V 的＋24V 及 X_S 的＋5V 至少有一组有问题，电源监控器 M32 输出高电平，KA31 不能得电。

（4）为了进一步确认故障，将五组直流电压逐个从电源监控器 M32 上断开，判断究竟是哪组直流电压出现问题。例如，断开 A15S 的＋15V 后 KA31 能正常工作，说明该组直流输出电路有故障，采取措施修理或更换该组电源。

若故障出现在开关电源部分，应首先检查电容器 $C32$ 上的电压是否为 110V，判断是整流部分还是振荡部分出现问题。若没有 110V，应检查整流桥及电容器 $C32$。若 110V 正常，用示波器检查脉冲发生器 M21 是否有 20kHz 触发脉冲输出，如果没有脉冲则检查脉冲发生器 M21，如果有脉冲输出应属于开关电源振荡部分故障，具体维修请参考有关开关电源的资料。

5.1.5　电源检查中的安全注意事项

一般来讲，检查电源必须在机床断电（Power Off）的情况下，方可检查保险丝、继电器和断路器等。

不得已而必须在机床通电情况下，用试电笔、万用表以及示波器表笔，对电源输入与输出口、强电开关器件与强电接口电路的端口、强电接线与接线端等可疑点进行检查时，一定要注意人体与地、与机床间的绝缘。防止测试中测试表笔、油污、灰尘或水液等造成极间短路、拉弧打火等现象，以免扩大故障。

电源检查中的测试，可分成静态测试与动态测试两种。测试中都必须注意安全。静态测试就是在断电情况下，测量电源的静态电阻与静态电压。静态电阻测量是在有明显短路或断路的故障时进行。用万用表测量电源对地正反向电阻，当电路板上的电源线对地的正反向电阻过小或短路时，表明：板子上可能有芯片、电容、晶体管等分立元件被

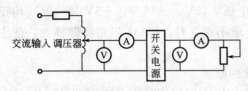

图 5-3　开关电源维修时的接线图

击穿；或印刷电路板上细密线路氧化裂丝、过热变形造成短路。测量时要注意避免使用指针式万用表的高阻挡，以免较高电压导致低压集成电路的损坏。静态电压测量是针对尚未短路或断路，但与正常电阻值偏差较大的测量点，单独接上相应的工作电源，采用分级通电法检查疑点的静态工作点或逻辑功能。动态测试是在交流输入的情况下，测试电源系统的各级电流与电压变化情况。测试时可采用如下方法：

（1）在电源输入端接一个 1∶1 隔离变压器，以防止触电；

（2）可对被测对象采用如图 5-3 的接线图，以避免引发新的故障或导致损坏好的元件。

5.2　数控机床的干扰及其排除

对数控机床而言，数控系统的稳定性、可靠性是保证其稳定、可靠运行的重要条件。数控系统一般在电磁环境较恶劣的工业现场使用，为了保证系统的正常工作，系统在设计时对电磁骚扰应有足够的抗干扰能力要求。

5.2.1　干扰类型、成因与传递方式

干扰可以分成传导性与辐射性两类。图 5-4 给出了数控机床中干扰的类型、成因与传递方式。

通常可以认为：数控机床中存在着电网干扰、接地干扰与电磁干扰。

电网干扰与接地干扰是传导性干扰，它们是由电缆传入的干扰。它们在导体中振动所产生的"噪声"，则是一种弹性波，可以在空气中传播（因为这类干扰波的频率处声频范畴，

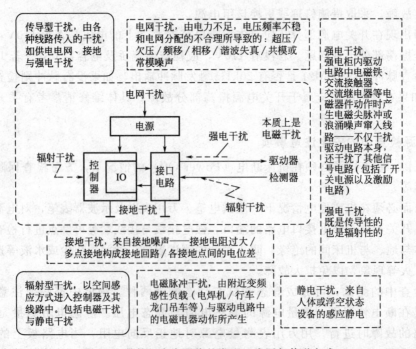

图 5-4　数控机床中干扰的类型、成因与传递方式

故俗称为"噪声"信号)。

电磁干扰同时具有传导性与辐射性。这是因为电磁波可以在空间(不需要介质)或介质中传递。电磁干扰包括强电干扰与辐射干扰。强电干扰的干扰源,是强电柜内驱动电路中电磁铁交流接触器、交流继电器等电磁器件的动作。

辐射干扰,包括了电磁干扰与由辐射造成的静电干扰。在数控机床中主要是指:外围环境中的干扰源——高频感性负载所产生脉冲型电磁波由空间窜入数控系统引起的干扰。

5.2.2　数控机床抗干扰常用措施

干扰的形成必须同时具备干扰源、干扰途径及对干扰敏感的接收电路三个条件,因此,抑制干扰可采取消除或抑制干扰源、破坏干扰途径及削弱接收电路等具体措施。数控机床常用的抗干扰措施如下。

1. 减少供电线路干扰

数控机床要远离中频、高频及焊接等电磁辐射强的电气设备,避免和启动频繁的大功率设备共用一条动力线,最好采用独立的供电动力线。在电网电压变化较大的地区,数控机床要使用稳压器。在电缆线敷设时,动力线和信号线一定要分离,信号线采用屏蔽双绞线,以减少电磁场耦合干扰。特别注意,在数控机床中若主轴采用变频器调速,机床中控制线要远离变频器。

2. 减少机床电气控制系统中的干扰

(1) 压敏电阻保护　图 5-5 为数控机床伺服驱动装置电源引入部分压敏电阻的保护电路。

压敏电阻是一种非线性过电压保护元件,又称浪涌吸收器,对干扰线路的瞬变、尖峰等干扰起一定的抑制作用。压敏电阻漏电电流很小,高压放电时通过电流能力大,反应速度快,且能重复使用。

(2) 阻容吸收保护　图 5-6 是数控机床电气控制中交流负载的阻容保护电路。

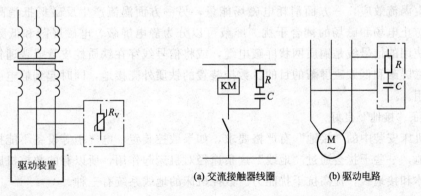

图 5-5　压敏电阻保护　　　　　图 5-6　交流负载的阻容保护

(a) 交流接触器线圈　　　(b) 驱动电路

电动机频繁启动与停止时,会在电路中产生浪涌或尖峰等干扰,影响数控系统和伺服系统的正常工作。为了消除干扰,在电路中加上阻容吸收器件,如图 5-1 中,冷却泵电动机输入端 RC1 就是阻容吸收器件。交流接触器的线圈两端,主回路之间通常也要接入阻容吸收器件,有些交流接触器配备有标准的吸收器件,可以直接插入接触器规定的部位。这些电路由于接入阻容吸收器件,改变了电感元件线路阻抗,抑制电器产生干扰噪声。

需要注意的是,因为变频器输出端是高频谐波,所以变频器与电动机之间的连线中不可加入阻容吸收回路，否则会损坏变频器。

（3）续流二极管保护　图 5-7 是数控机床电气控制中直流继电器、直流电磁阀续流二极管保护的电路。

在数控机床电气控制中，直流继电器电磁线圈、电磁阀电磁线圈等必须加装二极管进行续流保护。因为电感元件在断电时线圈中将产生较大自感电动势，在电感元件两端反向并联一个续流二极管，释放线圈断电时产生感应电动势，可减少线圈感应电动势对控制电路的干扰，同时对晶体管等驱动元件进行保护。有些厂家的直流继电器已将续流二极管并接在线圈两端，给使用安装带来了方便。

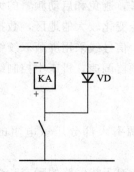

图 5-7　续流二极管保护电路

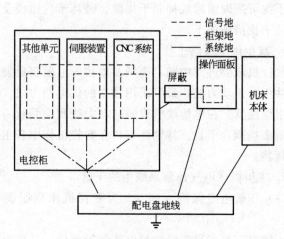

图 5-8　数控机床的地线系统

3. 屏蔽技术

利用金属材料制成屏蔽罩，将需要防护的电路或线路包在其中，根据高频电磁场在屏蔽导体内产生涡流效应，一方面消耗电磁场能量，另一方面涡流产生反磁场抵消高频干扰磁场，可以防止电场和磁场的耦合干扰。屏蔽可以分为静电屏蔽、电磁屏蔽和低频磁屏蔽几种。通常使用的信号线是铜质网状屏蔽电缆，或将信号线穿在铁质蛇皮管或普通铁管内，都是达到电磁屏蔽和低频磁屏蔽的目的。数控装置的铁质外壳接地，同时起到静电屏蔽和电磁屏蔽的作用。

4. 保证"接地"良好

数控机床安装中的"接地"有严格要求，如果数控装置、电气柜等设备不能按照使用手册要求接地，一些干扰会通过"地线"这条途径对机床起作用，所以有的数控机床采用单独敷设接地体和接地线，提高抗干扰能力。数控机床的地线系统有三种。

（1）信号地用来提供电信号的基准电位。

（2）框架地是防止外部干扰和内部干扰，它是控制面板、系统装置外壳各装置间的连接线。

（3）系统地是将框架地和大地相连接。

图 5-8 所示为数控机床的地线系统。系统接地电阻应低于 100Ω，连接的电缆必须具有足够的截面积，一般应等于或大于电源电缆的截面积，以保证在发生短路等事故时，能安全地将短路电流传输到系统地线中。图 5-9 为数控机床实际接地的方法。

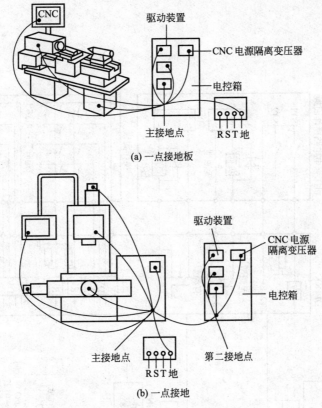

(a) 一点接地板

(b) 一点接地

图 5-9　数控机床的接地系统示意图

5.3　机床可编程控制器（PLC）的功能

以 FANUC 系统为例，FANUC 系统的 PLC 基本指令为二进制的逻辑运算指令，功能指令主要有数据定义、数据变换、译码和代数运算。

FANUC 系统用梯形图编制 PLC 顺序逻辑程序。由于有功能指令，使得 PLC 程序编制非常容易、简捷。梯形图可用下述两种方法编制：

（1）用专用的编辑卡利用 CRT 显示画面在系统上现场编制；

（2）在计算机上装入专用软件用计算机编制 PLC 程序，然后经 RS-232C 通信接口将梯形图程序传送到数控系统。

调试好的程序要用写入器写入 EPROM。

FANUC 0 系统控制器有 PLC-L 和 PLC-M 两种。PLC-L 的处理机与主机共用，最大步数为 5000 步。PLC-M 采用专用处理机，微处理器为 80186，专用一块板，插在主板上，最大步数为 8000 步。两种 PLC 的扫描周期均为 16ms。

5.3.1　PLC 与外部信息的交换

PLC、CNC（数控系统）和 MT（机床）三者之间的信息交换，需要通过三者间的接口，FANUC 0iM 系统的接口概况如图 5-10 所示。接口包括四部分：机床至 PLC（MT—PLC）、PLC 至机床（PLC—MT）、CNC 至 PLC（CNC—PLC）、PLC 至 CNC（PLC—CNC）。

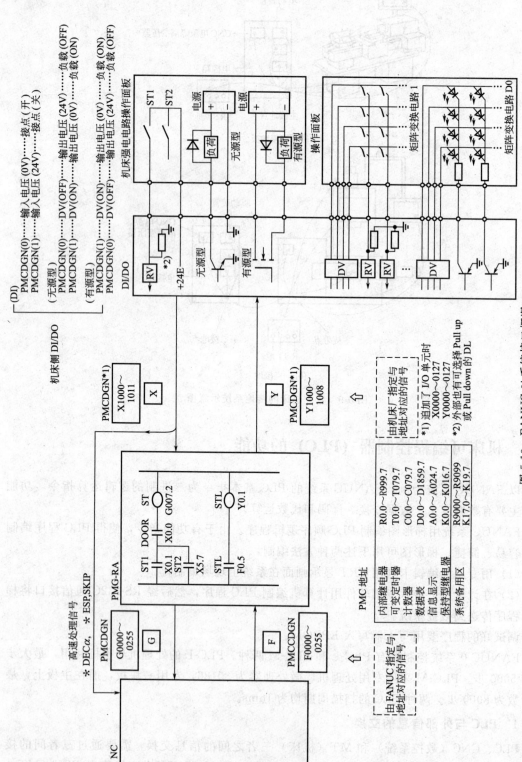

图 5-10　FANUC 0i 系统接口概况

注: 图中的 PMC 是专门用于控制机床的 PLC。

1. MT（机床）至 PLC

在 FANUC 0iM 数控系统中，机床侧的开关信号通过 I/O 端子板输入 PLC 中，此类地址中多数可由 PLC 程序设计者自行定义使用，其中有少部分地址已由厂家定义。例如某开关信号的符号是"ZAE"，查阅"PLC 输入输出一览表"，该信号的地址是"X1004 2"，其功能是"Z 轴运动测量位置到达信号"，如果已经确认 Z 轴运动到位，通过调出 PLC 显示界面，在屏幕 PLCDGN 主界面中的 STATUS 状态子界面下，观察"X1004"第 2 位是"0"或"1"，来获知测量 Z 轴位置的接口开关是否有效。

2. PLC 至 MT（机床）

PLC 控制机床的信号通过 PLC 的输出接口送到机床侧，所有开关量输出信号的含义及所占用 PLC 的地址均可由 PLC 程序设计者自行定义。如在 FANUC 0i 数控系统中，地址 Y0000～Y0007 均可以用作此类接口。

3. CNC 至 PLC

CNC 送至 PLC 的信息可由 CNC 直接送入 PLC 的寄存器中，所有 CNC 送至 PLC 的信号和地址均由数控系统生产厂家确定（在 FANUC 0iM 系统中是地址 G），PLC 编程人员可以使用，不允许改动和增删。加工程序中数控指令 M、S、T 的功能，通过 CNC 译码后直接送入 PLC 相应的寄存器中。例如在 FANUC 0i 数控系统中 M05 指令经译码后，送入寄存器 G029 6。同样在 PLCDGN 主界面中的 STATUS 状态子界面下，查阅地址 G029 的第 6 位的状态，若该位是"1"，说明可以知道该指令已输出到 PLC；若是"0"，则指令没到 PLC。此时应该从 CNC 侧寻找"M05"指令信号没到 PLC 的故障原因。

4. PLC 至 CNC

PLC 送至 CNC 的信息也是将开关量信号传送到寄存器，所有 PLC 送至 CNC 的信号地址与含义由 CNC 厂家确定，PLC 编程者只可使用，不可改变和增删。如 FANUC 0iM 数控系统中，在操作面板上由按钮发出要求机床单程段运行的信号（其符号为"MSBK"），该"MSBK"信号由 PLC 送到 CNC，其地址为"F004 3"。在屏幕 PLCDGN 主界面中的 STATUS 状态子界面下，可以观察到地址位为"F004 3"的状态是"0"或"1"。显然，如果是"1"，则指令信号已进入 CNC；如果是"0"，则指令信号没到达 CNC，可能面板与 CNC 之间有故障。

5.3.2　数控机床可编程控制器的功能

从以上可以看出，PLC 在 CNC 系统中是介于 CNC 装置与机床之间的中间环节。它根据输入的离散信息，在内部进行逻辑运算并完成输出功能。数控机床 PLC 的形式有两种。一是采用单独的 CPU 完成 PLC 功能，即配有专门的 PLC。如果 PLC 在 CNC 的外部，则称为外装型 PLC（或称作独立型 PLC）。采用独立型 PLC 的 CNC 系统结构如图 5-11 所示。二是采用数控系统与 PLC 合用一个 CPU 的方法，PLC 在 CNC 内部，称为内装型 PLC（或称作集成式 PLC）。采用内装式 PLC 的 CNC 系统结构如图 5-12 所示。

PLC 在现代数控系统中有着重要的作用，综合来看主要有以下几个方面的功能。

1. 机床操作面板控制

将机床操作面板上的控制信号直接送入 PLC，以控制数控系统的运行。

2. 机床外部开关输入信号控制

将机床侧的开关信号送入 PLC，经逻辑运算后，输出给控制对象。这些控制开关包括各类按钮开关、行程开关、接近开关、压力开关和温控开关等。

3. 输出信号控制

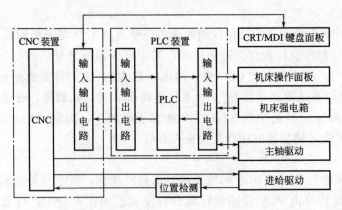

图 5-11　独立型 PLC 的 CNC 系统框图

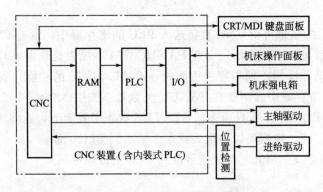

图 5-12　内装式 PLC 的系统框图

PLC 输出的信号经强电柜中的继电器、接触器，通过机床侧的液压或气动电磁阀，对刀库、机械手和回转工作台等装置进行控制，另外还对冷却泵电动机、润滑泵电动机及电磁制动器等进行控制。

4. 伺服控制

控制主轴和伺服进给驱动装置的使能信号，以满足伺服驱动的条件。通过驱动装置，驱动主轴电动机、伺服进给电动机和刀库电动机等。

5. 报警处理控制

PLC 收集强电柜、机床侧和伺服驱动装置的故障信号，将报警标志区中的相应报警标志位置位，数控系统便显示报警号及报警文本，以方便故障诊断。

6. 软盘驱动装置控制

有些数控机床用计算机软盘取代了传统的光电阅读机。通过控制软盘驱动装置，实现与数控系统进行零件程序、机床参数、零点偏置和刀具补偿等数据的传输。

7. 转换控制

有些加工中心的主轴可以立/卧转换，当进行立/卧转换时，PLC 完成下述工作：

(1) 切换主轴控制接触器；

(2) 通过 PLC 的内部功能，在线自动修改有关机床数据位；

(3) 切换伺服系统进给模块，并切换用于坐标轴控制的各种开关、按键等。

不同厂家生产的数控系统中或同一厂家生产的不同数控系统中 PLC 的具体功能与作用有着具体的区别，在进行数控系统故障诊断时一定要具体分析、具体对待。熟练掌握相应数控系统中 PLC 的功能、结构、线路连接及编程是进行数控系统故障诊断的基本要求之一。

5.4　PLC 的输入、输出元件

　　PLC 输入端子板的作用是将机床外部开关的端子连接转换成 I/O 模块的针型插座连接，从而使外部控制信号输入至 PLC 中；同样，输出端子板的作用是将 PLC 的输出信号经针型插座转换成外部执行元件的端子连接。每个接线端子的编号与针型插座的针脚编号相对应，从而使每个输入输出信号在 PLC 中均有规定的地址。图 5-13 所示为内装式 PLC 输入/输出元件及连接方式。

5.4.1　输入元件

　　1. 控制按钮

　　控制按钮通常用作短时接通或断开小电流控制电路的开关。按钮是由按钮帽、复位弹簧、桥式触头和外壳等组成，通常制成具有常开触头和常闭触头的复合式结构，其结构示意图如图 5-14 所示。指示灯式按钮内可装入信号灯显示信号；紧急式按钮装有蘑菇形钮帽，以便于紧急操作；旋钮式按钮是用手扭动旋转来进行操作的。

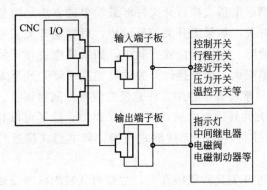

图 5-13　内装式 PLC 输入/输出元件及连接方式

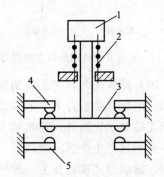

图 5-14　按钮结构示意图
1—按钮帽；2—复位弹簧；3—动触头；
4—常闭静触头；5—常开静触头

　　按钮帽有多种颜色，一般红色用作停止按钮，绿色用作启动按钮。按钮主要根据所需要的触头数、使用场合及颜色来选择。按钮的图形符号及文字符号如图 5-15 所示。按钮常见的故障是机械动作不灵活，触点接触不良。

　　2. 行程开关

　　行程开关主要是用于检测数控机床工作台或刀具的机械位置，控制运动机械的运动方向和决定工作行程长短。接触式行程开关靠移动物体碰撞行程开关的操纵杆，使行程开关的常开触点接通和常闭触点断开，实现对电路的控制作用。行程开关常见的故障有固定安装松动，操纵杆失灵，或触头机构触点接触不良。其电路符号及文字表示如图 5-16 所示。

　　3. 接近开关

　　接近开关是一种近距离（几毫米至几十毫米）内检测物体有无的传感器，用于检测数控机床工作台或刀具的机械位置，它输出高电平或低电平的开关量信号。有的接近开关内部集成化具有较大的负载驱动能力，可直接驱动继电器线圈。接近开关具有无触点、灵敏度高、频率响应快、重复定位精度高、工作稳定可靠和使用寿命长等优点。接近开关将检测头、检

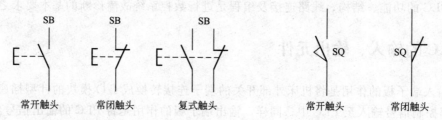

图 5-15 按钮的图形及文字符号   图 5-16 行程开关的图形和文字符号

测电路及信号处理电路做在一个壳体内，壳体带有螺纹以便安装和调整距离，同时有指示灯显示通断状态，使用维修非常方便。常用的接近开关有电感式、电容式、磁感式、光电式及霍耳式。其图形符号及文字表示如图 5-17 所示。

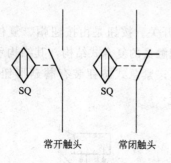

常开触头   常闭触头

图 5-17 接近开关的图形和文字符号

（1）电感式接近开关 接近开关内部有一个高频振荡器和一个整形放大器，具有振荡和停振两种不同状态，由整形放大器转换成开关量信号，从而达到检测位置的目的。在数控机床中电感式接近开关常用于刀库、机械手及工作台的位置检测。

判断电感式接近开关好坏最简单的方法是用金属片接近开关，如果无开关信号输出，可判定开关或外部电源有故障。在实际位置控制中，如果感应块和开关之间的间隙变大，会使接近开关的灵敏度下降，甚至无信号输出。因此感应块和开关之间的间隙，在日常检查维护中要注意经常观察，随时调整。

（2）电容式接近开关 电容式接近开关的外形与电感式接近开关类似，除了可以对金属材料的无接触式检测外，还可以对非导电性材料进行无接触式检测。和电感式接近开关一样，在使用过程中注意间隙调整。

（3）磁感应式接近开关 磁感应式接近开关又称磁敏开关，主要对气缸内活塞位置进行非接触式检测。固定在活塞上的永久磁铁使传感器内振荡线圈的电流发生变化，内部放大器将电流转换成开关信号输出，根据气缸形式的不同，磁感应式接近开关有绑带式安装和支架式安装等。

（4）光电式接近开关 光电式接近开关有遮断型和反射型，当被测物从发射器与接收器之间通过时，红外光束被遮断，接收器接收不到红外线，而产生一个电脉冲信号，由整形放大器转换成开关量信号。在数控机床中光电式接近开关常用于刀架的刀位检测和柔性制造系统中物料传送位置的检测等。

（5）霍耳式接近开关 霍耳式接近开关是将霍耳元件、稳压电路、放大器、施密特触发器和 OC 门等电路做在同一个芯片上的集成电路，典型的霍耳集成电路有 UGN 3020 等。霍耳集成电路受到磁场作用时，OC 门由高电阻态变为导通状态，输出低电平信号；当霍耳集成电路离开磁场作用时，OC 门重新变为高阻态，输出高电平信号。图5-18为霍耳集成

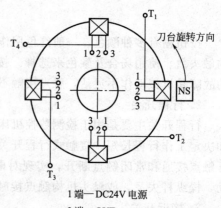

刀台旋转方向

1端—DC24V 电源
2端—OUT
3端—GND
T_1—刀位1 T_2—刀位2
T_3—刀位3 T_4—刀位4

图 5-18 电动刀架霍耳元件安装示意图

电路在 LD4 系列电动刀架中应用的示意图。

　　该刀架在经济型数控车床中得到广泛的应用，其动作过程为：数控装置发出换刀信号→刀架电动机正转使锁紧装置松开且刀架旋转→检测刀位信号→刀架电动机反转定位并夹紧→延时→换刀动作结束。其中刀位信号是由霍耳式接近开关检测的，如果某个刀位上的霍耳式元件损坏，数控装置检测不到刀位信号，会造成刀台连续旋转不定位。

　　在图 5-18 中，霍耳集成元件共有三个接线端子，1、3 端之间是＋24V 直流电源电压；2 端是输出信号端。判断霍耳集成元件的好坏，可用万用表测量 2、3 端的直流电压，人为将磁铁接近霍耳集成元件，若万用表测量数值没有变化，再将磁铁极性调换；若万用表测量数值还没有变化，说明霍耳集成元件已损坏。

　　有些型号的电动刀架，采用光电开关进行刀位检测，其控制方式类似于霍耳式接近开关，用光电式接近开关代替霍耳式接近开关，用遮光片代替磁铁。也有些型号的电动刀架采用光电编码器检测刀位信号。

　　以上所列的接近开关，使用电源为直流，输出信号有 NPN 和 PNP 型，在更换元件时应注意型号和接线端子，否则会损坏接近开关。

　　4. 压力开关

　　压力开关是通过被控介质压力的变化，控制机械机构带动触点动作的一种开关。图 5-19 为压力开关的结构示意图。当被控介质的压力升高时，波纹管或橡皮膜 4 压迫弹簧 3 而使顶杆 2 移动，拨动微动开关 1 的触点，从而反映介质中的压力达到了相应的数值。因压力开关的顶杆随压力的升高逐渐顶出，安装时一定注意微动开关与顶杆间的位置。若两者的间隙大，当压力升到规定值而微动开关不动；若两者的间隙小，微动开关因压力过大损坏。压力开关在数控机床中主要检测液压、气压系统的压力，当系统的压力达不到规定的数值时，数控系统报警，机床停止运行。

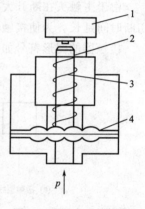

图 5-19　压力开关结构
1—微动开关；2—顶杆；3—压缩弹簧；4—橡皮膜

　　5. 温控开关

　　温控开关是利用温度敏感元件的电阻值随温度变化的原理制成的一种开关。热敏电阻随温度变化的信号经电路比较放大后，驱动小型继电器动作，因此可以利用小型继电器动作来反映热敏电阻周围的温度。在伺服驱动系统中，可将突变型热敏电阻埋设在电动机定子绕组或伺服变压器中。并与控制继电器串联，当电动机或变压器温度升到某一定数值时，控制继电器失电，切断电源实现过热保护。

5.4.2　输出元件

　　1. 接触器

　　在数控机床的电气控制中，接触器用来控制如油泵电动机、冷却泵电动机、润滑泵等电动机的频繁启停及驱动装置的电源接通和切断等。其用途是用小电流控制大电流。接触器按照其触头通过的电流种类不同，分为直流和交流两种，一般的交流接触器的主触头有三对，直流接触器通常是两对。数控机床上应用比较多的是交流接触器，其常用型号有 CJ0、CJ10、CJ12、CJ20 和 CJ12B 系列。

　　交流接触器的应用机构示意图如图 5-20 所示，主要由以下四部分组成。

　　(1) 电磁系统　用来操作触头闭合与分断，包括线圈、铁芯和衔铁。

　　(2) 触头系统　起着分断和闭合电路的作用，包括主触头和辅助触头，主触头用于通断

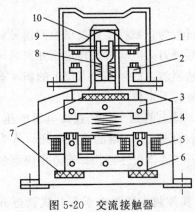

图 5-20 交流接触器

1—动触头；2—静触头；3—衔铁；

4—弹簧；5—线圈；6—铁芯；

7—垫毡；8—触头弹簧；9—灭

弧罩；10—触头压力簧片

主电路，辅助触头用于控制电路，起电器联锁作用，一般常开、常闭各一对。

（3）灭弧装置　起着熄灭电弧的作用，容量在 10A 以上的都有灭弧装置。对于小容量的，常采用双断口触头灭弧、电动力灭弧、相间弧板隔弧及陶土灭弧罩灭弧等；对于大容量的采用纵缝灭弧罩及栅片灭弧。

（4）其他部件　主要包括反作用弹簧、缓冲弹簧、触头压力弹簧、传动机构及外壳等。

从图 5-20 可以看出当接触器的线圈接通电流时，铁芯产生磁场，将衔铁吸合。衔铁带动触头系统动作，主触头闭合，从而接通强电电路。同时常开触头闭合、常闭触头断开，在控制回路中起自锁和互锁等作用。当接触器的线圈断电时，电磁力消失，衔铁在反作用力弹簧的作用下释放，触头系统复位。

由于主触头在断开大电流时，在动、静触头之间容易产生强烈的电弧，会烧坏触头并使切断时间延长，为使接触器可靠地工作，一般接触器设置有灭弧装置。

接触器的图形符号如图 5-21 所示，文字符号为 KM。

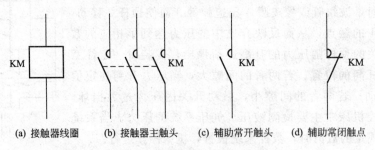

（a）接触器线圈　　（b）接触器主触头　　（c）辅助常开触头　　（d）辅助常闭触点

图 5-21 接触器图形和文字符号

对于单相交流电磁机构，一般在铁芯端面安装一个铜制的短路环，以抑制衔铁产生的振动和噪声。对接触器的维护要求如下。

（1）定期检查交流接触器的零件，要求可动部位灵活，紧固件无松动。

（2）保持触点表面的清洁，不允许有油污。当触点表面因电弧烧烛而附有金属小珠粒时，应及时去掉。触点若已磨损，应及时调整，以消除过大的超程。若触点厚度只剩下 1/3，应及时更换。银和银合金触点表面因电弧作用而生成的黑色氧化膜不必锉去，因为这种氧化膜的接触电阻很低，不会造成接触不良，锉掉反而会缩短触点寿命。

（3）接触器不允许在去掉灭弧罩的情况下使用，因为这样很可能发生短路事故。

（4）若接触器已不能修复，应予更换。更换前应检查接触器的铭牌和线圈标牌上标出的参数。换上去的接触器其有关数据应符合技术要求；有些接触器还需要检查和调整触点的开距、超程、压力等，使各个触点的动作同步。

（5）安装时一般应安装在垂直面上，而且倾斜角不得超过 5°，否则会影响接触器的动作特性。同时应按规定留有适当的飞弧空间，以免飞弧烧坏相邻器件。

接触器常见的故障如下。

（1）线圈过热或烧损。这是线圈电压过高或过低或操作频率过高等因素所致。

（2）噪声大。这是线圈电压低，触点弹簧压力过大或零件卡住等因素所致。

（3）触点吸不上。这往往和电压过低、触点接触不良及触点弹簧压力过大等因素有关。

（4）触点不释放。这和触点弹簧压力过小、触点熔焊及零件卡住等因素有关。

2. 继电器

继电器是一种根据外界输入的信号来控制电路中电流"通"与"断"的自动切换电器。它主要用来反映各种控制信号，其触点通常接在控制电路中。继电器和接触器在结构和动作原理上大致相同，但前者在结构上体积小，动作灵敏，没有灭弧装置，触点的种类和数量也较多。继电器的输入信号可以是电流、电压等电量，也可以是温度、速度、时间、压力等非电量，其输出一般是触头的动作。

继电器的种类很多，按照其输入信号的特性分为电压继电器、电流继电器、时间继电器、温度继电器、速度继电器等；按照其工作原理可分为电磁式继电器、感应式继电器、电动式继电器、热继电器和电子式继电器。在机床电气控制中经常用电磁式继电器和热继电器。

（1）电磁式继电器　电磁式继电器结构与工作原理和接触器相似，主要区别在于接触器的主触头可以通过大电流，而继电器的触头一般只能通过小电流。所以，继电器更多用于控制电路中。

电磁式继电器又有电流继电器、电压继电器、中间继电器等。

电流继电器的线圈串联到被测量的电路中，用于反映电路电流的变化。为了不影响电路的工作，电流继电器的线圈匝数少、导线粗、线圈阻抗小。有欠电流继电器和过电流继电器两种。

电压继电器结构与电流继电器相似，不同的是电压继电器是将其线圈并联到电路中，用以反映被测电路的电压值，所以其线圈的匝数多、导线细、阻抗大。

中间继电器实际上是电压继电器的一种，但是它的触头数量多（六对或更多），触点的电流容量大（一般为 5～10A），动作灵敏。其主要用途是当其他继电器的触头数或者触头容量不够时，可借助中间继电器来扩大其触头数或触头容量。

电磁式继电器的电路符号及文字表示如图 5-22 所示。

（2）热继电器　热继电器是利用电流的热效应原理来保护电动机，使之免受长期过载的危害。

热继电器主要由热元件、双金属片和触头三部分组成，结构图如图 5-23 所示。发热元件接入电动机主电路，若长时间过载，双金属片被烤热。因双金属片的下层膨胀系数大，使其向上弯曲，扣板被弹簧拉回，常闭触头断开。

热继电器由于热惯性，当电路短路时不能立即动作使电路立即断开，因此不能做短路保护。同理，在电动机启动或短时过载时，热继电器也不会动作，这样可避免电动机不必要的停车。

热继电器的图形及文字符号如图 5-24 所示。

另外，在数控机床中，与 PLC 相关的输出元件还有用于控制液压元件、气动元件的电磁阀，用来指示机床运行状态的 LED 指示灯等。由于其工作原理比较简单，在此不再赘述。

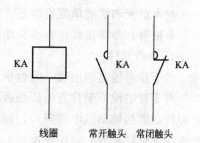

线圈　　常开触头　常闭触头

图 5-22　电磁式继电器的电路符号及文字表示

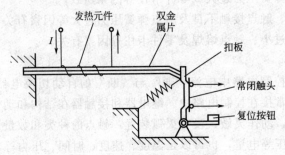

图 5-23　热继电器结构示意图

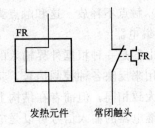

图 5-24　热继电器的图形表示及文字符号

对于继电器的维护要求是：

（1）更换时要仔细核对继电器的铭牌数据是否符合要求；

（2）经常检查继电器活动部分是否动作灵活、可靠；

（3）定期清除部件表面污垢；

（4）安装新的继电器时，要检查安装是否到位、牢固，接线是否正确、使用导线是否合乎规格；

（5）使用过程中应定期检查，发现不正常现象，立即处理。

5.5　数控机床 PLC 控制的故障诊断

5.5.1　可编程控制器的维护

机器设备在一定工作环境下运行，总是要发生磨损甚至损坏。尽管 PLC 是由各种半导体集成电路组成的精密电子设备，而且在可靠性方面采取了很多措施，但由于所应用的环境不同，将对 PLC 的工作产生较大的影响。因此，对 PLC 进行维护是十分必要的。PLC 维护的主要内容如下。

1. 供电电源

在电源端子处测量电压变化是否在标准范围内。一般电压变化上限不超过额定供电电压的 110%，下限不低于额定供电电压的 80%。

2. 外部环境

温度在 0～55℃ 范围内，相对湿度在 85% 以下，振动幅度小于 0.5mm，振动频率为 10～55Hz，无大量灰尘、盐分和铁屑。

3. 安装条件

基本单元和扩展单元安装是否牢固，连接电缆的连接器是否完全插入并旋紧，接线螺钉是否有松动，外部接线是否有损坏。

4. 寿命元件

对于接点输出继电器，阻性负载寿命一般为 30 万次，感性负载则为 10 万次。

对于锂电池，要检查电压是否下降。存放用户程序的随机存储器（RAM）、计数器和具有保持功能的辅助继电器等均用锂电池保护，一般锂电池的工作寿命为 5 年左右，当锂电池的电压逐渐降低到一定的限度时，PLC 基本单元上电池电压跌落指示灯亮，这就提示由锂电池支持的电压还可保留一周左右，必须更换锂电池。

调换锂电池的步骤如下：

（1）购置好锂电池，做好准备工作；

（2）拆装之前，先把 PLC 通电约 15s（使作为存储器备用电源的电容充电，在锂电池断开后，该电容对 RAM 短暂供电）；

（3）断开 PLC 交流电源；

（4）打开基本单元的电池盖板；

（5）从电池支架上取下旧电池，装上新电池；

（6）盖上电池盖板。

从取下旧电池到换上新电池的时间要尽量短，一般不允许超过 3 min。如果时间过长，用户程序将消失。

5.5.2　PLC 的常见故障及其处理方法

由于 PLC 同时具有软件结构与硬件结构，因此，它存在的故障也有两种：软件故障与硬件故障。PLC 自诊断能够在 CRT 上显示软件故障或其他一些被检测的硬件内容的报警信息，也能以警示灯或指示灯来显示一些主要控制件的信号状态信息。但是，有些程序中断后，却没有任何报警信息。这时就必须考虑是否 PLC 装置出了故障。在图 5-25 中，将 PLC 常见故障归类，并列出了相应处理方法。

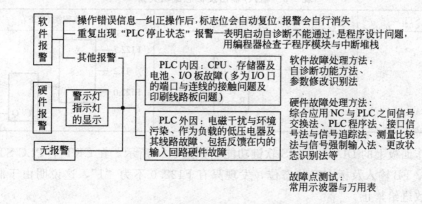

图 5-25　PLC 报警、常见故障及处理方法

说明如下。

（1）操作错误信息：例如，在 SINUMERIK 810 系统的 7000～7031 号报警，就是将提示操作者进行某些操作的信息赋予了特定的标志位而取得的。此类报警不需要清除。当相应的操作状态消失，这些特定的标志位就会自动复位，报警显示也就自行消除。

（2）例如，在 SINUMERIK 810 系统的 3 号报警含义为"PLC 处于停止状态"。此时，PLC 的 I/O 接口被封锁，机床不能工作。一般采用 PLC 编程仪来读出中断堆栈，即可找出故障成因。但是，现场往往无此条件。现场可采用的处理方法有：

① 对于偶然出现的这种报警，可采用初始化方法，重新启动 PLC，往往可恢复机床工作；

② 如果频繁重演故障，则表明 PLC 设计或使用存在缺陷，需由专职维修人员处理。

接口电路是控制器的"门户"。它们结构中元器件的失效（例如：光电耦合器）、集成电路不良或电器接触不良（例如：拨盘开关与中间继电器），将造成输出信号不正常而导致失控，在诊断中必须予以重视。

如果出现 PLC 无输出故障时，应该记住 PLC 的输入包括了电源输入，电源供给的正常与否，屏蔽与接地是否良好，是 PLC 正常工作的前提。如果出现失控，必须考虑反馈输入的异常及其抗干扰的失败。若输入都正常，而 PLC 输出不正常、停止工作或无输出，就是 PLC 装置本身故障（软件或硬件故障）。此时更换模板是解除故障的有效方法。但是，在更换前最好记录或画下原来的接线号与接线位置，以免发生错误，不仅延误时间，又可能扩大故障。

5.5.3 PLC 的故障检测与诊断

1. PLC 故障的表现形式

当数控机床出现有关 PLC 方面的故障时，一般有三种表现形式：故障可通过 CNC 报警直接找到故障的原因；故障虽有 CNC 故障显示，但不能反映故障的真正原因；故障没有任何提示。对于后两种情况，可以利用数控系统的自诊断功能，根据 PLC 的梯形图和输入/输出状态信息来分析和判断故障的原因，这种方法是解决数控机床外围故障的基本方法。

如某配备 SIEMENS 数控系统的机床显示某号报警，其内容是进给禁止。引起报警的各种因素以输入信号 I 和标志信号 F 出现在 PLC 程序中。若报警号标志为 F130.1、伺服准备好标志为 F122.7、进给启动为 I5.2、润滑准备好标志为 F122.0，则逻辑关系有三种形式，如表 5-2 所示。

表 5-2　输入/输出及标志逻辑关系

语句表（STL）	梯形图（LAD）	流程图（CSF）
：A　F122.7 ：A　I5.2 ：A　F122.0 ：S　F130.1	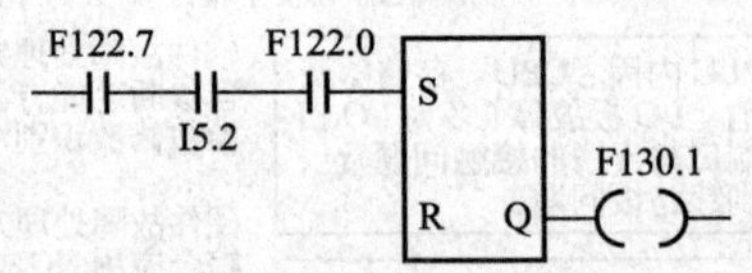 F122.7　F122.0 I5.2　S R　Q　F130.1	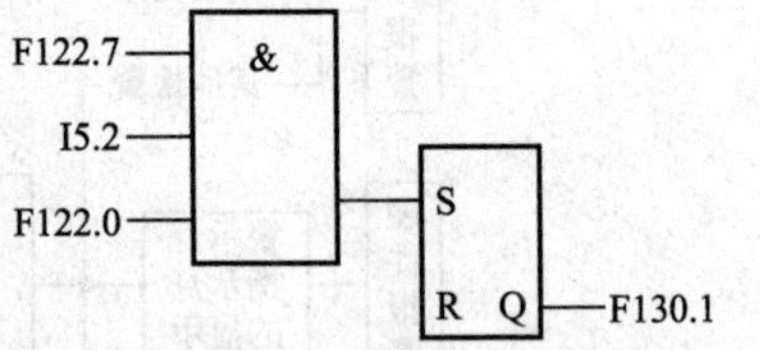 F122.7　& I5.2 F122.0　S R　Q　F130.1

通过操作面板上的 DIAGNOSIS 软键功能，如图 5-26 所示，在 CRT 上 PLC STAUS 菜单中观察 IB、FB 输入及标志字状态位，发现只有 F122.0 不为"1"，这说明由于润滑没有准备好而导致进给禁止。

设润滑准备好的条件有：润滑启动；润滑油箱和油位监控；润滑油的油压监控。根据上面的方法就可以继续查出这三个信号的状态，再根据电路图纸，采取启动润滑、加注润滑油和调节润滑系统的调节阀等措施以消除报警。

```
JOG                                    –CH1
PLC        STATUS
           76543210              76543210
FB106      00000000      FB107   00000000
FB108      00110001      FB109   01001000
FB110      11001000      FB111   00000111
FB112      00000001      FB113   00000001
FB114      11111000      FB115   11111110
FB116      00001001      FB117   00100001
FB118      11111110      FB119   11111001
FB120      00000010      FB121   10010001
FB122      11000000      FB123   00111000
FB124      10100001      FB125   00000010

  KM          KH          KF
```

图 5-26　PLC STAUS CRT 显示

SIEMENS 数控系统也可以通过机外编程器，如 PG685、PG710、PG750 及装有专用软件的通用微机来实时观察 PLC 梯形图或流程图，通过 RS232C 和 CNC 通信，进行数据发送和接收，如图 5-27（a）所示。图 5-27（b）为编程器页面显示。

机外编程器的操作系统有 S5-DOS 和 S5-DOS/SMATIC、STEP5 编程软件包。

对 FANUC 系统而言，可以直接利用 CNC 系统上的 DGNOS PARAM 功能跟踪梯形图的运行。同时，FANUC 系统可用 P-E 或 P-G 编程器装置和 FAPTLAD 编程

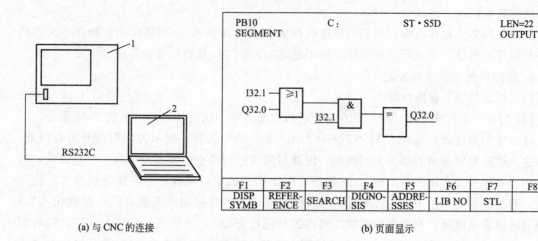

(a) 与 CNC 的连接　　　　　　　　　　(b) 页面显示

图 5-27　机外编程器

1—CNC；2—机外编程器

语言进行 PLC 编程，对 10、11、12 和 15 系统也可通过数控系统的 MDI/CRT 直接进行 PLC 编程和梯形图跟踪。

同样，对三菱 MELDAS 50 系列数控系统，也可通过 MDI/CRT 进行梯形图跟踪及 PLC 梯形图设计，编程方法同三菱 FX 系列 PLC 控制器。

2. 与 PLC 有关的故障的特点

PLC 在数控机床上起到连接 NC 与机床的桥梁作用，一方面，它不仅接受 NC 的控制指令，还要根据机床侧的控制信号，在内部顺序程序的控制下，给机床侧发出控制指令，控制电磁阀、继电器、指示灯，还要将状态信号发送到 NC；另一方面，在这大量的开关信号处理过程中，任何一个信号不到位，任何一个执行元件不动作，都会使机床出现故障。在数控机床的维修过程中，这类故障占有比较大的比例，掌握用 PLC 查找故障显然是很重要的。

对于 PLC 有关的故障，首先确认 PLC 的运行状态，例如一台 FANUC-10 系统的加工中心，机床通电后，所有外部动作都不能执行（没有输出动作），因为该系统可以调用梯形图编辑功能，在编辑状态 PLC 是不能执行程序的，也不会有输出，经过检查，系统设定为 PLC 手动启动状态。在正常情况下，PLC 应该设为自动启动状态，将相应设置改为自动启动后，机床正常。还有当 PLC 因异常原因产生中断，自己不能完成自启动过程，需要通过编程器进行启动。这就要求维修人员维修数控系统前对相应数控系统的运行原理有一定了解。

在 PLC 正常运行情况下，分析与 PLC 相关的故障时，应先定位不正常的输出结果，例如，机床进给停止是因为 PLC 向系统发出了进给保持的信号；机床润滑报警是因为 PLC 输出了润滑监控的状态；换刀中间停止，是某一动作的执行元件没有接到 PLC 的输出信号。这一点说起来很简单，做起来需要维修人员掌握 PLC 接口知识，掌握数控机床的一些顺序动作的时序关系。从输出点开始检查：系统是否有输出信号，如果有但没执行，则从强电部分的电路图去查；如果该步动作没输出，则查找 PLC 程序。

大多数有关 PLC 的故障是外围接口信号故障，PLC 在数控系统的执行有它自身诊断程序，当程序存储错误、硬件错误都会发出相应的报警，所以在维修时，只要 PLC 有些部分控制的动作正常，都不应该怀疑 PLC 程序，因为它毕竟安装调试完成运行了一段时间。如果通过诊断确认运算程序有输出，而 PLC 的物理接口没有输出，则为硬件接口电路故障。

检查或更换电路板。

硬件故障多于软件故障，例如当程序执行 M07（冷却液开），而机床无此动作，大多是由外部信号不满足，或执行元件故障，而不是 CNC 与 PLC 接口信号的故障。

3. 故障检测的思路和方法

（1）根据报警号诊断故障

【例 3】　一台配备 SIEMENS 810 系统的数控车床在一次转动刀塔后出现 6036 报警。

故障分析与处理：出现 6036 "Turret Limit Switch" 报警，指示刀塔限位开关有问题。因为这个故障报警指示刀塔开关有问题，因此对刀塔进行检查，发现刀塔确实没有锁紧，所以刀塔锁紧开关没有闭合，出现 6036 报警。根据机床的工作原理，刀塔锁紧是靠液压缸完成的，液压缸的动作由 PLC 控制。图 5-28 是刀塔锁紧电气控制原理图，PLC 的输出 Q2.2 控制刀塔锁紧电磁阀，利用系统 DIAGNOSIS 功能检查 Q2.2 的状态，发现为"1"，没有问题，但检查 K22 常开触点却没有闭合，线圈上也没有电压，继续检查发现 PLC 输出 2.2 为低电平，说明 PLC 的输出口 Q2.2 损坏。

因为系统有备用输出口，用机外编程器把 PLC 用户梯形图中的所有 Q2.2 更改成备用点 Q3.7，并将 K22 的控制线路连接到 Q3.7 上，如图 5-29 所示，这时机床故障消除，恢复了正常工作。

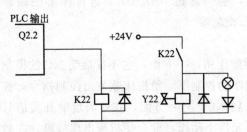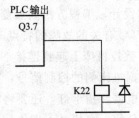

　　图 5-28　刀塔锁紧电气控制原理图　　　　　图 5-29　PLC 使用备用输出口 Q3.7 的连接图

【例 4】　配备 SIEMENS 820 数控系统的某加工中心，产生 7035 号报警，查阅报警信息为工作台分度盘不回落。

故障分析与处理：在 SIEMENS 810/820 数控系统中，7 字头报警为 PLC 操作信息或机床厂设定的报警，指示 CNC 系统外的机床侧状态不正常。处理方法是，针对故障的信息，调出 PLC 输入输出状态与复制清单对照。

工作台分度盘的回落是由工作台下面的接近开关 SQ25、SQ28 来检测的，其中 SQ28 检测工作台分度盘旋转到位，对应 PLC 输入接口 I10.6，SQ25 检测工作台分度盘回落到位，对应 PLC 输入接口 I10.0。工作台分度盘的回落是由输出接口 Q4.7 通过继电器 KA32 驱动电磁阀 YV06 动作来完成。

从 PLC STATUS 中观察，I10.6 为"1"，表明工作台分度盘旋转到位，I10.0 为"0"，表明工作台分度盘未回落，再观察 Q4.7 为"0"，KA32 继电器不得电，YV06 电磁阀不动作，因而工作台分度盘不回落产生报警。

这个故障的处理方法是手动 YV06 电磁阀，观察工作台分度盘是否回落，以区别故障在输出回路还是在 PLC 内部。

（2）根据电气控制原理图诊断故障

【例 5】　一台数控淬火机床出现报警 "Hydraulic Pressure NO OK"（液压压力不够）。

　　故障现象：这台淬火机床开机起动液压后就出现 7015 报警，指示液压压力有问题，不能进行自动加工。

　　故障分析与处理：由于指示液压压力有问题，根据如图 5-30 所示的液压系统电气控制原理图，对液压系统进行检查，发现液压泵没有工作，K5 接触器也没有得电，检查接触器 K5 的控制回路时，发现继电器 KA32 的常开触点没有闭合，KA32 是受 PLC 输出 Q3.2 控制的，但利用系统的 DIAGNOSIS 功能检查 PLC 输出 Q3.2 的状态，发现为"1"没有问题。其状态为"1"，指示液压泵电动机无问题（因为根据 PLC 梯形图分析，只有所有电动机没有问题，Q3.2 的输出才为"1"）。PLC 输出 Q3.2 没有问题，那么肯定是直流继电器 KA32 损坏，测量 KA32 线圈确实有电压，但触点没有闭合，断电检查 KA32 的线圈，发现烧断。

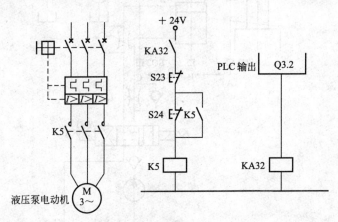

图 5-30　液压泵电气控制原理图

　　故障处理：更换新的继电器，机床故障消除。

　　（3）根据动作顺序诊断故障　数控机床上刀具及托盘等装置的自动交换动作都是按照一定的顺序来完成的，因此，观察机械装置的运动过程，比较正常和故障时的情况，就可发现疑点，诊断出故障的原因。

　　【例 6】　图 5-31 为某立式加工中心自动换刀控制示意图。

　　故障现象：换刀臂平移至 C 时，无拔刀动作。

　　故障分析与检查：动作的起始状态是主轴保持要交换的旧刀具，换刀臂在 B 上部位置，刀库已将要交换的新刀具定位。

　　自动换刀的顺序为：换刀臂左移（B→A）→换刀臂下降（从刀库拔刀）→换刀臂右移（A→B）→换刀臂上升→换刀臂右移（B→C，抓住主轴中刀具）→主轴液压缸下降（松刀）→换刀臂下降（从主轴拔刀）→换刀臂旋转 180°（两刀具交换位置）→换刀臂上升（装刀）→主轴液压缸上升（抓刀）→换刀臂左移（C→B）→刀库转动（找出旧刀具位置）→换刀臂左移（B→A，返回旧刀具给刀库）→换刀臂右移（A→B）→刀库转动（找下把刀具）。

　　换刀臂平移至 C 位置时，无拔刀动作，分析原因，有几种可能：

　　① SQ2 无信号，使松刀电磁阀 YV2 未激磁，主轴仍处抓刀状态，换刀臂不能下移；

　　② 松刀接近开关 SQ4 无信号，则换刀臂升降电磁阀 YV1 状态不变，换刀臂不下降；

　　③ 电磁阀有故障，给予信号也不能动作。

　　逐步检查，发现 SQ4 未发信号，进一步对 SQ4 检查，发现感应间隙过大，导致接近开关无信号输出，产生动作障碍。

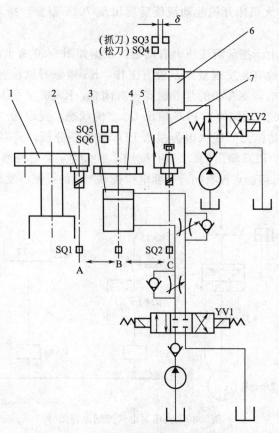

图 5-31　自动换刀控制示意图

1—刀库；2—刀具；3—换刀臂升降油缸；4—换刀臂；5—主轴；6—主轴油缸；7—拉杆

故障处理：调整 SQ4 接近开关感应间隙故障消除。

（4）通过 PLC 梯形图诊断故障

【例 7】 一台数控内圆磨床自动加工循环不能连续执行。

故障现象：自动磨削完一个工件后，主轴砂轮不退回进行修整，使自动循环中止，不能连续磨削工件。手动将主轴退回后，重新启动自动循环，还可以磨削一个工件，但磨削完后还是停止循环，不能连续磨削工件。

故障分析与处理：这台机床对工件的磨削可分为两种方式，一种是单件磨削，磨削完一个工件后主轴砂轮退回，修整后停止加工程序；另一种是连续磨削，磨削完一个工件后，主轴砂轮退回修整，同时自动进行上下料装置工作，用新工件换下磨削完的工件，修整砂轮后，主轴进给再进行新一轮磨削。机床的工作状态是通过机床操作面板上的工作状态设定开关来设定的，PLC 程序扫描工作状态设定开关的状态，根据不同的扫描结果执行不同的加工方式。检查机床的工作状态设定开关位置，没有问题。检查校对加工程序，也没有发现问题。用编程器监视 PLC 程序的运行状态，发现主轴不退回的原因是机床的工作状态既不是连续也不是单件。继续检查发现反映机床连续工作状态的 PLC 输入 I7.0 为"0"，根据机床电气原理图，其接法如图 5-32 所示。K28 为工作状态设定开关，是一刀三掷开关，第一位置接入 I7.0，为连续工作方式，第二位置空闲，第三位置为单件加工方式，接入 PLC 输入 I7.1。但无论怎样扳动这个开关，I7.0 始终为"0"。而将工作状态设定开关拨到第三位置时，PLC 的 I7.1 变成"1"，设定为单件循环，启动循环，单件磨削加工正常完成，没有问题。为此怀疑工作状态设定开关有问题，但断电检查开关，没有发现问题，开关是好的，通电检查发现直到 PLC 的接口板，I7.0 的电平变化都是正确的。为了进一步确认故障，将工作状态设定开关的第一位置接到 PLC 的备用 I/O 口 I3.0 上，这时拨动工作状态设定开关，I3.0 的状态变化正常，说明 PLC 接口板上 I7.0 的输入接口损坏。

因为手头没有 PLC 接口板的备件，为了使机床能正常运行，将工作状态设定开关的第一位置连接到 PLC 的备用接口 I3.0 上，如图 5-33 所示，然后修改机床的 PLC 程序，将程序中所有的 I7.0 更改成 I3.0，这时机床恢复正常使用。

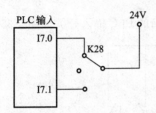

图 5-32　设定开关连接图

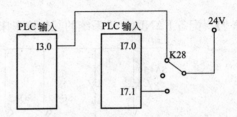

图 5-33　使用 PLC 备用输入点的设定开关连接图

【例 8】　某卧式加工中心出现回转工作台不旋转的故障。

故障分析与处理：用机外编程器调出有关回转工作台的梯形图，如图 5-34 所示。根据回转工作台的工作原理，旋转时首先将工作台气动浮起，然后才能旋转，气动电磁阀 YV12 受 PLC 输出 Q1.2 的控制。因加工工艺要求，只有当两个工位的分度头都在起始位置，回转工作台才能满足旋转的条件，I9.7、I10.6 检测信号反映两个工位的分度头是否在起始位置，正常情况下，两者应该同步，F122.3 是分度头到位标志位。

从 PLC 的 PB20.10 中观察，由于 F97.0 未闭合，导致 Q1.2 无输出，电磁阀 YV12 不得电。继续观察 PB20.9，发现 F120.6 未闭合导致 F97.0 低电平。向下检查 PB20.7，

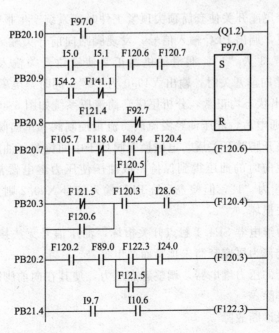

图 5-34　回转工作台 PLC 梯形图

F120.4未闭合引起F120.6未闭合。继续跟踪：PB20.3，F120.3未闭合引起F120.4未闭合。向下检查FB20.2，由于F122.3没满足，导致F120.3未闭合。观察PB21.4，发现I9.7、I10.6状态总是相反，故F122.3总是"0"。

故障诊断结论是，两个工位分度头不同步。处理方法：

① 检查两个工位分度头的机械装置是否错位；

② 检查检测开关I9.7、I10.6是否发生偏移。

（5）根据控制对象的工作原理诊断故障　数控机床的PLC程序是按照控制对象的工作原理来设计的，通过对控制对象工作原理的分析，结合PLC的I/O状态是故障诊断很有效的方法。

【例9】　配备FANUC 0T系统的某数控车床，其尾座套筒的PLC输入开关如图5-35所示。

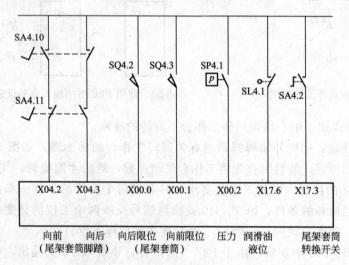

图5-35　尾座套筒的PLC输入开关

故障现象：当脚踏尾座开关使套筒顶尖顶紧工件时，系统产生报警。

在系统诊断状态下，调出PLC输入信号，发现脚踏向前开关输入X04.2为"1"，尾座套筒转换开关输入X17.3为"1"，润滑油供给正常使液位开关输入X17.6为"1"。调出PLC输出信号，当脚踏向前开关时，输出Y49.0为"1"。同时，电磁阀YV4.1也得电，这说明系统PLC输入偷出状态均正常，分析尾座套筒液压系统如图5-36所示。

当电磁阀YV4.1通电后，液压油经溢流阀、流量控制阀和单向阀进入尾座套筒液压缸，使其向前顶紧工件。松开脚踏开关后，电磁换向阀处于中间位置，油路停止供油，由于单向阀的作用，尾座套筒向前时的油压得到保持，该油压使压力继电器常开触点接通，在系统PLC输入信号中X00.2为"1"，但检查系统PLC输入信号X00.2则为"0"，说明压力继电器有问题，其触点开关损坏。

故障原因：因压力继电器SP4.1触点开关损坏，油压信号无法接通，从而造成PLC输入信号为"0"，故系统认为尾座套筒未顶紧而产生报警。

故障处理：更换新的压力继电器，调整触点压力，使其在向前脚踏开关动作后接通并保持到压力取消，故障排除。

（6）根据维修记录诊断故障

【例10】　某维修后的SIEMENS 8M系统数控机床，出现停机故障。

故障现象：PLC 模板上红灯点亮，表明 PLC 停止工作。

故障分析与处理：根据以前维修过的历史查看维修记录，上次维修曾换过 PLC 上的子模板。据此怀疑可能为安装与接线故障。再根据被更换的子模板型号查找技术手册上该子模板的安装地址与方法，发现该板特殊的跨接要求：跨接是采用"∩"形跳码插入规定的插座位置。

现场检查该子模板的安装地址，发现：跳码插入了错误位置的插座内。由此判断跨接地址错误，应该是报警停机故障的成因。

故障处理：更正跨接地址，故障排除。

（7）综合考虑诊断故障

【例 11】　一台淬火机床出现 7032 报警"Motor protect switch retur pump"（抽水泵电动机保护开关）。

故障现象：这台机床在淬火过程中出现。7032 报警，自动循环中止。

故障分析与处理：因为这个报警指示抽水泵电动机保护开关有问题，对电气控制部分进行检查，发现断路器 QF17

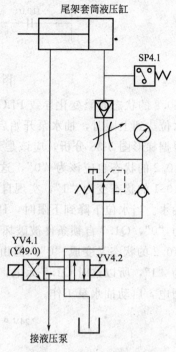

图 5-36　尾座套筒液压系统

跳开。抽水泵的电气控制原理图如图 5-37 所示，QF17 是抽水泵的自动保护开关，它自动跳开说明抽水泵电动机可能有问题，但检查电动机并没有发现问题。将断路器复位后，机床报警消除，机床又恢复了工作，但过了不久这个开关又跳开了，在 QF17 没有跳开时发现接触器 K17 频繁通电断开，据此分析抽水泵也要频繁启动，长时间的频繁启动导致保护装置过热，断路器 QF17 为了保护电动机而断开，从而产生了 7032 报警。为了分析频繁动作的原因，首先检查 K17 是如何控制的。如图 5-37 所示，K17 是 PLC 的输出 Q1.7 控制的，利用系统 PLC STATUS 功能在线检查 Q1.7 的状态，发现 Q1.7 也是频繁地"0"、"1"转换。为此查阅 PLC 梯形图，有关 Q1.7 的梯形图在程序块 PB5 的 16 段中，具体如图 5-38 所示。

根据梯形图在线检查 PLC 的输入状态（图 5-39 是 PLC 输入连接图），发现是因为

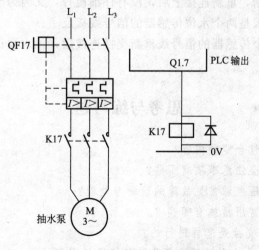

图 5-37　抽水泵电气原理图

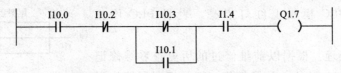

图 5-38　PLC 输出 Q1.7 的控制梯形图

I10.2 的状态频繁变化导致 PLC 输出 Q1.7 的频繁变化。分析机床的工作原理，当水箱中的水位达到上限时，抽水泵开始启动抽水，当水位下降到下限水位时，抽水泵停止工作。所以根据梯形图 5-38 分析，应该是到达水位上限时 I10.3 的状态变为"0"，而此时下限已超出，I10.2 的状态也应该为"0"，这时 Q1.7 有电，控制接触器 K17 有电，常开触点闭合，使I10.1 的状态变为"1"，实现自锁，虽然上限开关马上闭合，但由于自锁功能，抽水泵继续抽水。当水位下降到下限时，I10.2 的状态变为"1"，Q1.7 断电，这时 I10.1 的状态随之变为"0"，Q1.7 自锁条件被破坏，使 Q1.7 维持为"0"，水泵停止工作。当水位高于下限时，I10.2 的状态又变成"0"，但由于 I10.1 的状态为"0"，水位上限还没达到，I10.3 的状态为"1"，所以这时 Q1.7 无电，只有水位达到上限，I10.3 再次变为"0"时，Q1.7 才能再通电，启动抽水泵工作。

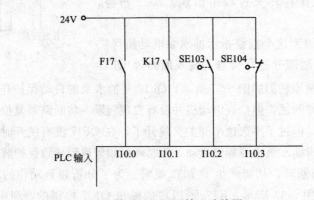

图 5-39　PLC 输入连接图

利用系统 DIAGNOSIS 功能，实时观察梯形图的状态，I10.3 的状态一直为"0"，I10.2的状态交变，好似 I10.2 变成水位上限，I10.3 变成水位下限。回想几个月前，因为老鼠把这两个传感器的电缆咬断，重新连接上后，没有仔细检查，又因为当初没有报警，一直工作至今，所以确定故障原因是两个水位传感器的信号线接反了。

故障处理：将这两个传感器的信号线重新交换连接后，抽水泵正常工作，机床也不再产生 7032 报警了。

思考与练习题

1. 交流电源的检查包含哪些内容？
2. 电源检查中的安全注意事项有哪些？
3. 怎样进行直流稳压电源常见故障的诊断与处理？
4. 数控机床抗干扰常用措施有哪些？
5. PLC 与外部信息交换是怎样进行的？
6. PLC 的常用输入、输出元件有哪些？怎样进行它们的维护？

第6章 数控机床机械结构的故障诊断及维护

机械故障主要表现在机床中各机械执行部件的运动故障，即功能故障，还有切削加工过程中表现出来的振动噪声、刀具磨损、工件质量问题等故障现象，本章主要讨论机床各主要执行机构，如主轴、刀架、工作台、自动换刀装置、工作台自动交换装置、液压、气压系统和其他辅助装置在完成功能的运动过程中发生故障监测与诊断，主要从各部件运动、传动的原理出发来剖析其可能发生的故障及发生故障的原因。

6.1 数控机床机械结构的基本组成及特点

6.1.1 数控机床机械结构的基本组成

典型数控机床的机械结构主要由基础件、主传动系统、进给传动系统、回转工作台、自动换刀装置（包括刀库）及其他机械功能部件等几部分组成。

数控机床的基础件通常是指床身、立柱、横梁、工作台、底座等结构件，由于其尺寸较大，俗称大件，构成了机床的基本框架。其他部件附着在基础件上，有的部件还需要沿着基础件运动。由于基础件起着支承和导向的作用，因而对基础件的基本要求是刚性好。此外，由于基础件通常固有频率较低，在设计时，还希望它的固有频率能高一些，阻尼能大一些。

和传统机床一样，数控机床的主传动系统将动力传递给主轴，保证系统具有切削所需要的转矩和速度。但由于数控机床具有比传统机床更高的切削性能要求，因而要求数控机床的主轴部件具有更高的回转精度，更好的结构刚度和抗振性能。由于数控机床的主传动常采用大功率的调速电机，因而主传动链比传统机床短，不需要复杂的机械变速机构。由于自动换刀的需要，具有自动换刀功能的数控机床主轴在内孔中需有刀具自动松开和夹紧装置。

数控机床的进给驱动机械结构直接接受 CNC 发出的控制指令，实现直线或旋转运动的进给和定位，对机床的运行精度和质量影响最明显。因此，对数控机床传动系统的主要要求是高精度、稳定性和快速响应的能力，既要它能尽快地根据控制指令要求，稳定地达到需要的加工速度和位置精度，并尽量小地出现振荡和超调现象。

根据工作要求回转工作台分成两种类型，即数控转台和分度转台。数控转台在加工过程中参与切削，是由数控系统控制的一个进给运动坐标轴，因而对它的要求和进给传动系统的要求是一样的。分度转台只完成分度运动，主要要求分度精度指标和在切削力作用下保持位置不变的能力。

为了在一次安装后能尽可能多地完成同一工件不同部位的加工要求，并尽可能减少数控机床的非故障停机时间，数控加工中心类机床常具有自动换刀装置和自动托盘交换装置。对自动换刀装置的基本要求主要是结构简单，工作可靠。

其他机械功能部件主要指润滑、冷却、排屑和监控机构。由于数控机床是生产效率极高并可以长时间实现自动化加工的机床，因而润滑、冷却、排屑问题比传统机床更为突出。大切削量的加工需要强力冷却和及时排屑，冷却的不足或排屑不畅会严重影响刀具的寿命，甚至使得加工无法继续进行。大量冷却和润滑液的作用还对系统的密封和防漏提出了更高要求，因此现代主流的数控机床多采用半封闭、全封闭外形结构。

6.1.2 数控机床机械结构的主要特点

数控机床是按数控系统给出的指令自动地进行加工的，与普通机床在加工过程中需要人手动进行操作、调整的情况大不相同，这就要求数控机床的机械结构要适应自动化控制的需要。数控机床不仅要求有很高的加工精度、加工效率以及稳定的加工质量，而且还要求加工能够工序集中，一机多用，这就要求数控机床的机械结构不仅要有较好的刚度和抗振性，还要尽量减少热变形和运动部件产生温差引起的热负载。数控机床要充分满足工艺复合化和功能集成化的要求。所谓"工艺复合化"，就是一次装夹，多工序加工；而"功能集成化"则是指工件的自动定位，机内对刀、刀具破损监控，机床与工件精度检测和补偿等功能。

数控机床为达到高精度、高效率、高自动化程度，其机械结构应具有以下特点。

1. 高刚度

因为数控机床要在高速和重载下工作，所以机床的床身、主轴、立柱、工作台和刀架等主要部件，均需具有很高的刚度，工作中应无变形或振动。例如，床身应合理布置加强肋，能承受重载与重切削力；工作台与滑板应具有足够的刚度，能承受工件重量并使工作平稳；主轴在高速下运转，应能承受大的径向扭矩和轴向推力；立柱在床身上移动，应平稳且能承受大的切削力；刀架在切削加工中应十分平稳且无振动。

2. 高灵敏性

数控机床工作时，要求精度比通用机床高，因而运动部件应具有高灵敏度。导轨部件通常用贴塑导轨、静压导轨和滚动导轨等，以减少摩擦力，在低速运动时无爬行现象。工作台的移动，由直流或交流伺服电动机驱动，经滚珠丝杠或静压丝杠传动。主轴既要在高刚度和高速下回转，又要有高灵敏度，因而多采用滚动轴承或静压轴承。

3. 高抗振性

数控机床的运动部件，除了应具有高刚度、高灵敏度外，还应具有高抗振性，在高速重载下应无振动，以保证加工工件的高精度和高表面质量。

4. 热变形小

机床的主轴、工作台、刀架等运动部件，在运动中易产生热量，为保证部件的运动精度，要求各运动部件的发热量少，以防止产生热变形。因此，立柱一般采用双壁框式结构，在提高刚度的同时，使零件结构对称，防止因热变形而产生倾斜偏移。为使主轴在高速运动中产生的热量少，通常采用恒温冷却装置。为减少电动机运转发热的影响，在电动机上安装有散热装置或热管消热装置。

5. 高精度保持性

为了保证数控机床长期具有稳定的加工精度，要求数控机床具有高的精度保持性。除了各有关零件应正确选材外，还要求采取一些工艺措施，如淬火和磨削导轨、粘贴耐磨塑料导轨等，以提高运动部件的耐磨性。

6. 高可靠性

数控机床在自动或半自动条件下工作，尤其是在柔性制造系统中的数控机床，在24h运转中无人看管，因此要求机床具有高的可靠性。除一些运动部件和电气、液压系统应保证不出故障外，特别是动作频繁的刀库、换刀机构、工作台交换装置等部件，必须保证长期可靠地工作。

7. 高性能刀具

数控机床要能充分发挥效能,实现高精度、高效率、高自动化,除了机床本身应满足上述要求外,刀具也必须先进,应有高耐用度。

现代数控机床的发展趋势是高精度、高效率、高自动化程度以及智能化、网络化,因此,数控机床的主要部件,如主轴、工作台、导轨、刀库、机械手、传动系统等,都应符合上述要求。

6.2 机械故障类型及其诊断方法

6.2.1 机械故障的类型

机械部件故障有如下多种分类方法。

1. 按照故障发生的原因分

(1) 磨损性故障 由正常磨损引发的故障。

(2) 错用性故障 由使用不当引发的故障。

(3) 先天性故障 由于设计或制造不当而造成机械系统中存在某种薄弱环节而引发的故障。

2. 按照故障的性质分

(1) 间歇性故障 只是短期内丧失某些功能,稍加修理调试就能恢复,不需要更换零件。

(2) 永久性故障 某些零件已损坏,需要更换或修理才能恢复。

3. 按照故障发生后的影响程度分

(1) 部分性故障 部分功能丧失的故障。

(2) 完全性故障 功能完全丧失的故障。

4. 按照故障造成的后果分

(1) 危害性故障 会对人身、生产和环境造成危险或危害的故障。

(2) 安全性故障 不会对人身、生产和环境造成危害的故障。

5. 按照故障发生的快慢分

(1) 突发性故障 不能靠早期测试检测出来的故障。

(2) 渐发性故障 故障发展有一个过程,可以对其进行预测和监视。

6. 按照故障发生的频次分

(1) 偶发性故障 发生频率很低的故障。

(2) 多发性故障 经常发生的故障。

7. 按照故障发生、发展的规律分

(1) 随机性故障 故障发生的时间是随机的。

(2) 有规则故障 故障发生比较有规则。

6.2.2 机械故障诊断的方法

机床在运行过程中,机械零部件受到力、热、摩擦以及磨损等多种因素的作用,运行状态不断变化,一旦发生故障,往往会导致不良后果。因此,必须在机床运行过程中,对机床的运行状态及时作出判断并采取相应的措施。运行状态异常时,必须停机检修或停止使用,这样就大大提高了机床运行的可靠性,进一步提高了机床的利用率。数控机床机械故障诊断包括对机床运行状态的识别、预测和监视三个方面的内容。通过对数控机床机械装置的某些特征参数，如振动、噪声和温度等进行测定，将测定值与规定的正常值进行比较，以判断机械装置的工作状态是否正常，若对机械装置进行定期或连续监测，便可获得机械装置状态变化的趋势性规律，从而对机械装置的运行状态进行预测和预报。在诊断技术上，既有传统的"实用诊断方法"，又有利用先进测试手段的"现代诊断方法"。表 6-1 所示为数控机床机械故障诊断的方法。

表 6-1   数控机床机械故障诊断的方法

类　型	诊断方法	原理及特征	应　用
实用诊断方法	听、摸、看、问、嗅	借用简单工具、仪器，如百分表、水准仪、光学仪等检测；通过人的感官，直接观察形貌、声音、温度、颜色和气味的变化，根据经验来诊断	需要有丰富的实践经验，目前被广泛用于现场诊断
现代诊断方法	振动监测	通过安装在机床某些特征点上的传感器，利用振动计巡回检测，测量机床上特定测量处的总振级大小，如位移、速度、加速度和幅频特征等，对故障进行预测和监测	振动和噪声是应用最多的诊断信息。首先要进行强度测定，确认有异常时，再做定量分析
	噪声谱分析	用噪声测量计、声波计对机床齿轮、轴承在运行中的噪声信号频谱的变化规律进行深入分析，识别和判断齿轮、轴承磨损失效故障状态，但要减少环境噪声干扰	
	温度监测	利用各种测温热电偶探头，测量轴承、轴瓦、电动机和齿轮箱等装置的表面温度，具有快速、正确、方便的特点。接触型：采用温度计、热电偶、测量贴片、热敏涂料直接接触轴承、电动机、齿轮箱等装置的表面进行测量	用于机床运行中发热异常的检测
	裂纹监测	通过磁性探伤法、超声波法、电阻法、声发射法等观察零件内部机体的裂纹缺陷	疲劳裂缝可导致重大事故，测量不同性质材料的裂纹应采用不同的方法
	非破坏性检测	使用探伤仪观察内部机体的缺陷，如裂纹等	用于机体内部的缺陷的检测

其中被称为实用诊断技术的方法也称机械检测法，它是由维修人员使用一般的检查工具或凭感觉器官对机床进行问、看、听、摸、嗅等诊断。它能快速测定故障部位，监测劣化趋势，以选择有疑难问题的故障进行精密诊断。

现代诊断技术是根据实用诊断技术选择出的疑难故障，由专职人员利用先进测试手段进行精确的定量检测与分析，根据故障位置、原因和数据，确定应采取的最合适的修理方法和时间的诊断法。

一般情况都采用实用诊断技术来诊断机床的现时状态，只有对那些在实用诊断中提出疑难问题的机床才进行下一步的诊断，综合应用两种诊断技术才能取得满意的诊断效果。

6.3 主传动系统与主轴部件的故障诊断及维护

6.3.1 主传动系统

机床主传动系统主要包括主轴部件、主轴箱、主轴调速电动机。

数控机床主传动系统的任务是将主轴电动机的原动力通过该传动系统变成可供切削加工用的切削力矩和切削速度。为了适应各种不同材料的加工及各种不同的加工方法，要求数控机床的主传动系统要有较宽的转速范围及相应的输出转矩。此外，由于主轴部件将直接装夹刀具对工件进行切削，因而对加工质量（包括加工精度、加工粗糙度等）及刀具寿命有很大的影响，所以对主传动系统的要求是很高的。为了能高效率地加工出高精度、高质量的工件，必须要有一个具有良好性能的主传动系统和一个具有高精度、高刚度、振动小、热变形及噪声均能满足需要的主轴部件。

1. 主传动系统结构特点

现代数控机床的主传动系统广泛采用交流伺服电动机，通过带传动和主轴箱的变速齿轮带动主轴旋转。由于这种电动机调速范围广，又可无级调速，使得主轴箱的结构大为简化。主轴电动机在额定转速时输出全部功率和最大转矩，随着转速的变化，功率和转矩将发生变化。在调压范围内（从额定转速调到最低转速）为恒转矩调速，功率随转速成正比例下降。在调速范围内（从额定转速调到最高转速）为恒功率调速，转矩随转速升高成正比例减小。这种变化规律是符合正常加工要求的，即低速切削所需转矩大，高速切削消耗功率大。同时也可以看出电动机的有效转速范围并不一定能完全满足主轴的工作需要，所以主轴箱一般仍需要设置 2～4 挡机械变速，一般采用液压缸推动滑移齿轮来实现，这种方法结构简单，性能可靠，一次变速只需 1s。有些小型的或者调速范围不需太大的数控铣床，也常采用由电动机直接带动主轴或用同步齿形带传动使主轴旋转。

为了满足主传动系统的高精度、高刚度和低噪声的要求，主轴箱的传动齿轮一般都用花键传动，采用内径定心。侧面定心的花键对降低噪声更为有利，因为这种定心方式传动间隙小，接触面大，但加工需要专门的刀具和花键磨床。带传动容易产生振动，在传动带长度不一致的情况下更为严重。因此，在选择传动带时，应尽可能缩短带的长度。如因结构限制，带长度无法缩短时，可增设压紧轮，将带压紧，以减少振动。

2. 主传动系统的分类

为了适应不同的加工要求，目前主传动系统大致可以分为四类。

（1）采用变速齿轮　滑移齿轮的换挡常采用液压拨叉或直接由液压缸驱动，还可通过电磁离合器直接实现换挡。这种配置方式在大、中型数控机床中采用较多。

（2）电动机与主轴直连　这种形式的特点是结构紧凑，但主轴转速的变化及转矩的输出和电动机的输出特性一致，因而使用受到一定的限制。

（3）采用带传动　这种形式可避免齿轮传动引起的振动和噪声，但只能用在低扭矩的情况下。这种配置在小型数控机床中经常使用。

（4）电主轴　电主轴通常作为现代机电一体化的功能部件被用在高速数控机床上，其主轴部件结构紧凑，重量轻，惯量小，可提高启动、停止的响应特性，有利于控制振动和噪声，缺点是制造和维护困难，且成本较高。

6.3.2　主轴部件的维护

数控机床主轴部件是影响机床加工精度的主要部件，要求主轴部件具有与本机床工作性能相适应的高回转精度、刚度、抗振性、耐磨性和低温升，其结构必须很好能解决刀具和工具的装夹、轴承的配置、轴承间隙调整和润滑密封等问题。

数控机床的主轴部件主要有以下几个部分：主轴本体及密封装置、支承主轴的轴承、配置在主轴内部的刀具卡进及吹屑装置、主轴的准停装置等。

根据数控机床的规格、精度，主轴结构采用不同的轴承。一般中小规格的数控机床的主轴部件多采用成组的高精度滚动轴承；重型数控机床采用液体静压轴承；高精度数控机床采用气体静压轴承；转速达 20000r/min 以上的主轴采用磁力轴承或氮化硅材料的陶瓷滚珠轴承。

1. 主轴润滑

为了保证主轴良好的润滑，减少摩擦发热，同时又能把主轴组件的热量带走，通常采用循环式润滑系统，用液压泵供油强力润滑，在油箱中使用油温控制器控制油液温度。现在许多数控机床的主轴采用高级锂基润滑脂封闭方式润滑，每加一次油脂可以使用7～10年，简化了结构，降低了成本且维护保养简单，但是需要防止润滑油和油脂混合，通常采用迷宫式密封方式。为了适应主轴转速向高速化发展的需要，新的润滑冷却方式相继开发出来。这些新的润滑冷却方式不仅要减少轴承温升，还要减少轴承内外圈的温差，以保证主轴热变形小，其方式如下。

（1）油气润滑方式　这种润滑方式近似于油雾润滑方式，所不同的是，油气润滑是定时定量地把油雾送进轴承空隙中，这样既实现了油雾润滑，又不至于油雾太多而污染周围空气；后者则是连续供给油雾。

（2）喷注润滑方式　它用较大流量的恒温油（每个轴承3～4 L/min）喷注到主轴轴承以达到润滑冷却的目的。需要特别指出的是，较大流量的油不是自然回流，而是用排油泵强制排油，同时，采用专用高精度大容量恒温油箱，油温变动控制在±0.5℃。

2. 防泄漏

在密封件中，被密封的介质往往是以穿漏、渗透或扩散的形式越界泄漏到密封连接处的彼侧。造成泄漏的基本原因是流体从密封面上的间隙中溢出，或是由于密封部件内外两侧密封介质的压力差或浓度差，致使流体向压力或浓度低的一侧流动。图6-1为卧式加工中心主轴前支承的密封结构。

卧式加工中心主轴前支承处采用双层小间隙密封装置。主轴前端车出两组锯齿形护油槽，在法兰盘4和5上开沟槽及泄漏孔，当喷入轴承2内的油液流出后被法兰盘4内壁挡住，并经其下部的泄油孔9和套筒3上的回油斜孔8流回油箱，少量油液沿主轴6流出时，主轴护油槽在离心力的作用下被甩至法兰盘4的沟槽内，经回油斜孔8重新流回油箱，达到了防止润滑介质泄漏的目的。

当外部切削液、切屑及灰尘等沿主轴6与法兰盘5之间的间隙进入时，经法兰盘5的沟槽由泄漏孔7排出，少量的切削液、切屑及灰尘进入主轴前锯齿沟槽，在主轴6高速旋转的离心力作用下仍被甩至法兰盘5的沟槽内由泄漏孔7排出，达到了主轴端部密封的目的。

要使间隙密封结构能在一定的压力和温度范围内具有良好的密封防漏性能，必须保证法兰盘4和5与主轴及轴承端面的配合间隙。

（1）法兰盘4与主轴6的配合间隙应控制在0.1～0.2mm（单边）范围内。如果间隙偏大，则泄漏量将按间隙的3次方扩大；若间隙过小，由于加工及安装误差，容易与主轴局部接触使主轴局部升温并产生噪声。

（2）法兰盘4内端面与轴承端面的间隙应控制在0.15～0.3mm之间。小间隙可使压力油直接被挡住并沿法兰盘4内端面下部的泄油孔9经回油斜孔8流回油箱。

（3）法兰盘5与主轴的配合间隙应控制在0.15～0.25mm（单边）范围内。间隙太大，进入主轴6内的切削液及杂物会显著增多，间隙太小，则易与主轴接触。法兰盘5沟槽深度应大于10mm（单边），泄漏孔7应大于φ6mm，并位于主轴下端靠近沟槽内

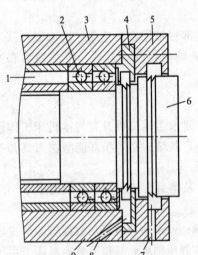

图6-1　主轴前支承的密封结构

1—进油孔；2—轴承；3—套筒；
4，5—法兰盘；6—主轴；7—泄
漏孔；8—回油斜孔；9—泄油孔

壁处。

（4）法兰盘 4 的沟槽深度大于 12mm（单边），主轴上的锯齿尖而深，一般在 5～8mm 范围内，以确保具有足够的甩油空间。法兰盘 4 处的主轴锯齿向后倾斜，法兰盘 5 处的主轴锯齿向前倾斜。

（5）法兰盘 4 上的沟槽与主轴 6 上的护油槽对齐，以保证被主轴甩至法兰盘沟槽内腔的油液能可靠地流回油箱。

（6）套筒前端的回油斜孔 8 及法兰盘 4 的泄油孔 9 流量为进油孔 1 的 2～3 倍，以保证压力油能顺利地流回油箱。

这种主轴前端密封结构也适合于普通卧式车床的主轴前端密封。在油脂润滑状态下使用该密封结构时，取消了法兰盘泄油孔及回油斜孔，并且有关配合间隙适当放大，经正确加工及装配后同样可达到较为理想的密封效果。

3. 刀具夹紧

在自动换刀机床的刀具自动夹紧装置中，刀具自动夹紧装置的刀杆常采用 7∶24 的大锥度锥柄，既利于定心，也为松刀带来方便。用碟形弹簧通过拉杆及夹头拉住刀柄的尾部，使刀具锥柄和主轴锥孔紧密配合，夹紧力达 10000N 以上。松刀时，通过液压缸活塞推动拉杆来压缩碟形弹簧，使夹头胀开，夹头与刀柄上的拉钉脱离，刀具即可拔出进行新、旧刀具的交换，新刀装入后，液压缸活塞后移，新刀具又被碟形弹簧拉紧。在活塞推动拉杆松开刀柄的过程中，压缩空气由喷气头经过活塞中心孔和拉杆中的孔吹出，将锥孔清理干净，防止主轴锥孔中掉入切屑和灰尘，把主轴锥孔表面和刀杆的锥柄划伤，同时保证刀具的正确位置。

4. 主传动链的维护

（1）熟悉数控机床主传动链的结构、性能参数，严禁超性能使用。

（2）主传动链出现不正常现象时，应立即停机排除故障。

（3）操作者应注意观察主轴箱温度，检查主轴润滑恒温油箱，调节温度范围，使油量充足。

（4）使用带传动的主轴系统，需定期观察调整主轴驱动皮带的松紧程度，防止因皮带打滑造成的丢转现象。

（5）由液压系统平衡主轴箱重量的平衡系统，需定期观察液压系统的压力表，当油压低于要求值时，要进行补油。

（6）使用液压拨叉变速的主传动系统，必须在主轴停车后变速。

（7）使用啮合式电磁离合器变速的主传动系统，离合器必须在低于 1～2r/min 的转速下变速。

（8）注意保持主轴与刀柄连接部位及刀柄的清洁，防止对主轴的机械碰击。

（9）每年对主轴润滑恒温油箱中的润滑油更换一次，并清洗过滤器。

（10）每年清理润滑油池底一次，并更换液压泵滤油器。

（11）每天检查主轴润滑恒温油箱，使其油量充足，工作正常。

（12）防止各种杂质进入润滑油箱，保持油液清洁。

（13）经常检查轴端及各处密封，防止润滑油液的泄漏。

（14）刀具夹紧装置长时间使用后，会使活塞杆和拉杆间的间隙加大，造成拉杆位移量减少，使碟形弹簧张闭伸缩量不够，影响刀具的夹紧，故需及时调整液压缸活塞的位移量。

（15）经常检查压缩空气气压，并调整到标准要求值。足够的气压才能使主轴锥孔中的切屑和灰尘清理彻底。

6.3.3 主轴部件的常见故障及其排除方法

表 6-2 为主轴部件的常见故障及其排除方法。

表 6-2　主轴部件的常见故障及其排除方法

故障现象	故障原因	排除方法
加工精度达不到要求	机床在运输过程中受到冲击	检查对机床精度有影响的各部位，特别是导轨副，并按出厂精度要求重新调整或修复
	安装不牢固、安装精度低或有变化	重新安装调平、紧固
切削振动大	主轴箱和床身连接螺钉松动	恢复精度后紧固连接螺钉
	轴承预紧力不够，游隙过大	重新调整轴承游隙。但预紧力不宜过大，以免损坏轴承
	轴承预紧螺母松动，使主轴窜动	紧固螺母，确保主轴精度合格
	轴承拉毛或损坏	更换轴承
	主轴与箱体超差	修理主轴或箱体，使其配合精度、位置精度到要求
	其他因素	检查刀具或切削工艺问题
	如果是车床，则可能是转塔刀架运动部位松动或压力不够而未卡紧	调整修理
主轴箱噪声大	主轴部件动平衡不好	重做动平衡
	齿轮啮合间隙不均匀或严重损伤	调整间隙或更换齿轮
	轴承损坏或传动轴弯曲	修复或更换轴承，校直传动轴
	传动带长度不一或过松	调整或更换传动带，不能新旧混用
	齿轮精度差	更换齿轮
	润滑不良	调整润滑油量，保持主轴箱的清洁度
齿轮和轴承损坏	变挡压力过大，齿轮受到冲击而破损	按液压原理图，调整到适当的压力和流量
	变挡机构损坏或固定销脱落	修复或更换零件
	轴承预紧力过大或无润滑	重新调整预紧力，并使之润滑充足
主轴无变速	变挡信号是否输出	维修人员检查处理
	压力是否足够	检测并调整工作压力
	变挡液压缸研损或卡死	修去毛刺和研伤，清洗后重装
	变挡电磁阀卡死	检修并清洗电磁阀
	变挡液压缸拨叉脱落	修复或更换
	变挡液压缸窜油或内泄	更换密封圈
	变挡复合开关失灵	更换开关
主轴不转动	主轴转动指令是否输出	维修人员检查处理
	保护开关没有压合或失灵	检修压合保护开关或更换
	卡盘未夹紧工件	调整或修理卡盘
	变挡复合开关损坏	更换复合开关
	变挡电磁阀体内泄漏	更换电磁阀
主轴发热	主轴轴承预紧力过大	调整预紧力
	轴承研伤或损坏	更换轴承
	润滑油脏或有杂质	清洗主轴箱，更换新油
刀具不能夹紧	碟形弹簧位移量较小	调整碟形弹簧行程长度
	检查松夹刀弹簧上的螺母是否松动	顺时针旋转松夹刀弹簧上的螺母使其最大作用载荷达到要求
刀具夹紧后不能松开	松夹刀弹簧压合过紧	逆时针旋转松夹刀弹簧上的螺母使其最大工作载荷达到要求
	液压缸压力和行程不够	调整液压力和活塞行程开关位置
液压变速时齿轮推不到位	主轴箱内拨叉磨损	选用球墨铸铁作拨叉材料
		在每个垂直滑移齿轮下方安装弹簧作为辅助平衡装置，减轻对拨叉的压力
		活塞的行程与滑移齿轮的定位相协调。若拨叉磨损，予以更换

6.3.4　数控机床主轴维修实例

【例 1】　一 CK6140 车床运行在 1200r/min 时，主轴噪声变大。

故障分析与处理：CK6140 车床采用的是齿轮变速传动。一般来讲主轴产生噪声的噪声源主要有：齿轮在啮合时的冲击和摩擦产生的噪声；主轴润滑油箱的油不到位产生的噪声；主轴轴承的不良引起的噪声。

将主轴箱上盖的固定螺钉松开，卸下上盖，发现油箱的油在正常水平。检查该挡位的齿轮及变速用的拨叉，查看齿轮有没有毛刺及啮合硬点，结果正常；拨叉上的铜块没有摩擦痕迹，且移动灵活。在排除以上故障后，卸下皮带轮及卡盘，松开前后锁紧螺母，卸下主轴，检查主轴轴承，发现轴承的外环滚道表面上有一个细小的凹坑碰伤。更换轴承，重新安装好后，用声级计检测，主轴噪声降到 73.5 dB。

【例 2】　ZJK7532 铣钻床加工过程中出现漏油。

故障分析与处理：该铣钻床为手动换挡变速，通过主轴箱盖上方的注油孔加入冷却润滑油。在加工时只要速度达到 400r/min，油就会顺着主轴流下来。观察油箱油标，油标显示，油在上限位置。拆开主轴箱上盖，发现冷却油已注满了主轴箱（还未超过主轴轴承端），游标也被油浸没。可以肯定是油加得过多，在达到一定速度时油弥漫所致。放掉多余的油后主轴运转时漏油问题解决。外部观察油标正常，是因为加油过急导致游标的空气来不及排出，油将游标浸没，从而给加油者假象，导致加油过多，从而漏油。

【例 3】　CJK6032 车床主轴箱部位有油渗出。

故障分析与处理：将主轴外部防护罩拆下，发现油从主轴编码器处渗出。CJK6032 车床的编码器安装在主轴箱内，属于第三轴，该编码器的油密封采用 O 形密封圈的密封方式。拆下编码器，将编码器轴卸下，发现 O 形密封圈的橡胶已磨损，弹簧已露出来，属于安装 O 形密封圈不当所致。更换密封圈后问题解决。

【例 4】　CK6136 车床车削工件粗糙度不合格。

故障分析与处理：该机床在车削外圆时，车削纹路不清晰，精车后粗糙度达不到 $Ra1.6$。在排除工艺方面的因素（如刀具、转速、材质、进给量、吃刀量等）后，将主轴挡位挂到空挡，用手旋转主轴，感觉主轴较松。打开主轴防护罩，松开主轴止退螺钉，收紧主轴锁紧螺母。用手旋转主轴，感觉主轴合适后，锁紧主轴止退螺钉，重新精车，问题得到解决。

6.4　进给传动系统的故障诊断及维护

数控机床进给传动系统的任务是实现执行机构（刀架、工作台等）的运动。数控机床的机械结构较之传统机床已大大简化，大部分是由进给伺服电机经过联轴器与滚珠丝杠直接相连，只有少数早期生产的数控机床，伺服电机还要经过 1 至 2 级齿轮或带轮降速再传动丝杠，然后由滚珠丝杠副驱动刀架或工作台运动。进给传动系统的故障直接影响数控机床的正常运行和工件的加工质量，加强对进给传动系统的维护和修理也是一项非常重要的工作。

进给传动系统的故障大部分是由于运动质量下降造成的，例如机械执行部件不能到达规定的位置、运动中断、定位精度下降、反向间隙过大、机械出现爬行、轴承磨损严重、噪声过大、机械摩擦过大等。因此，经常是通过调整各运动副的预紧力、调整松动环节、调整补偿环节等来排除故障，以达到提高运动精度的目的。

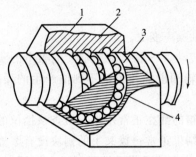

图 6-2　滚珠丝杠副的结构原理

1—螺母；2—滚珠；3—丝杠；4—滚珠回路管道

6.4.1　滚珠丝杠螺母副的结构

滚珠丝杠螺母副是把由进给电机带动的旋转运动，转化为刀架或工作台的直线运动。在丝杠和螺母上加工有弧形螺旋槽，当它们套装在一起时形成螺旋滚道，并在滚道内装上滚珠。当丝杠对螺母相对旋转时，则螺母产生了轴向位移，而滚珠则沿着滚道滚动。螺母的螺旋槽的两端用回珠器连接起来，使滚珠能够周而复始地循环运动，管道的两端还起着挡珠的作用，以防滚珠沿滚道掉出。滚珠丝杠螺母副必须有可靠的轴向消除间隙的机构，并易于调整安装，具体如图 6-2 所示。

1. 滚珠丝杆螺母副的维护

（1）轴向间隙的调整　为了保证反向传动精度和轴向刚度，必须消除轴向间隙。双螺母滚珠丝杆副消除间隙的方法是利用两个螺母的相对轴向位移，使两个滚珠螺母中的滚珠分别贴紧在螺旋滚道的两个相反的侧面上。用这种方法预紧消除轴向间隙时，应注意预紧力不宜过大，预紧力过大会使空载力矩增加，从而降低传动效率，缩短使用寿命。此外还要消除丝杠安装部分和驱动部分的间隙。常用的双螺母丝杠消除间隙的方法有：

① 垫片调隙式，如图 6-3 所示，这种方法结构简单，刚性好，但调整不便，滚道有磨损时不能随时消除间隙和进行预紧；

② 螺母调隙式，如图 6-4 所示，这种调整方法具有结构简单、工作可靠、调整方便的优点，但预紧量不很准确；

③ 齿差调隙式，如图 6-5 所示，这种调整方法的结构复杂，但调整准确可靠，精度较高。

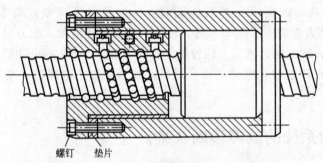

螺钉　垫片

图 6-3　垫片调隙式

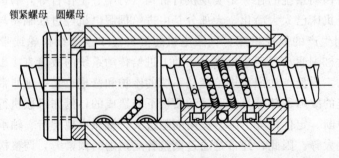

锁紧螺母　圆螺母

图 6-4　螺母调隙式

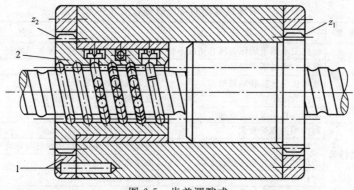

图 6-5　齿差调隙式

1—内齿轮；2—圆柱齿轮

（2）滚珠丝杠的防护　滚珠丝杠副和其他滚动摩擦的传动元件一样，应避免硬质灰尘或切屑污物进入，因此必须有防护装置。如滚珠丝杠副在机床上外露，应采用封闭的防护罩，如采用螺旋弹簧带套管、伸缩套管以及折叠式套管。安装时将防护罩的一端连接在滚珠螺母的端面，另一端固定在滚珠丝杠的支承座上。如果处于隐蔽的位置，则壳采用密封圈防护，密封圈装在螺母的两端。接触式的弹性密封圈是用耐油橡胶或尼龙制成，其内孔做出与丝杠螺纹滚道相配的形状，接触式密封圈的防尘效果好，但因有接触压力，使摩擦力矩略有增加。非接触式密封圈又称迷宫式密封圈，它用硬质塑料制成，其内孔与丝杠螺纹滚道的形状相反，并稍有间隙，这样可避免摩擦力矩，但防尘效果差。工作中应避免碰击防护装置，防护装置一旦损坏要及时更换。

（3）滚珠丝杠副的润滑　润滑剂可提高耐磨性及传动效率。润滑剂可分为润滑油和润滑脂两大类。润滑油一般为全损耗系统用油；润滑脂可采用锂基润滑脂。润滑脂一般加在螺纹滚道和安装螺母的壳体空间内，而润滑油则经过壳体上的油孔注入螺母的空间内。每半年对滚珠丝杠上的润滑脂更换一次，清洗丝杠上的旧油脂，涂上新的润滑脂。用润滑油润滑的滚珠丝杠副，可在每次机床工作前加油一次。

（4）支承轴承的定期检查　应定期检查丝杠支承与床身的连接是否有松动以及支承轴承是否损坏等。如有以上问题，要及时紧固松动部位并更换支承轴承。

2. 滚珠丝杠副的故障诊断

滚珠丝杠副的常见故障诊断及排除方法见表 6-3。

6.4.2　齿轮传动副

由于数控机床进给系统的传动齿轮副存在间隙，在开环系统中会造成进给运动的位移值滞后于指令值，反向时，会出现反向死区，影响加工精度。在闭环系统中，由于有反馈作用，滞后量虽可得到补偿，但反向时会使伺服系统产生振荡而不稳定。为了提高数控机床伺服系统的性能，在设计时必须采取相应的措施，使间隙减小到允许的范围内，通常采取下列方法消除间隙。

1. 刚性调整法

刚性调整法是调整后齿侧间隙不能自动补偿的调整法，因此齿轮的周节公差及齿厚要严格控制，否则影响传动的灵活性。这种调整方法结构比较简单，且有较好的传动刚度。其主要的方法有：偏心套调整法，如图 6-6 所示；轴向垫片调整法，如图 6-7 所示；斜齿轮垫片调整法，如图 6-8 所示。

表 6-3　滚珠丝杠副的常见故障诊断及排除方法

序　号	故障现象	故障原因	排　除　方　法
1	滚珠丝杠副噪声	丝杠支承轴承的压盖压合情况不好	调整轴承压盖,使其压紧轴承端面
		丝杠支承轴承可能破损	如轴承破损更换新轴承
		电动机与丝杠联轴器松动	拧紧联轴器锁紧螺钉
		丝杠润滑不良	改善润滑条件使润滑油充足
		滚珠丝杠副滚珠有破损	更换新滚珠
2	滚珠丝杆运动不灵活	轴向预加载荷太大	调整轴向间隙和预加载荷
		丝杠与导轨不平行	调整丝杠支座位置,使丝杠与导轨平行
		螺母轴线与导轨不平行	调整螺母座的位置
		丝杠弯曲变形	校正丝杠
		丝杠螺母内有脏物或铁屑	清洗螺母内部,清除脏物和铁屑
3	滚珠丝杠副润滑状况不良	检查各滚珠丝杠副润滑	用润滑脂润滑的丝杠需移动工作台取下罩套,涂上润滑脂
		检查滚珠丝杠的支承轴承润滑	定期添加新的润滑脂
4	滚珠丝杠副运行精度不良	丝杠间隙增大	修磨滚珠丝杠螺母调整垫片,重调间隙
		反向间隙变化	重新测量反向间隙,进行设置补偿
		丝杠上下窜动	拧紧轴向轴承的紧固螺母

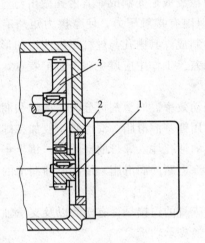

图 6-6　偏心套调整

1,3—齿轮;2—偏心轴套

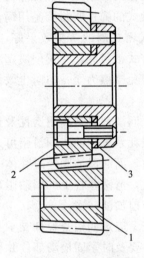

图 6-7　轴向垫片调整

1,2—齿轮;3—垫片

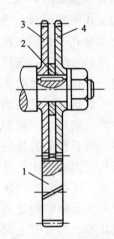

图 6-8　斜齿轮垫片调整

1,3,4—齿轮;2—垫片

　　垫片的厚度根据实际测量结果确定,一般要经过几次修磨垫片厚度,直至消除齿侧间隙使齿轮转动灵活为止。这种调整法结构简单,但调整费事,齿侧间隙不能自动补偿。同时,无论正、反向旋转时,分别只有一个薄齿轮承受载荷,故齿轮的承载能力较小。

　　2. 柔性调整法

　　柔性调整法是调整之后齿侧间隙仍可自动补偿的调整法。这种方法一般都采用调整压力弹簧的压力来消除齿侧间隙,并在齿轮的齿厚和周节有变化的情况下,也能保持无间隙啮合,但这种结构较复杂,轴向尺寸大、传动刚度低,同时,传动平稳性也差。其主要的方法有:轴向压簧调整法,如图 6-9 所示,周向弹簧调整法,如图 6-10 所示。

6.4.3　同步齿形带传动副

　　数控机床进给系统最常用的同步齿形带结构其工作面有梯形齿和圆弧齿两种,其中梯形齿同步带最为常用。

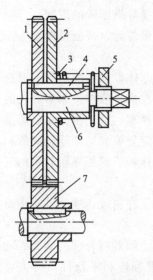

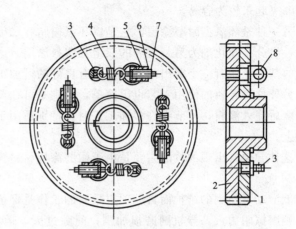

图 6-9　轴向弹簧调整结构

1,2—薄片齿轮；3—弹簧；4—键；

5—螺母；6—轴；7—宽斜齿轮

图 6-10　周向弹簧调整结构

1,2—斜齿轮；3,8—凸耳；4—弹簧；

5,6—调整螺母；7—调节螺钉

同步齿形带传动综合了带传动和链传动的优点，运动平稳，吸振好，噪声小。缺点是对中心距要求高，带和带轮制造工艺复杂，安装要求高。

同步齿形带的带型从最轻型到超重型共分七种。选择同步齿形带时，首先根据要求传递的功率和小带轮的转速选择同步齿形带的带型和节距，然后根据要求传递的速率比确定小带轮和大带轮的直径。通常在带速和安装尺寸条件允许时，小带轮直径尽量取大一些。再根据初选轴间距计算的带长，选取标准同步带。最后确定带宽和带轮的结构和尺寸。

同步齿形带传动的主要失效形式是皮带的疲劳断裂、带齿剪切，以及同步皮带两侧和带齿的磨损，因而同步皮带传动校核主要是限制单位齿宽的拉力，必要时还要校核工作齿面的压力。

6.5　导轨副的故障诊断及维护

机床导轨是机床基本结构要素之一。从机械结构的角度来说，机床的加工精度和使用寿命很大程度上决定于机床导轨的产品质量。在数控机床上，对导轨的要求则更高。如高速进给时不振动；低速进给时不爬行；有高的灵敏度；能在重负载下，长期连续工作；耐磨性高；精度保持特性好等要求都是数控机床的导轨所必须满足的。数控机床所用的导轨，从其类型上看，用得最广泛的是塑料滑动导轨、滚动导轨和静压导轨三种。

数控机床的导轨副在工作中可能出现的故障是多种多样的，现分别给予叙述。

6.5.1　塑料滑动导轨

对于塑料滑动导轨，由于其自身诸多的优点，已非常广泛地被各种类型的数控机床所采用。这一类导轨通常可分为两种。

一种是聚四氟乙烯导轨软带，它是以聚四氟乙烯为基体，加入青铜粉、二硫化钼和石墨等填充物混合烧结，并做成软带状。与之相配的导轨副多为铸铁导轨或淬硬钢导轨。这种导轨副能使部件运行平稳、无爬行、定位精度高；无振动、噪声小；磨损小且嵌入性能好，与其配合的金属导轨不会被拉伤；可在原导轨面上进行粘接，不受导轨形式的限制。

这种导轨出现的主要故障多为粘接时工艺掌握不好，使软带与导轨基面粘接不牢而造成的，解决起来较为容易。

另一种是环氧型耐磨涂层，它是以环氧树脂和二硫化钼为基体，加入增塑剂，混合成膏状为一组分，固化剂为另一组分的双组分塑料涂层。这种导轨在满足数控机床对导轨的各项要求的基础上还有一个突出的优点，即有良好的可加工性，可经车、铣、刨、钻、磨削和刮削。另外这种导轨的使用工艺也很简单，特别是可在调整好固定导轨和运动导轨间的相对位置精度后注入涂料，可节省许多加工工时。特别适用于重型机床和不能用导轨软带的复杂配合面上。

这种导轨常出现的故障主要是由于耐磨涂层材料脆性大，受冲击载荷或意外碰撞时容易损坏。

就滑动导轨副的维护而言一项很重要的工作是保证导轨面之间具有合理的间隙。间隙过小，则摩擦阻力大，导轨副磨损加剧；间隙过大，运动失去准确性和平稳性，失去导向精度。间隙调整的方法有以下几种。

（1）压板调整间隙　压板用螺钉固定在动导轨上，常用钳工配合刮研及选用调整垫片、平镶条等机构，使导轨面与支承面之间的间隙均匀，达到规定的接触点数。图 6-11(a) 所示的压板结构，如间隙过大，应修磨或刮研 B 面；间隙过小或压板与导轨压得太紧，则可刮研或修磨 A 面。

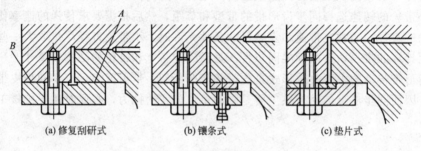

图 6-11　压板调整间隙

（2）镶条调整间隙　如图 6-12(a) 是一种全长厚度相等、横截面为平行四边形（用于燕尾形导轨）或矩形的平镶条，通过侧面的螺钉调节和螺母锁紧，以其横向位移来调整间隙。由于收紧力不均匀，故在螺钉的着力点有挠曲。图 6-12(b) 是一种全长厚度变化的斜镶条及三种用于斜镶条的调节螺钉，以其斜镶条的纵向位移来调整间隙。斜镶条在全长上支承，其斜度为 1：40 或 1：100，由于楔形的增压作用会产生过大的横向压力，因此调整时应细心。

（3）压板镶条调整间隙　如图 6-13 所示，T 形压板用螺钉固定在运动部件上，运动部件内侧和 T 形压板之间放置斜镶条，镶条不是在纵向有斜度，而是在高度方面做成倾斜。调整时，借助压板上几个推拉螺钉，使镶条上下移动，从而调整间隙。

三角形导轨的上滑动面能自动补偿，下滑动面的间隙调整和矩形导轨的下压板调整底面间隙的方法相同。圆形导轨的间隙不能调整。

6.5.2　滚动导轨

现代数控机床常用的滚动导轨有两种，一种是滚动导轨块，另一种是直线滚动导轨。滚

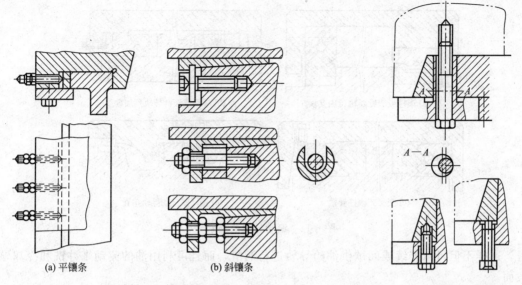

<table>
<tr><td>(a) 平镶条</td><td>(b) 斜镶条</td></tr>
</table>

图 6-12 镶条调整间隙   图 6-13 压板镶条调整间隙

动导轨块是一种滚动体做循环运动的滚动导轨，与之相配的导轨多用镶钢淬硬导轨，在行程较大的数控机床上常常使用。这种滚动导轨在使用时较常见的故障是由于对滚动导轨预紧时，预紧力掌握不当或调整时未达到要求所造成的滚动导轨块在工作过程中出现的噪声过大，振动过大以及与之相配的镶钢淬硬导轨在导轨全长上硬度不均匀而预紧力过大所造成的对导轨面的损伤等。这时，对滚动导轨块的调整预紧就显得非常重要了。为了确保滚动导轨块在工作中不出现上述故障，应十分注意滚动导轨块的安装方法，既能使安装调整方便又可确保导轨工作精度的一种行之有效的方法是将滚动导轨块紧固在可进行调整的楔块或镶条上，这样只需楔块或镶条留有足够的余量，就能保证滚动导轨安装调整方便且工作精度有保证（可较容易的控制预紧力的大小）。

直线滚动导轨是为适应数控机床的需要而发展的另一种滚动导轨，其最突出的优点为无间隙，并能施加预紧力。由于直线滚动导轨具有自动调整功能，运动精度可达微米级，且能承受任意方向的载荷。这种导轨装配简单方便，有多种型号规格可供选择。只要维修人员在调整时认真细致，使用时注意防护，故障就会很少出现。

1. 滚动导轨的预紧

为了提高滚动导轨的刚度，对滚动导轨应预紧。预紧可提高接触刚度和消除间隙，在立式滚动导轨上，预紧可防止滚动体脱落和歪斜。常见的预紧方法有两种。

（1）采用过盈配合 预加载荷大于外载荷，预紧力产生过盈量为 $2\sim3\mu m$，过大会使牵引力增加。若运动部件较重，其重力可起预加载荷作用，若刚度满足要求，可不施预加载荷。

（2）调整法 利用螺钉、斜块偏心轮调整来进行预紧。图 6-14 为滚动导轨的预紧方法。

2. 导轨的润滑与防护

导轨面上进行润滑后，可降低摩擦因数，减少磨损，并且可防止导轨面锈蚀。导轨常用的润滑剂有润滑油和润滑脂，前者用于滑动导轨，而滚动导轨两种都可用。

导轨最简单的润滑方式是人工定期加油或用油杯供油。这种方式多用于滑动导轨及运动速度低、工作不频繁的滚动导轨。对于运动速度较高的导轨大都采用润滑泵，以压力油强制

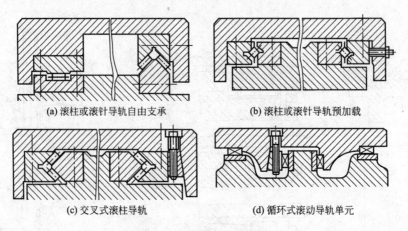

(a) 滚柱或滚针导轨自由支承　　　　　　　(b) 滚柱或滚针导轨预加载

(c) 交叉式滚柱导轨　　　　　　　　　(d) 循环式滚动导轨单元

图 6-14　滚动导轨的预紧

润滑。这样不但可以连续或间歇供油给导轨进行润滑，而且可利用油的流动来冲洗和冷却导轨表面。

为了防止切屑、磨粒或冷却液撒落在导轨面上而引起磨损、擦伤和锈蚀，导轨面上应有可靠的防护装置，常用的刮板式、卷帘式和叠层式防护罩，大多用于长导轨。在机床使用过程中应防止损坏防护罩，对叠层式防护罩应经常用刷子蘸机油清理移动接缝，以避免碰壳现象的产生。

6.5.3　静压导轨

静压导轨是在两个相对运动的导轨面间通入压力油，使运动件浮起。工作过程中，导轨面上油腔中的油压能随着外加负载的变化自动调节，以平衡外加负载，保证导轨面间始终处于纯液体摩擦状态。这种导轨的优点是多方面的，完全能够满足数控机床对导轨的要求。

但是，在数控机床上使用静压导轨也有其独自的特点。特点之一是基于静压装置、静压结构的复杂性以及高昂的制造成本，目前静压导轨多应用在大型、重型数控机床上。另一特点是随着多头泵技术的日渐成熟，数控机床上所用的静压导轨多为闭式恒流静压导轨。采用闭式导轨是因为它能承受偏载荷及颠覆力矩，而采用恒流供油的方式，可有效地提高导轨的油膜刚度，从而避免传统方式因为采用恒压供油的闭式静压导轨而导致的调试困难，油膜刚度不理想，油容易发热等不足。

使用闭式恒流静压导轨时较易出现的故障有以下几种：油液过滤精度不高，有杂质混入，使多头泵受损，导致导轨不能正常工作；静压系统油路被堵塞或不畅，导致最终静压不能建立；静压导轨油膜厚度不均匀导致局部静压不能形成。

造成上述故障的原因主要是油液的清洁度未达到标准或液压管路中已有的杂质未清除干净，再有就是对静压系统的调整尺度未掌握好。

要解决上述故障，较为有效的办法是：在静压系统中多增设几道滤油装置并确保滤净的油不再受二次污染，这样就可避免因杂质吸入多头泵所造成的多头泵损坏。另外，非常重要的一点是在静压系统进行工作的最初阶段，应将多头泵断开而直接用油液冲洗整个静压管路，目的是将管路中的原有杂质冲洗干净，然后再连上多头泵。这样才能保证工作中不会因油液二次污染造成故障。

对于静压系统的调整，由于涉及的因素比较多，在具体操作中既要有正确的理论作指导，还要有丰富的实践经验作基础，才能较好地完成此项任务。在调整时应重点注意的是：

地基与床身水平在经过长期使用后是否有变化，是否已造成导轨原始精度超差。如发现有此类情况，应及时进行床身导轨的水平调整，重新修复导轨精度，否则会直接影响静压的建立。另外，在工作中要加强对机床导轨的防护，各主要导轨均应设置专门的防护罩，以避免灰尘和切屑侵入导轨面使导轨研伤。

6.5.4　导轨副维修实例

【例 5】　一 CK6140 数控机床加工圆弧过程中 X 轴出现加工误差过大。

故障分析与处理：在自动加工过程中，从直线到圆弧时接刀处出现明显的加工痕迹。用千分表分别对车床的 Z、X 轴的反向间隙进行检测，发现 Z 轴为 0.008mm，而 X 轴为 0.08mm。可以确定该现象是由 X 轴间隙过大引起的。分别对电动机连接的同步带、带轮等检查无误后，将 X 轴分别移动至正、负极限处，将千分表压在 X 轴侧面，用手左右推拉 X 轴中拖板，发现有 0.06mm 的移动值。可以判断是 X 轴导轨镶条引起的间隙。松开镶条止退螺钉，调整镶条调整螺母，移动 X 轴，X 轴移动灵活，间隙测试值还有 0.01mm；锁紧止退螺钉，在系统参数里将反向间隙补偿值设为相当于 0.01mm 的值，重新启动系统运行程序，上述故障现象消失。

【例 6】　一 CJK6136 数据机床运动过程中 Z 轴出现跟踪误差过大报警。

故障分析与处理：该机床采用半闭环控制系统，在 Z 轴移动时产生跟踪误差报警，在参数检查无误后，对电动机与丝杠的连接等部位进行检查，结果正常。将系统的显示方式设为负载电流显示，在空载时发现电流为额定电流的 40% 左右，在快速移动时就出现跟踪误差过大报警。用手触摸 Z 轴电动机，明显感受到电动机发热。检查 Z 轴导轨上的压板，发现压板与导轨间隙不到 0.01mm。可以判断是由于压板压得太紧而导致摩擦力太大，使得 Z 轴移动受阻，导致电动机电流过大而发热，快速移动时产生丢步而造成跟踪误差过大报警。松开压板，使得压板与导轨间的间隙在 0.02～0.04mm 之间，锁紧紧定螺母，重新运行，机床故障排除。

6.6　自动换刀装置（ATC）的故障诊断

自动换刀装置（ATC）是数控机床加工中心的重要执行机构，它们的可靠性如何将直接影响机床的加工质量和生产率。

大部分数控机床的自动换刀是由带刀库的自动换刀系统，靠机械手在机床主轴与刀库之间自动交换刀具；也有少数数控机床是通过主轴与刀库的相对运动而直接交换刀具；数控车床及车削中心的换刀装置大多是依靠电动或液压回转刀架完成的，对于小直径零件，也有用排刀式刀架完成换刀。刀库的结构类型很多，大都采用链式、盘式结构。换刀系统的动力多采用电动机、液动机、减速机、气动缸等。

工作台自动交换装置是为了提高生产率，使机床的机动时间与工件装卸时间重合，在数控加工中心上设置的"双工作台装置"，它的动力大都采用电、液驱动。

ATC 结构较复杂，且在工作中又频繁运动，所以，故障率较高，就目前的水平，机床上有 50% 以上的故障都与之有关。

ATC 的常见故障有：刀库运动故障，定位误差过大，机械手夹持刀柄不稳定，机械手动作误差过大等。这些故障最后都造成换刀动作卡位，整机停止工作。

对于机械、液压（或气动）方面的故障，应重视对现场设备操作人员的调查。由于

ATC装置是由PLC可编程序控制器通过应答信号控制的，因此，大多数故障出现在反馈环节（电路或反馈元件）上，需通过电路信号分析—元件动作—故障现象—故障定位等有关环节的综合分析来判断故障所在，故难度较大。

下面主要就刀库和换刀机械手的故障做简要介绍。

1. 刀库及换刀机械手的维护要点

（1）严禁把超重、超长的刀具装入库，防止在机械手换刀时掉刀或刀具与工件、夹具等发生碰撞。

（2）顺序选刀方式必须注意刀具放置在刀库中的顺序要正确。其他选刀方式也要注意所换刀具是否与所需刀具一致，防止换错刀具导致事故发生。

（3）用手动方式往刀库上装刀时，要确保装到位、装牢靠。检查刀座上的锁紧是否可靠。

（4）经常检查刀库的回零位置是否正确，检查机床主轴回换刀点位置是否到位，并及时调整，否则不能完成换刀动作。

（5）要注意保持刀具刀柄和刀套的清洁。

（6）开机时，应先使刀库和机械手空运行，检查各部分工作是否正常，特别是各行程开关和电磁阀能否正常动作。检查机械手液压系统的压力是否正常，刀具在机械手上锁紧是否牢靠，发现不正常时应及时处理。

2. 刀库的故障诊断

（1）刀库不能转动或转动不到位　刀库不能转动的可能原因有：连接电动机轴与蜗杆轴的联轴器松动；变频器故障，应查变频器的输入、输出电压正常与否；PLC无控制输出，可能是接口板中的继电器失效；机械连接过紧，或黄油黏涩；电网电压过低（不应低于370V）。

刀库转动不到位的可能原因有：电机转动故障，传动机构误差。

（2）刀套不能夹紧刀具　可能原因是：刀套上的调整螺母松动，或弹簧太松，造成卡紧力不足；刀具超重。

（3）刀套上下不到位　可能原因是：装置调整不当或加工误差过大而造成拨叉位置不正确；因限位开关安装不准或调整不当而造成反馈信号错误。

（4）刀套不能拆卸或停留一段时间才能拆卸　应检查操纵刀套90°拆卸的气阀是否松动，气压足不足，刀套的转动轴是否锈蚀等。

3. 换刀机械手故障诊断

（1）刀具夹不紧　可能原因有风泵气压不足，增压漏气，刀具卡紧气压漏气，刀具松开弹簧上的螺帽松动。

【例7】　某VMC-65A型加工中心使用半年出现主轴拉刀松动，无任何报警信息。

故障分析与排除：主轴拉不紧刀的可能原因是主轴拉刀碟簧变形或损坏；拉力液压缸动作不到位；拉钉与刀柄夹头间的螺纹连接松动。经检查，发现拉钉与刀柄夹头的螺纹连接松动，刀柄夹头随着刀具的插拔发生旋转，后退了约1.5mm。该台机床的拉钉与刀柄夹头间无任何连接防松的锁紧措施。在插拔刀具时，若刀具中心与主轴锥孔中心稍有偏差，刀柄夹头与刀柄间就会存在一个偏心摩擦。刀柄夹头在这种摩擦和冲击的共同作用下，时间一长，螺纹松动退丝，出现主轴拉不住刀的现象。若将主轴拉钉和刀柄夹头的螺纹连接用螺纹锁固、密封胶锁固及锁紧螺母锁紧后，故障消除。

（2）刀具夹紧后松不开　可能原因有：松锁刀的弹簧压合过紧，应逆时针旋松卡刀簧上的螺帽，使最大载荷不超过额定数值。

（3）刀具从机械手中脱落　应检查刀具是否超重，机械手卡紧锁是否损坏，或没有弹出来。

（4）刀具交换时掉刀　换刀时主轴箱没有回到换刀点或换刀点漂移，机械手抓刀时没有到位，就开始拔刀，都会导致换刀时掉刀。这时应重新操作主轴箱运动，使其回到换刀点位置，重新设定换刀点。

（5）机械手换刀速度过快或过慢　可能是因气压太高或太低和换刀气阀节流开口太大或太小。应调整气压大小和节流阀开口的大小。

【例8】　经济型数控车床，采用南京江南机床数控工程公司 JN 系列数控系统，刀架为常州市武进机床数控设备厂为 JN 系列数控系统配套生产的 LD4-I 型电动刀架。该机床在产品加工过程中，发现有加工尺寸不能控制的现象，操作者每次在系统中修改参数后，数码显示器显示的尺寸与实际加工出来的尺寸相差悬殊，且尺寸的变化无规律可循。即使不修改系统参数，加工出来的产品尺寸也在不停地变化。

故障分析与处理：该机床主要进行内孔加工，因此，尺寸的变化主要反应在 X 轴上。为了确定故障部位，采用交换法，将 X 轴的驱动信号与 Y 轴的驱动信号进行交换，故障依然存在，说明 X 轴的驱动信号无故障，也说明故障源应在 X 轴步进电动机及其传动机构、滚珠丝杠等硬件上。检查上述传动机构、滚珠丝杠等硬件均无故障。进一步检查 X 轴轴向重复定位精度也在其技术指标之内。是何原因产生 X 轴加工尺寸不能控制呢？思考检查分析故障的思路，发现忽略了一个重要部件——电动刀架。

检查电动刀架的每一个刀架的重复定位精度，故障源出现了，即电动刀架定位不准。分析电动刀架定位不准的原因，若是电动刀架自身的机械定位补助不准，故障应该是固定不变的，不应该出现加工尺寸不能控制的现象，定有其他原因。检查电动刀架的转动情况，发现电动刀架抬起时，有一铁屑卡在里面，铁屑使刀架定位不准，这就是故障源。去掉铁屑故障排除。

【例9】　德州 SAG210/2NC 数控车床系统发出换刀指令后，上刀体连续运转不停或在某规定刀位不能定位。

故障分析：该机床为德州机床厂生产的 CKD6140 及 SAG210/2NC 数控车床，与之配套的刀架为 LD4-I 型四工位电动刀架。

分析故障产生的原因：①发信盘接地线断路或电源线断路；②霍尔元件断路或短路；③磁钢磁极反相；④磁钢与霍尔元件无信号。

根据上述原因，去掉上罩壳，检查发信装置及线路，发现是霍尔元件损坏。

故障处理：更换霍尔元件后，故障排除。

【例10】　南京 JN 系列数控系统出现刀架定位不准故障。

故障分析：该机床为采用南京江南机床数控工程公司的 JN 系列机床数控系统而改造的经济型数控车床。其刀架为常州市武进机床数控设备厂为 JN 系列数控系统配套生产的 LD4-I 型电动刀架。

其故障发生后，检查电动刀架的情况如下：电动刀架旋转后不能正常定位，且选择刀号出错。根据上述检查判断，怀疑是电动刀架的定位检测元件——霍尔开关损坏。拆开电动刀架的端盖检查霍尔元件开关时，发现该元件的电路板是松动的。由电动刀架的结构原理知：

该电路板应由刀架轴上的锁紧螺母锁紧，在刀架旋转的过程中才能准确定位。

故障处理：重新将松动的电路板按刀号调整好，即将 4 个霍尔元件开关与感应元件逐一对应，然后锁紧螺母，故障排除。

6.7 其他辅助装置的故障诊断及维护

6.7.1 液压系统与气动系统的故障诊断与维护

现代数控机床在实现整机的全自动化控制中，除数控系统外，还需要配备液压和气动装置来辅助实现整机的自动运行功能。所用的液压和气动装置应结构紧凑、工作可靠、易于控制和调节。它们的工作原理类似，但使用范围不同。

液压传动装置由于使用工作压力高的油性介质，因此机构出力大，机械结构紧凑、动作平稳可靠、易于调节和噪声较小，但要配置液压泵和油箱，当油液泄漏时污染环境。

气动装置的气源容易获得，机床可以不必再单独配置动力源，装置结构简单，工作介质不污染环境，工作速度控制和动作频率高，适合于完成频繁启动的辅助工作。过载时比较安全，不易发生过载时损坏部件事故。现在分别讨论它们的故障诊断与维护。

1. 液压系统

液压传动系统在数控机床的机械控制与系统调整中占有很重要的位置，它所担任的控制、调整任务仅次于电气系统。液压传动系统被广泛应用到主轴的液压卡盘与松刀液压缸、主轴箱的液压平衡、主轴箱齿轮的变挡和主轴轴承的润滑、机械手的自动换刀、静压导轨、回转工作台及尾座的伸缩等结构中。

液压系统的维护及其工作正常与否对数控机床的正常工作十分重要。维护要点如下。

(1) 控制油液污染。保持油液清洁，是确保液压系统正常工作的重要措施。液压系统的故障有 80% 是由于油液污染引发的，油液污染还会加速液压缸元件的磨损。

(2) 控制油压系统中油液的温升。控制油温是减少能源消耗、提高系统效率的一个重要环节。一台机床的液压系统，若油温变化范围大，其后果是：

① 影响液压泵的吸油能力及容积效率；

② 系统工作不正常，压力、速度不稳定，动作不可靠；

③ 液压元件内外泄漏增加；

④ 加速油液的氧化变质。

(3) 控制液压系统泄漏。泄漏和吸空是液压系统常见的故障。要控制泄漏，首先是高液压元件的加工精度和液压部件的装配质量以及管道系统的安装质量，其次是提高密封件的质量，注意密封件的安装使用与定期更换，最后是加强日常维护。

(4) 防止液压系统振动与噪声。振动影响液压件的性能，使螺钉松动、管接头松脱，从而引起漏油。因此要防止和排除振动现象。

(5) 严格执行日常点检制度。液压系统故障存在着隐蔽性、可变性和难于判断性，因此，应对液压系统的工作状态进行点检，把可能产生的故障现象记录在日检维修卡上，并将故障排除在萌芽状态，减少故障的发生。

(6) 严格执行定期紧固、清洗、过滤和更换的制度。液压设备在工作过程中，由于冲击振动、磨损和污染等因素，使管件松动，金属件和密封件磨损，因此必须对液压件及油箱等实行定期清洗和维修，对油液、密封件执行定期更换制度。

　　液压系统除了要进行维护外还要进行点检,所谓点检就是按有关文件规定,对数控机床进行定点和定时的检查和维护。具体对液压系统而言其点检内容有:

　　(1) 各液压阀、液压缸及管子接头是否有外漏;

　　(2) 液压泵或液压电机运转时是否有异常噪声等现象;

　　(3) 液压缸移动时工作是否正常平稳;

　　(4) 液压系统的各测压点压力是否在规定的范围内,压力是否稳定;

　　(5) 油液的温度是否在允许的范围内;

　　(6) 液压系统工作时有无高频振动;

　　(7) 电气控制或撞块(凸轮)控制的换向阀工作是否灵敏可靠;

　　(8) 油箱内油量是否在油标刻线范围内;

　　(9) 行程开关或限位挡块的位置是否有变动;

　　(10) 液压系统手动或自动工作循环时是否有异常现象;

　　(11) 定期对油箱内的油液进行取样化验,检查油液质量,定期过滤或更换油液;

　　(12) 定期检查蓄能器的工作性能;

　　(13) 定期检查冷却器和加热器的工作性能;

　　(14) 定期检查和紧固重要部位的螺钉、螺母、接头和法兰螺钉;

　　(15) 定期检查更换密封件;

　　(16) 定期检查、清洗或更换液压件;

　　(17) 定期检查、清洗或更换滤芯;

　　(18) 定期检查、清洗油箱和管道。

　　作为液压系统它的主要元件有:液压油缸、液动机、液压阀、蓄能器、泵装置、油箱、压力表、滤油器、管路、管接头、加热器和冷却器等。这些液压元件的常见故障及其诊断和排除方法见表 6-4～表 6-7。

表 6-4　液压泵故障及排除

序号	故障现象	故 障 原 因	排 除 方 法
1	噪声严重及压力波动	泵的滤油器被污物阻塞	用干净的清洗油将滤油器去除污物
		油位不足,吸油位置太高,吸油管露出油面	加油到油标位,降低吸油位置
		泵的主动轴与电动机联轴器不同心,有扭曲摩擦	调整泵与电动机联轴器的同心度,使其不超过 0.2mm
		泵齿轮啮合精度不够	对研齿轮,使其达到齿轮啮合精度
		泵轴的油封骨架脱落,泵体不密封	更换合格泵轴油封
2	输油量不足	轴向间隙与径向间隙过大	由于运动磨损造成,间隙过大时更换零件
		泵体裂纹与气孔泄漏	出现裂纹要更换泵体,出现泄漏要在泵体与泵盖间加入纸垫,紧固各连接处螺钉
		油液黏度太高或油温过高	20# 机械油适用于 10～50℃ 的温度工作。若三班工作,应装冷却装置
		电动机反转	纠正电动机旋转方向
		滤油器有污物,管道不畅通	清除污物,更换油液,保持油液清洁
		压力阀失灵	修理或更换压力阀

序号	故障现象	故 障 原 因	排 除 方 法
3	油泵运转不正常或有咬死现象	泵轴向间隙及径向间隙过小	应更换零件,调整轴向或径向间隙
		滚针转动不灵活	更换滚针轴承
		盖板与轴的同心度不好	更换盖板,使其与轴同心
		压力阀失灵	检查压力阀弹簧是否失灵,阀体小孔是否被污物堵塞,滑阀和阀体是否失灵。更换弹簧,清除阀体小孔污物或换滑阀
		泵与电动机间联轴器同心度不够	调整泵与电动机联轴器同心度,使其不超过0.2mm
		泵中有杂质	清除杂质,去除污物

表 6-5 整体多路阀故障及排除

序号	故障现象	故 障 原 因	排 除 方 法
1	工作压力不足	溢流阀调定压力偏低	调整溢流阀压力
		溢流阀的滑阀卡死	拆开清洗,重新组装
		调压弹簧损坏	更换弹簧
		管路压力损失太大	更换管路或在允许压力范围内调整溢流阀压力
2	工作油量不足	系统供油不足	检查油源
		阀内泄漏量大	若由于油温过高,黏度下降引起,则降低油温;若油液选择不当,则更换油液;若滑阀与阀体配合间隙过大,则应更换相应零件
		复位失灵由弹簧损坏引起	更换弹簧
		Y形密封圈损坏	更换Y形密封圈
		油口安装法兰面密封不良	检查相应部位紧固与密封
		各结合面紧固螺钉、调压螺钉背帽松动	紧固相应部件

表 6-6 电磁换向阀常见故障及排除

序号	故障现象	故 障 原 因	排 除 方 法
1	滑阀动作不灵活	阀被拉坏	修整滑阀与阀孔的毛刺及拉坏表面
		阀体变形	调整安装螺钉的压紧力,安装转矩不得大于规定值
		复位弹簧折断	更换弹簧
2	电磁线圈烧损	线圈绝缘不良	更换电磁铁
		电压太低	使用电压应在额定电压的90%以上
		工作压力和流量超过规定值	调整工作压力,或采用性能更高的阀
		回油压力过高	检查背压,应在规定值以下,如16MPa

表 6-7 液压缸常见故障

序号	故障现象	故 障 原 因	排 除 方 法
1	外部漏油	活塞杆碰伤拉毛	用极细的砂纸或油石修磨,或更换新件
		防尘密封圈被挤出和反唇	拆开检查,更换密封圈
		活塞和活塞杆上的密封件磨损与损伤	更换新密封件
		液压缸安装定心不良,使活塞杆伸出困难	安装应符合要求
2	活塞杆爬行和蠕动	缸内进入空气或油中有气泡	松开接头,将空气排出
		液压缸的安装位置偏移	安装时应检查,使之与主机运动方向平行
		活塞杆全长或局部弯曲	校正活塞杆或更换。活塞杆全长校正直线度误差应小于等于0.03/100mm
		缸内锈蚀或拉伤	去除锈蚀和毛刺,严重时更换缸筒

【例 11】　某数控镗铣床在主轴变速过程中出现Ⅰ、Ⅲ转速级挂不上挡的报警。

故障分析与排除：其控制原理如图 6-15 所示，电磁换向阀 Y1 和 Y2 分别控制变速油缸 7 和 8，带动拨叉使滑动齿轮 1 和 2 处于不同的工作位置，使主轴得到不同的转速。其中变速油缸 7 有两个工作位置，油缸 8 有 3 个工作位置。故障发生后，打开机床主轴箱检查发现，滑移齿轮 5 的左端因严重撞击而使倒角处打毛翻边，以致不能在拨叉推动下与齿轮 2 的内齿啮合，从而出现上述故障现象。

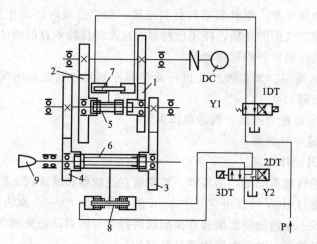

得电情况 转速级	1DT	2DT	3DT
Ⅰ	−	−	+
Ⅱ	+	−	+
Ⅲ	−	+	+
Ⅳ	+	+	−

图 6-15　主轴变速控制原理

1,2,3,4—齿轮；5,6—滑移齿轮；7,8—变速油缸；9—主轴

经过细致观察，发现滑动齿轮 1 的右端以及滑移齿轮 6 的两端的倒角处并无上述现象。由此可见，滑移齿轮制造质量不是问题的关键。

分析图 6-15 可看出，机床在Ⅰ、Ⅲ转速级是在 1DT 失电时实现的。如果主轴处于Ⅱ或Ⅳ挡运行状态，某一外界因素致使电磁铁 1DT 突然失电，就会出现下列情况：1DT 失电，使阀 Y1 切换到左位，变速油缸 7 带动滑动齿轮 1 迅速向左移动。而此时位于左端的齿轮 2 正处于高速运转状态，两齿轮相遇必然会发生剧烈摩擦撞击。如果这种情况存在，滑动齿轮 1 的左端定会受损，上述故障就会发生。

通过分析机床的电气图可知，电磁铁 1DT 由 PLC 直接控制，并且该机床的保护功能较多。在加工过程中，若出现机床其他环节的保护，PLC 会封锁所有的输出点，这就给 1DT 的突然失电提供了机会。而在该变速系统中，Y1 阀又无失电保护功能。由此推断，Y1 意外失电，滑移齿轮 5 误动作是造成该故障的原因。

从现场操作规程情况看，机床出现该故障报警时，常伴有剧烈的撞击声，因此进一步验证了上述判断的正确性。另外，在故障处理中，还发现变速油缸 7 和 8 运动速度过快，变速冲击较大。

故障排除：

（1）将换向阀 Y1 换成带"记忆功能"的电磁换向阀，设为 Y3；

（2）在两换向阀的出油口处增加了节流阀，使变速油缸 7、8 获得理想的运动速度；

（3）对控制阀 Y3 的 PLC 的控制电路作了相应的变动。

另外，对滑移齿轮 5 左端进行倒角修理，在采取上述措施后，机床主轴变速机构恢复正常。

2. 气动系统

气动系统在数控机床中主要用于对工件、刀具定位面（如主轴锥孔）和交换工作台的自动吹屑，清理定位基准面，安全防护门的开关以及刀具、工件的夹紧、放松等。气动系统中的分水滤气器应定期放水，分水滤气器和油雾器还应定期清洗。

其气动系统维护的要点如下。

（1）保证供给洁净的压缩空气。压缩空气中通常都含有水分、油分和粉尘等杂质。水分会使管道、阀和汽缸腐蚀；油分会使橡胶、塑料和密封材料变质；粉尘造成阀体动作失灵。选用合适的过滤器，可以清除压缩空气中的杂质，使用过滤器时应及时排除积存的液体，否则，当积存液体接近挡水板时，气流仍可将积存物卷起。

（2）保证空气中含有适量的润滑油。大多数气动执行元件和控制元件都要求适度的润滑。如果润滑不良将会发生以下故障：

① 由于摩擦阻力增大而造成气缸推力不足，阀芯动作失灵；

② 由于密封材料的磨损而造成空气泄漏；

③ 由于生锈造成元件的损伤及动作失灵。

润滑的方法一般采用油雾器进行喷雾润滑，油雾器一般安装在过滤器和减压阀之后。油雾器的供油量一般不宜过多，通常每 $10m^3$ 的自由空气供 $1mL$ 的油量（即 $40\sim50$ 滴油）。检查润滑是否良好的一个方法是：找一张清洁的白纸放在换向阀的排气口附近，如果阀在工作三到四个循环后，白纸上只有很轻的斑点时，表明润滑是良好的。

（3）保持气动系统的密封性。漏气不仅增加了能量的消耗，也会导致供气压力的下降，甚至造成气动元件工作失常。严重的漏气在气动系统停止运行时，由漏气引起的响声很容易发现；轻微的漏气则利用仪表，或用涂抹肥皂水的办法进行检查。

（4）保证气动元件中运动零件的灵敏性。从空气压缩机排出的压缩空气，包含有粒度为 $0.01\sim0.08\mu m$ 的压缩机油微粒，在排气温度为 $120\sim220℃$ 的高温下，这些油粒会迅速氧化，氧化后油粒颜色变深，黏性增大，并逐步由液态固化成油泥。这种 μm 级以下的颗粒，一般过滤器无法滤除。当它们进入到换向阀后便附着在阀芯上，使阀的灵敏度逐步降低，甚至出现动作失灵。为了清除油泥，保证灵敏度，可在气动系统的过滤器之后，安装油雾分离器，将油泥分离出来。此外，定期清洗阀也可以保证阀的灵敏度。

（5）保证气动装置具有合适的工作压力和运动速度。调节工作压力时，压力表应当工作可靠，读数准确。减压阀与节流阀调节好后，必须紧固调压阀盖或锁紧螺母，防止松动。

除了要对气动系统进行维护外还要进行点检与定检。

（1）管路系统点检。主要内容是对冷凝水和润滑油的管理。冷凝水的排放，一般应当在气动装置运行之前进行。但是当夜间温度低于 $0℃$ 时，为防止冷凝水冻结，气动装置运行结束后，就应开启放水阀门将冷凝水排放。补充润滑油时，要检查油雾器中油的质量和滴油量是否符合要求。此外，点检还应包括检查供气压力是否正常，有无漏气现象等。

（2）气动元件的定检。主要内容是彻底处理系统的漏气现象。例如，更换密封元件，处理管接头或连接螺钉松动等，定期检验测量仪表、安全阀和压力继电器等。气动元件的点检如表 6-8 所示。

气动系统常见的故障如下。

（1）**执行元件的故障**　对于数控机床而言，较常用的执行元件是气缸。气缸的种类很多，但其故障形式却有着一定的共性。主要是气缸的泄漏；输出力不足；动作不平稳；缓冲

表 6-8　气动元件的点检

元件名称	点检内容
气缸	(1)活塞杆与端盖之间是否漏气 (2)活塞杆是否划伤、变形 (3)管接头、配管是否松动、损伤 (4)气缸动作时有无异常声音 (5)缓冲效果是合乎要求
电磁阀	(1)电磁阀外壳温度是否过高 (2)电磁阀动作时,阀芯工作是否正常 (3)气缸行程到末端时,通过检查阀的排气口是否有漏气来确诊电磁阀是否漏气 (4)紧固螺栓及管接头是否松动 (5)电压是否正常,电线有否损伤 (6)通过检查排气口是否被油润湿,或排气是否会在白纸上留下油雾斑点来判断润滑是否正常
油雾器	(1)油杯内油量是否足够,润滑油是否变色、混浊,油杯底部是否沉积有灰尘和水 (2)滴油量是否适当
减压阀	(1)压力表读数是否在规定范围内 (2)调压阀盖或锁紧螺母是否锁紧 (3)有无漏气
过滤器	(1)储水杯中是否积存冷凝水 (2)滤芯是否应该清洗或更换 (3)冷凝水排放阀动作是否可靠
安全阀及压力继电器	(1)在调定压力下动作是否可靠 (2)校验合格后,是否有铅封或锁紧 (3)电线是否损伤,绝缘是否合格

效果不好以及外载造成的气缸损失等。

　　产生上述故障的原因有以下几类:密封圈损坏、润滑不良、活塞杆偏心或有损伤;缸筒内表面有锈蚀或缺陷,进入了冷凝水杂质,活塞或活塞杆卡住;缓冲部分密封圈损坏或性能差,调节螺钉损坏,气缸速度太快;由偏心负载或冲击负载等引起的活塞杆折断。

　　排除上述故障的办法通常是在查清了故障原因后,有针对性地采取相应措施。常用的办法有:更换密封圈,加润滑油;清除杂质;重新安装活塞杆使之不受偏心负荷;检查过滤器有无毛病,不好用要更换;更换缓冲装置调节螺钉或其密封圈;避免偏心载荷和冲击载荷加在活塞杆上,在外部或回路中设置缓冲机构。在采用这些办法时,有时要多管齐下才能将同时出现的几种故障现象给予消除。

　　(2)控制元件的故障　数控机床所用气动系统中控制元件的种类较多,主要是各种阀类,如压力控制阀、流量控制阀和方向控制阀等。这些元件在气动控制系统中起着信号转换、放大、逻辑程序控制作用及压缩空气的压力、流量和流动方向的控制作用。对它们可能出现的故障进行诊断及有效地排除是保证数控机床气动系统能正常工作的前提。

　　在压力控制阀中,减压阀常见的故障有:二次压力升高、压力降很大(流量不足)、漏气、阀泄漏、异常振动等。

　　造成这些故障的原因有:调压弹簧损坏,阀座有伤痕或阀座橡胶有剥离,阀体中进入灰尘,阀活塞导向部分摩擦阻力大,阀体接触面有伤痕等。排除方法较为简单,首先是找准故障部位,查清故障原因,然后对出现故障的地方进行处理。如将损坏了的弹簧、阀座、阀体、密封件等更换;同时清洗、检查过滤器,不再让杂质混入;注意所选阀的规格,使其与需要相适应等。

　　安全阀(溢流阀)常见的故障有:压力虽已上升但不溢流,压力未超过设定值却溢出,有振动发生，从阀体和阀盖向外漏气。

产生这些故障的原因多数是由于阀内部混入杂质或异物，将孔堵塞或将阀的移动零件卡死；调压弹簧损坏，阀座损伤；膜片破裂，密封件损伤；压力上升速度慢，阀放出流量过多引起振动等。解决方法也较简单，将破损了的零件、密封件、弹簧进行更换；注意清洗阀内部，微调溢流量使其与压力上升速度相匹配。

流量控制阀较为简单，即使用节流阀控制流量，如出现故障可参考前面所述进行解决。

方向控制阀中以换向阀的故障最为常见且典型。常见故障为阀不能换向、阀泄露、阀产生振动等。造成这些故障的原因如下：润滑不良，滑动阻力和始动摩擦力大；密封圈压缩量大或膨胀变形；尘埃或油污等被卡在滑动部分或阀座上；弹簧卡住或损坏；密封圈压缩量过小或有损伤；阀杆或阀座有损伤；壳体有缩孔；压力低（先导式）、电压低（电磁阀）等。其解决办法也很简单，即针对故障现象，有目的地进行清洗，更换破损零件和密封件，改善润滑条件，提高电源电压、提高先导阀操作压力。

6.7.2 数控机床润滑系统的故障诊断

数控机床的润滑系统主要包括对机床导轨、传动齿轮、滚珠丝杠及主轴箱等的润滑，其形式有电动间歇润滑泵和定量式集中润滑泵等。其中电动间歇润滑泵用得较多，其自动润滑间歇时间和每次泵油量，可根据润滑要求进行调整或用参数设定。润滑泵内的过滤器需定期清洗、更换，一般每年应更换一次。

本节主要通过一台数控机床润滑系统电气控制原理，控制程序及各种报警信号来说明润滑系统的一般诊断方法。

【例12】 某数控机床在运行过程中，润滑中断并发出报警。该机床的润滑系统采用FANUC PLC进行自动控制。

1. 故障分析与诊断

润滑系统的电气控制原理如图6-16所示，润滑系统PLC控制梯形图如图6-17所示。在正常工作时，按下运转准备按钮，润滑电动机要运行15s，检查压力开关合上，然后润滑电动机停止运动25min，检查压力开关已打开，润滑电动机再运行15s，这样周而复始，使机床处于正常的润滑状态。

当润滑系统发生油路泄漏、堵塞或润滑电动机过载故障时，润滑电动机停止工作，并发

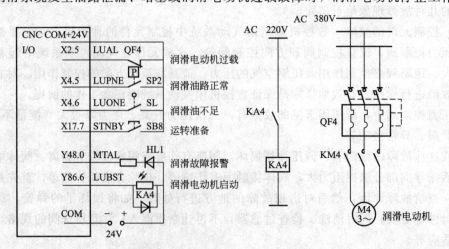

图 6-16 润滑系统的电气控制原理图

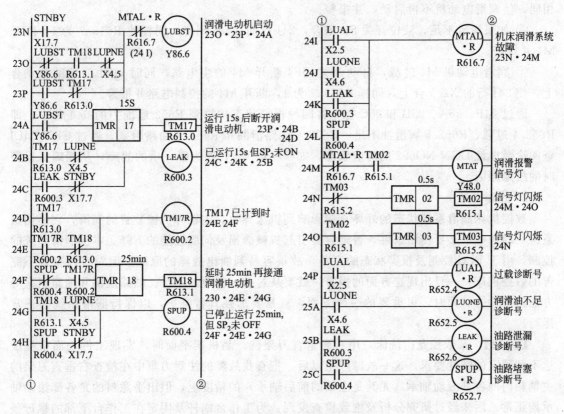

图 6-17　润滑系统 PLC 控制梯形图

出故障报警，发光二极管以 0.5s 的间隔时间闪烁，并把报警信息送到 R 寄存器 652 地址的高 4 位。

（1）润滑系统正常时的控制程序　按运转准备按钮 SB8，23N 行 X17.7 为 1，使输出信号 Y86.6 接通中间继电器 KA4 线圈，KA4 触点又接通接触器 KM4，使润滑电动机 M4 启动运行，23P 行的 Y86.6 触点自锁。

当 Y86.6 为 1 时，24A 行 Y86.6 触点闭合，TM17 定时器开始计时，设定时间为 15s，到达 15s 后，TM17（R613.0）为 1，23P 行的 R613.0 触点断开，Y86.6 为 0，润滑电动机停止运行，同时也使 24D 行输出 R600.2 为 1 并自锁。

24F 行的 R600.2 为 1，使 TM18 定时器开始计时，计时时间设定为 25min，到达时间后，输出信号 R613.1 为 1，使 24G 行的 R613.1 触点闭合，Y86.6 输出并自锁，润滑电动机 M4 重新启动运行，重复上述控制过程。

（2）润滑系统故障时的状态监控

① 当润滑油路出现泄漏或压力开关 SP2（见图 6-16）失灵，M4 已运行 15s，但压力开关 SP2 未闭合，24B 行的 X4.5 触点未打开，R600.3 为 1 并自锁，则一方面使 24I 行 R616.7 输出为 1，使 23N 行 616.7 触点打开，断开润滑电动机；另一方面 24M 行 616.7 触点闭合，使 Y48.0 输出信号为 1，接通报警指示灯（发光二极管 HL1 亮），并通过 TM02、TM03 定时器控制使信号报警灯闪烁。

② 当润滑油路阻塞或压力开关失灵，在 M4 已停止运行 25min 后压力开关未打开，24G 行的 X4.5 未打开，R600.4 输出为 1，同样使 24I 行的 R616.7 输出为 1，结果与第一种情况

相同，使润滑电动机不再启动，并报警。

③ 如果润滑不足，液位开关 SL 闭合，24J 行的 X4.6 闭合，同样使 R616.7 为 1，断开 M4 并报警。

④ 润滑电动机 M4 过载，自动开关 QF4 断开 M4 的主电路，同时 QF4 的辅助触点合上，使 24I 行的 X2.5 合上，同样 R616.7 为 1，断开 M4 的控制电路并报警。

通过 24P、25A、25B 和 25C 行，将四种报警状态传输到 R652 地址中的高 4 位中，即 R652.4 过载、R652.5 润滑油不足、R652.6 油路泄漏和 R652.7 油路阻塞。通过 CRT/MDI 查阅诊断地址 DGN NO652 的对应状态，如哪一位为 1，即为哪一项的故障，从而确认报警时的故障原因。

2. 故障总结

数控机床润滑系统状态的好坏直接影响到机床导轨、主轴等机械装置的润滑，它是伺服系统驱动的一个必要使用条件，否则容易引起机械磨损及伺服性能的下降。本例润滑系统的控制，由于 PLC 控制及报警状态的完善，故很容易判断出故障的原因。但对有些报警不完善的数控机床，一旦出现这方面的报警，就要从过载、润滑油不足、油路泄漏和油路阻塞等方面进行检查。同时，很重要的一个方面，就是要加强日常维护，以保持润滑系统的正常运行。

【例 13】 某数控龙门铣床，用右面垂直刀架铣产品机架平面时，发现工件表面粗糙度达不到预定的精度要求。这一故障产生以后，把查找故障的注意力集中在检查右垂直刀架的主轴箱内的各部滚动轴承（尤其是主轴的前后轴承）的精度上，但出乎意料的是各部滚动轴承均正常；后来经过研究分析及细致检查发现：为工作台蜗杆及固定在工作台下部的螺母条这一传动副提供润滑油的四根管基本上都不来油，经调节布置在床身上的控制这四根油管出油量的四个针形节流阀，使润滑油管流量正常，这时工件表面粗糙度即符合了精度要求。

思考与练习题

1. 数控机床机械结构的基本组成及特点是什么？
2. 机械故障类型及其诊断方法有哪些？
3. 怎样进行主轴部件的常见故障诊断与处理？
4. 怎样进行滚珠丝杠螺母副与齿轮传动副的维护？
5. 导轨副与自动换刀装置（ATC）的故障诊断如何进行？
6. 怎样进行液压系统的故障诊断与维护？

第7章 数控机床故障诊断及维护实例

7.1 开机故障分析及排除

开机故障分析及排除请见前面 2.5 数控机床的启、停运动故障，这里仅举例说明。

【例1】 某配套 KND100T 的数控车床，在机床开机后，发现主轴不能正常旋转，机床无任何报警号。

分析与处理过程：由于该机床主轴采用的是变频器调速，在自动方式下运行时，主轴转速是通过系统输出的模拟电压控制的。利用万用表测量变频器的模拟电压输入，发现在不同转速下，模拟电压无输出，说明 CNC 存在问题。

经现场分析，由于在 KND100T 中，"主轴模拟量输出"为选择功能，它决定于系统选择功能参数的设定，其选择参数为 PRM 001 bit4＝"1"。

经检查发现，该机床参数已经被修改；恢复该参数的设定后，"主轴模拟量输出"生效，机床恢复正常。

【例2】 一台配套 FANUC 7 系统的数控铣床，主轴在自动或手动操作方式下，转速达不到指令转速，仅有 $1\sim2r/min$，正、反转情况相同，系统无任何报警。

分析与处理过程：由于本机床具有主轴换挡功能，为了验证机械传动系统动作，维修时在 MDI 方式下进行了高、低换挡动作试验，发现机床动作正常，说明机械传动系统的变速机构工作正常，排除了挡位啮合产生的原因。

检查主轴驱动器的电缆连接以及主轴驱动器上的状态指示灯，都处于正常工作状态，可以初步判定主轴驱动器工作正常。

进一步测量主轴驱动器的指令电压输入 V_{CMD}，发现在任何 S 指令下 V_{CMD} 总是为"0"，即驱动器无转速指令输入。

检查 CNC 控制柜，发现位置控制板上的主轴模拟输出的插头 XN 松动；重新安装后，机床恢复正常。

【例3】 一台德国 WOTAN 新数控铣床在调试中出现 X 轴无指令而愈转愈快现象，无报警。

分析与处理过程：这种失控现象必定与速度"正"反馈有关。但按接线标签检查无误。试将电机上测速发电机两根输出线——速度反馈线调换位置重接（反接），上电时手在急停键旁（便于立即急停）。结果 X 轴恢复正常。证实外方标签有误导致速度"正反馈"接线错误。

【例4】 PNE710 数控铣床出现 Y 轴进给失控：无论点动或程序进给，导轨一旦移动就不停止，直到按下急停键为止。

分析与处理过程：这种现象大致可以将故障定位于 Y 轴位置环。移而不止现象必然与位置反馈信号丢失有关。拆下检查位置反馈线及其插头完好。交换法：将 X 轴脉冲编码器信号接入 Y 轴位控器反馈端口，并作相应设定。上电点动无此现象。故障定位：Y 轴脉冲编码器故障。拆下该编码器检查发现：编码器里发光管损坏导致无反馈信号输出。更换编码器，并注意不同型号编码器的容量参数设置后，故障排除。

【例5】 配套 FANUC 3M 的数控铣床，开机后 CRT 无显示。

分析与处理过程：经检查，该机床系统与 CRT 的连接正常，但显示系统的电源 DC24V、DC15V 均只有 5V 左右，初步判断故障原因在电源模块上。

FANUC 3M 电源模块的原理与 FANUC 0 系统十分相似，经检查，电源模块的 DC24V 输出整流电容存在虚焊现象，重新安装后，显示恢复正常。

【例6】 配套 LJ-10T 的数控车床，开机后 CRT 无显示。

分析与处理过程：测量 CRT 工作电源 DC12V 正常，但显示器无视频信号输入。进一步检查发现，系统（MTB板）上的视频信号输出正常，显示器有光栅。因此，初步判定故障原因在 CRT 的同步分离电路上。该系统的 CRT 同步分离电路原理如图 7-1 所示，经测量发现，行、场同步输出信号正常，但射频信号无输出。对照原理图检查发现，视频信号在 R1、R2 连接处无信号，但 C1、C2 正常，由此判定故障在 R2 上。测量发现，R2 对地短路，更换后，显示恢复正常。

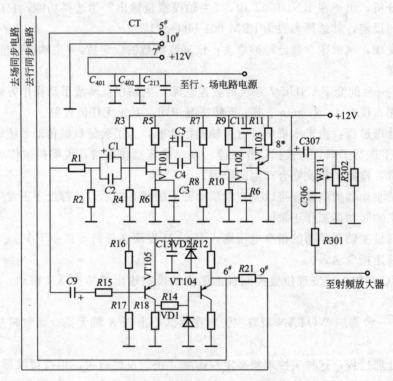

图 7-1　CRT 同步分离电路原理图

7.2　开关失效与实例分析

数控机床中有很多开关，它们分别用于通断电路或由通断而发出高低电平的开关量。常见的几种列于表 7-1 中，其中，按钮、位置开关与万能转换开关又称为"主令电器"。它们是需要定期保养与维修的器件。

表 7-1　数控机床中的常见开关及其故障

名称	闸刀开关	负载开关	组合/转换开关[①]	按钮开关	位置/行程/限位开关
符号	Q或S	QF	SC	SB 启动 动合　停止 动断　复合 按钮	SQ 动合　动断　复合
机构特点	手动转动机构上的触刀与静插座	手动转动机构上触刀、静插座与保险丝组成,应外壳接地	手动转动机构上多个动触头与弹性的定触头组成,应外壳接地	静触头与装在复位弹性机构上的动触头组成(手动机构)	弹簧杠杆上的压轮为动触头,与静触头组成
常见故障	开关动作时的拉弧,烧损或氧化静插座,造成接触不良	• 熔丝熔断、接触/连接不良 • 触刀烧毁接触不良 • 机构锈或松动、手柄失灵 • 外壳接地不良与进线绝缘不良而碰壳漏电	• 机构损坏、磨损、松动造成动作失效 • 触头弹性失效或尘污接触不良造成三触头不能同时接通/断开 • 久用污染形成导电层、胶木烧焦,绝缘破坏,造成短路	• 按下启动按钮有触电感觉:导线与按钮防护金属外壳短路 • 停止按钮失灵:接线错误、线头松动 • 按下停止按钮,再按启动按钮,被控电器不动作;因复位弹簧失效导致动断触头间短路	• 机构失灵/损坏/断线或离挡块太远 • 开关复位但动断触头不能闭合(触头偏斜或脱落,触杆移位被卡或弹簧失效) • 开关的杠杆已偏转但触头不动(开关安装欠妥,触头被卡) • 可导致撞车 • 开关松动与移位(外因)

　　① 另有万能转换开关（SA）——主要用于控制线路的转换,电气测量仪表的转换、配电设备的远距离控制。也可用于小容量电动机的启动、制动、换向及变速控制。

可见,开关失效的成因与故障现象如下。

（1）触点接触不良、接线的连接不良或动断触头短路,造成电路不通或被控电器不动作。

（2）机构不良（弹簧失效或卡住）与损坏、安装欠妥、松动或移位,造成开关不动作或者误动作。

（3）污染、接地不良与绝缘不良会造成漏电与开关短路。

（4）失效,就是指失去正常的功能。开关的失效,除了其本身质量与使用寿命问题外,还有外部原因。如触点的烧损与氧化;使用时间太长、太频繁;环境恶劣造成触头的污染、短路;安装位置不到位、不稳固可靠,接线不稳固以及绝缘性差等。

由于开关的失效,会导致机床的启停、被控制的电器不动作与误动作等故障现象。因此,尤其对频繁使用的老机床,必须考虑开关的失效问题。

【例 7】　SIEMENS 820 系统的匈牙利 MKC500 卧式加工中心,出现工作台不能移动现象,CRT 上显示 7020 报警。

故障分析与排除:7020 报警为工作台交换门错误。故障特征:硬件故障的软件报警→PLC 报警。查出工作台交换门用复合行程开关 SQ35 控制。检查行程开关 SQ35 未发现异常。由此可判断可能的两个故障点是:PLC 输入板或输出板相关接口电路故障或行程开关故障。（按照概率最可能的故障是行程开关故障）

为确定故障点,调用实时 PLC 的 I/O 接口信息表,采用接口分析法。

查资料:SQ35 复合触头开关的地址位/标志位　　　　　E10.6　　　　　　E10.7

| 正常运行时接口信号状态 | "1"（闭合） | "0"（打开） |
| 诊断表实时接口信号状态 | "0" | "0" |

状态对比，判出故障点：E10.6 未闭合。仔细检查发现 SQ35 压合不良从而使 E10.6 接触不良。用细砂纸擦去氧化膜，用酒精清理，故障排除。

7.3 爬行和振动的分析

7.3.1 爬行和振动的分析

数控机床进给伺服系统所驱动的移动部件在低速运行过程中，出现移动部件开始时不能启动，启动后又突然作加速运动，而后又停顿，继而又作加速运动，如此周而复始。这种移动部件一停一跳、一慢一快的运动现象，称为爬行。而当其以高速运行时，移动部件又出现明显的振动。这一故障现象就是典型的进给系统的爬行与振动故障。

对于数控机床出现的爬行与振动故障，可以这样处理：首先罗列出可能造成数控机床爬行与振动的有关因素，然后分析、定位和排除故障。造成这类故障的原因有多种可能，可能是机械进给传动链出现了故障所导致，也可能仅仅是因为润滑不良所引起，还有可能是进给系统电气部分出现了问题，或者是系统参数设置不当的缘故，还可能是机械部分与电气部分的综合故障所造成。面对这一故障现象，不要急于下结论，而应根据产生故障的可能性，逐项排队，逐个因素检查，查到哪一处有问题，就将该处的问题加以分析，看看是否是造成故障的主要矛盾，直至将每一个可能产生故障的因素都查到。然后再统筹考虑，拿出一个综合性的解决问题的方案，将故障排除。排除数控机床进给系统爬行与振动故障的具体做法可参考如下步骤进行。

1. 按故障发生的部位分析

对于数控机床来说，按故障发生的部位，基本可将其分为以下几个部分：机械部分、电气部分和强电控制部分、进给伺服系统、主轴驱动系统、数控装置。爬行与振动故障通常需在机械部分和进给伺服系统部分找问题，因为数控机床进给系统低速时的爬行现象往往取决于机械传动部件的特性，高速时的振动又通常与进给传动链中运动副的预紧力有关；另外，爬行和振动问题都是与进给速度密切相关的问题，所以也就离不开分析进给伺服系统的速度环。

2. 机械部分

造成爬行与振动的原因如果在机械部分，首先应该检查导轨副。因为移动部件所受的摩擦阻力主要是来自导轨副，如果导轨副的动、静摩擦系数大，且其差值也大，将容易造成爬行。尽管数控机床的导轨副广泛采用了滚动导轨、静压导轨或塑料导轨，如果调整不好，仍会造成爬行或振动。对于静压导轨应着重检查静压是否建立，对于塑料导轨可检查有否杂质或异物阻碍导轨副运动，对于滚动导轨则应检查预紧措施是否施行，效果是否良好等。

其次，要检查进给传动链。因为在进给系统中，伺服驱动装置到移动部件之间必定要经过由齿轮、丝杠螺母副或其他传动副所组成的传动链。有效地提高这一传动链的扭转和拉压刚度（即提高其传动刚度），对于提高运动精度，消除爬行非常有益。引起移动部件爬行的原因之一常常是因为对轴承、丝杠螺母副和丝杠本身的预紧或预拉不理想造成的。传动链太长，传动轴直径偏小，支承和支承座的刚度不够也是引起爬行的因素。因此，在检查时也要考虑这些方面是否有缺陷。此外，伺服电动机和滚珠丝杠连接用的联轴器的连接松动或联轴器本身的缺陷，如裂纹等，也会造成滚珠丝杠转动和伺服电动机的转动不同步。从而使进给运动忽快忽慢，产生爬行现象。

另外，关注导轨副的润滑也有助于分析爬行问题。有时出现爬行仅仅就是因为导轨副润滑状态不好造成的。这时，采用具有防爬作用的导轨润滑油是一种非常有效的措施。这种导轨润滑油中有极性添加剂，能在导轨表面形成一层不易破裂的油膜，从而改善导轨的摩擦特性。

3. 进给伺服系统

如果故障原因在进给伺服系统，则分别检查伺服系统中各有关环节。如检查速度调节器；根据故障特点（如振动周期与进给速度是否成比例变化）检查电动机或测速发电机是否有问题；还可检查系统插补精度是否太差，检测增益是否太高；与位置控制有关的系统参数设定有无错误；速度控制单元上短路棒设定是否正确；增益电位器调整有无偏差以及速度控制单元的线路是否良好。应对这些环节逐项检查、分类排除。

4. 综合分析

如果故障既有机械部分的原因，又有进给伺服系统的原因，很难分辨出引起这一故障的主要矛盾，或者很难说清楚在故障中各种因素占的比重分别有多少，这往往是制约迅速查出故障原因的重要因素。面对这种情况，要进行多方面的检测，这就要求有耐心，多动脑筋仔细分析，直至找出故障根源。故障的根源往往是综合性因素造成的，只有采取综合的排除故障的方法才能解决，这一点应当牢记。

7.3.2 爬行和振动的故障诊断实例

【例 8】 某加工中心运行时，工作台 X 轴方向位移过程中产生爬行现象故障，故障发生时系统不报警。

分析及处理过程：对于爬行现象，先检查是否过载、是否润滑不良这些容易看到的表面现象，经检查都正常。再检查联轴器是否连接松动或产生裂纹等，也没发现问题，接着查看了增益系数，发现也正常。再脱开弹性联轴器，用扳手转动滚珠丝杠进行手感检查。通过手感检查，感觉到似乎有故障存在，且丝杠的全行程范围均有这种爬行现象。拆下滚珠丝杠检查，发现滚珠丝杠螺母在丝杠副上转动不畅，故而引起这种故障。折下滚珠丝杠螺母，发现螺母内的反相器处有脏物和小铁屑，因此钢球流动不畅，时有爬行现象。经过认真清洗和修理，重新装好，故障排除。

【例 9】 某加工中心运行时，工作台 Y 轴方向位移过程中产生明显的机械振动故障，故障发生时系统不报警。

分析及处理过程：因故障发生时系统不报警，同时观察 CRT 显示出来的 Y 轴位移脉冲数字量的速率均匀（通过观察 X 轴与 Z 轴位移脉冲数字量的变化速率比较后得出），故可排除系统软件参数与硬件控制电路的故障影响。由于故障发生在 Y 轴方向，故可以采用交换法判断故障部位。通过交换伺服控制单元，故障没有转移，故故障部位应在 Y 轴伺服电动机与丝杠传动链一侧。为区别电动机故障，可拆卸电动机与滚珠丝杠之间的弹性联轴器，单独通电检查电动机。检查结果表明，电动机运转时无振动现象，显然故障部位在机械传动部分。脱开弹性联轴器，用扳手转动滚珠丝杠进行手感检查。通过手感检查，感觉到这种振动故障的存在，且丝杠的全行程范围均有这种异常现象。拆下滚珠丝杠检查，发现滚珠丝杠轴承损坏。换上新的同型号规格的轴承后，故障排除。

7.4　数控车床故障诊断

数控车床除了能完成普通车床能完成的车削内、外圆；车削内、外圆锥面；车削螺纹、球面、端面、切槽、倒角等切削功能外，它还具有控制进给速度，进给方向，加工长度，刀架自动转位，刀位偏移补偿和间隙自动补偿等功能。由于数控车床有上述加工功能，且具有加工精度高、生产效率高和自动化群程度高等特点，故目前已广泛应用于现代机械加工行业。

7.4.1　CNC 系统故障诊断实例

【例 10】　德国 PITTLER 公司的双工位专用数控车床装配西门子 810T 系统，自动关机故障。

故障现象：自动加工时，右工位的数控系统经常出现自动关机故障，重新启动后，系统仍可工作，而且每次出现故障时，NC 系统执行的语句也不尽相同。

故障检查与分析：机床数控系统采用德国西门子公司的 SIN810/T，每工位各用一套数控系统。伺服系统也是采用西门子的产品，型号为 6SC6101-4A。

西门子 810 系统采用 24V 直流电源供电，当这个电压幅值下降到一定数值时，NC 系统就会采取保护措施，迫使 NC 系统自动切断电源关机。该机床出现此故障时，这台机床的左工位的 NC 系统并没有关机，还在工作。而且通过图纸进行分析，两台 NC 系统共用一个直流整流电源。因此，如果是由于电源的原因引起这个故障，那么肯定是出故障的 NC 系统保护措施比较灵敏，电源电压下降，该系统就关机。如果电压没有下降或下降不多，系统就自动关机，那么不是 NC 系统有问题，必须调整保护部分的设定值。

这个故障的一个重要原因为系统工作不稳定。但由于这台机床的这个故障是在自动加工时出现的，在不进行加工时，并不出现这个故障，所以确定是否为 NC 系统的问题较困难。为此首先对供电电源进行检查。测量所有的 24V 负载，但没有发现对地短路或漏电现象。在线检测直流电压的变化，发现这个电压幅值较低，只有 21V 左右。长期观察，发现在出现故障的瞬间，这个电压向下波动，而右工位 NC 系统自动关机后，这个电压马上回升到 22V 左右。故障一般都发生在主轴吃刀或刀塔运动的时候。据此认为 24V 整流电源有问题，容量不够，可能是变压器匝间短路，使整流电压偏低，当电网电压波动时，影响了 NC 系统的正常工作。为了进一步确定判断，用交流稳压电源将交流 380V 供电电压提高到 400V，这个故障就再也没有出现。

故障处理：为了彻底消除故障，更换一个新的整流变压器，使机床稳定工作。

【例 11】　某数控车床配置 FANUC 7CT 系统，出现死机故障。初期启动 NC 系统时一般要启停 2～3 次才能成功；后来，无论如何也不能进入监控状态，处于"死机"状态。无任何报警信息。

故障分析与处理：该机床有 7 个主要单元板——CPU 板、MEM 板、I/O 板、MDI/DPL 板、电源单元、位置控制板和附加位置控制板。造成死机故障一般由时钟和 CPU 部分（含监控程序）电路故障引起。

这几部分都在 CPU 板上。监控程序 EPROM 封固完好，一般不会坏。先对 CPU 的时钟电路进行分析和测试，结果是 CPU 在开机时四块 2901 有时钟，经 2s 左右又消失，但时钟电路正常。造成这种时钟消失的原因是 CPU 部分工作不正常，所以 CPU 部分有故障。

　　FANUC 7CT 数控系统采用的是位片式结构：主 CPU 是用四块 2901 构成的 16 位 CPU，主 CPU 指令系统又是由微程序定序器支持。微程序定序器由两块 2911 构成，图 7-2 为其原理框图。对于这种位片式 CPU 结构，CPU 可能的故障包括位片式微处理器 2901 故障，微程序定序器 2911 故障，微处理器监控程序故障，微程序定序器监控程序故障。

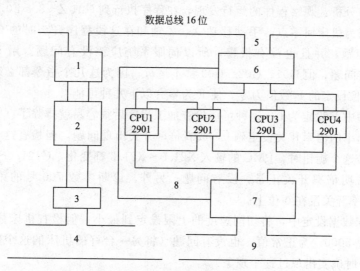

图 7-2　微程序定序器原理框图

1—指令寄存器；2—微程序器 2911 及其监控程序；3—中断处理；4—控制总线；5—数据总线 16 位；
6—数据总线接口寄存器；7—地址锁存接口寄存器；8—主 CPU 侧；9—地址总线 16 位

　　用线测试仪测试四部分以外的元器件都正常。构成 CPU 的大部分监控程序分别固化在 17 片和 9 片 1 位 EPROM 芯片上，一般很难丢失。而主 CPU 采用的是双极性位片式微处理器，发热量大，容易出现热损坏，故判断故障出在主 CPU 的四块 2901 上。更换 2901 后重新启动 NC，系统正常，故障排除。

　　【例 12】　德国 VDF. BOEHRINGER 公司生产的 PNE480L 数控车床，数控系统为西门子 SYSTEM 5T 系统，READY（准备好）指示灯不亮的处理。

　　故障现象：机床合上主开关启动数控系统时，在显示面板上除 READY 灯不亮外，其余所有各指示灯全亮。

　　故障检查与分析：因为故障发生于开机的瞬间，因此应检查开机清零信号 ∗RESET 是否异常。又因为主板上的 DP6 灯亮，而且它又是监视有关直流电源的，因此也需要对驱动 DP6 的相关电路以及有关直流电源进行必要的检查，其步骤如下。

　　（1）因为 DP6 灯亮属报警显示，首先对 DP6 的相关电路进行检查，经检查确认是驱动 DP6 的双稳态触发器 LA10 逻辑状态不对，已损坏。用新件更换后，虽然 DP6 指示灯不亮了，但故障现象仍然存在，数控系统还是不能启动。

　　（2）对 ∗RESET 信号及数控系统箱内各连接器的连接情况进行检查，连接状况良好，但 ∗RESET 信号不正常，发现与其相关的 A38 位置上的 LA01 与非门电路逻辑关系不正确。但没有轻易更换此件，而对各直流电流进行了检查。

　　（3）检查±15 V、±5 V、+12 V、+24 V，发现−5 V 电压值不正常，实测为−4.2 V，已超出±5% 的误差要求。进一步检查发现该电路整流桥后有一滤波用大电容 C19

（10000μf/25 V）焊脚处印制电路板铜箔断裂。将其焊好后，则电压正常，LA01 电路逻辑关系及 * RESET 信号正确。故障排除，数控系统能正常启动。

【例 13】 一台数控车床加工程序执行不下去。

数控系统：FANUC 0TC 系统。

故障现象：在执行自动加工程序时，程序执行不下去。

故障检查与分析：观察程序的运行发现，在程序执行到 G01 Z−8.5 F0.3 时，程序就不往下运行了。因为机床回零点，手动移动 X、Z 轴和在这段程序开头时的 G00 快移指令正常执行都没有问题，并且也没有报警，所以伺服系统应该没有问题。用 MDI 功能测试，G00 快移也没有问题，但 G01、G02、G03 都不运行，因为这几个指令都必须指定进给速率 F，故障现象很像设定的 F 数值为零。使 F 为零有以下几种可能：

（1）在程序中 F 设定为 0，这种可能检查加工程序后很容易就排除了。

（2）进给速率的倍率开关设定到 0，或者倍率开关出现问题，但检查这个开关并没有发现问题；当旋转这个旋钮时，PMC 的输入 X21.0～X21.3 都变化，G121.0～G121.3 的状态也跟随变化，说明倍率开关正常，没有问题；另外，诊断参数 700 号的第五位 COVZ 为"0"，也指示倍率开关没在 0 位上。

（3）在机床数据设定中，将切削速度的上限设定到最小，但检查机床数据 No.527，发现设定的数值是 5000，为正常值，也没有问题（将另一台好的机床的这个数据更改成最小值 6，运行程序时确实出现过这个现象）。

（4）CNC 的控制部分出现问题，但将机床设定到空运行时，程序还能运行，只是速度很慢，说明控制系统也没有什么问题。

进一步研究机床的工作原理发现，这台机床 X 轴和 Z 轴的进给速度与主轴速度有关，检查主轴在进给之前确实已经旋转，主轴达速信号也已经置"1"，没有问题；再仔细观察显示器上主轴的速度显示，在主轴旋转时发现 S 的值为"0"，没有显示主轴的实际转速，为此确认为没有主轴速度反馈；当打开机箱检查主轴编码器时发现，主轴与编码器连接的牙带断开，主轴旋转时，主轴转速编码器并没有旋转。

故障处理：更换新的牙带，机床故障消除。

因为这台机床的工件切削速度与主轴的旋转速度成比例，主轴旋转没有反馈，导致进给速度变成 0，出现 G01、G02、G03 指令都不运行的问题。

【例 14】 南京大方 JWK 系统数控车床的步进电动机出现失步故障。

故障检查与分析：该数控系统为南京大方股份有限公司生产的 JWK 经济型数控系统。在日常维修中，发现有些系统容易失步，且伴有功放管特别容易烧坏现象。修复后，在试验台上运行完全正常，装上机床后，在运行时却出现失步现象，检查计算机输出信号正常，可见问题出在功放部分，而功放板元器件均未发现损坏，且在试验室运行正常。为查出故障原因，用示波器在机床运行时实测各点波形，结果发现 C 点波形是不正常的，失步由此引起。根据 C 点波形分析，5VT14 没有可靠截止，C 点电位下降，导致 5VT16、17 不能可靠饱和而处在放大状态，限制了输出电流，步进电动机力矩变小，带载能力下降，所以机床出现失步现象。功放管 5VT16、17 由饱和变为放大状态后，管压降增大，管子功耗增加，所以功放管容易烧坏。综上可见，C 点波形失常会引起失步故障，同时伴有功放管极易烧坏现象。

是什么原因导致 C 点波形异常？经分析，是由于 5VT11 光耦管性能差和设计上欠妥引起。5VT11 正常导通时，A 点电位值很低，接近零位；B 点电位约 0.7V，5VT14 能可靠截止。当 5VT11 性能异常，该管导通时，A 点电位值偏高，B 点电位随之升高，使 5VT14 导通，集电极电位下降，而使 5VT16、17 由饱和转向放大状态，从而引起上述的故障。如图 7-3 所示。

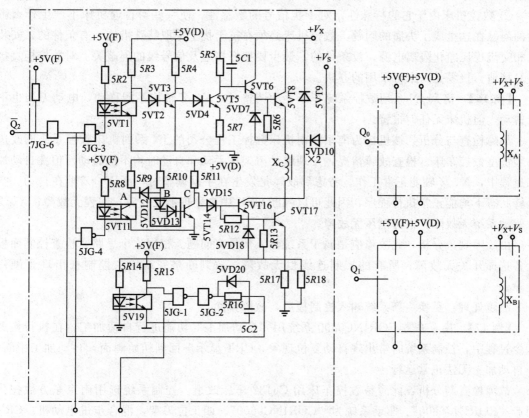

图 7-3　JWK-5/3 型驱动原理图（X 向驱动）

故障处理：

① 选用性能好的元器件；

② 对线路稍作改动，即在三极管 5VT14 基极增加一个二极管（与 5VD13 相串），当 B 点电位偏高时，使 5VT14 管不受影响，保持可靠截止；

③ 改用该系统改进型线路，如 JWK-5/3T，光耦管后接与非门，工作更可靠。

【例 15】　D015 数控车床加工程序输入 RAM 后，启动主轴时，程序不能被执行，TP801 单板机出现 "P" 显示。同时 RAM 内的加工程序、刀补均丢失。

故障检查与分析：D015 经济型数控车床选用的控制系统是西安微电动机研究所生产的 JWK-2-3A 型数控装置，主要用于被动齿轮的精车。

这种现象是偶发的，给操作者带来很大不便。由于是偶发生故障，判断、检查非常困难，根据培训资料：TP801 单板机在程序执行中突然出现 "P"，是由于干扰引起的。也提示了几条干扰源。但通过对这些干扰源的检查，不能发现什么问题。根据预防干扰的措施，决定采用重复、加强接地、接零的方法。

故障处理：从电源引线管的接地螺栓上再加接一根到数控柜接地点的接地线。（D015 车床床身上的接地点已经与电源引线管接地螺栓有良好的连接）作重复接地、接零后，故障排除。

说明：

① 为预防加工程序的丢失，在重复接地后，又解决了操作程序的输入问题，逐步为其主要零件程序，固化了 ROM 块。至此故障排除。

② 数控机床由于它的特殊性，对干扰信号的敏感性，使一些对普通机床不产生什么影响的问题在这里成了头痛的问题。数控机床必须在抗干扰上采取特殊措施，有条件的，安装三相交流稳压净化隔离电源，没条件的，最少要把好接地及信号线的屏蔽关。对数控柜直接重复接地、接零是一个可采用的办法。

【例 16】 南京 JN 系列数控系统车床手动调整时，X、Z 轴均不能移动，电动刀架也不能转动，但机床无任何报警。

故障检查与分析：该机床为南京江南机床数控工程公司的 JN 系列机床数控系统而改造的经济型数控车床。检查故障情况，发现电动刀架在手动和自动时均不能转动。但在自动加工过程中，X、Z 轴能正常工作。考虑到故障是发生在手动调整时，而 X、Z 轴在自动、空运转状态下均能正常执行程序，因此可以判断 CPU 中央处理器无故障；编程无故障；X、Z 轴驱动系统无故障；电源电压无故障。

由故障现象分析，此故障应是属于系统输入信号有问题。根据这个思路，检查控制面板上各选择开关无故障；所有的控制连线也无故障。故判断是系统输入控制板出现了硬件故障。

故障处理：更换一新系统输入控制板后，故障排除。

【例 17】 南京东方 CORINC0800 系统用"自动加工"功能进行自动加工，在执行换刀指令过程中，控制系统时常出现自动复位现象。CRT 显示屏回到初始画面，自动加工中断，使自动加工无法正常运行。

故障检查与分析：此简易数控车床用 C6132 车床改造。控制系统选用南京东方数控公司产"CORINC0800"。驱动系统为"CORINC0600"。四工位刀架，混合步进电动机。CRT 显示。具有人机对话功能。

由于问题出现在"自动加工"换刀过程中，因此，对以下两方面做了认真、必要的检查。

① 在检查外围线路均正常的情况下，更换控制系统控制板。用来排除控制系统内是否存有错误信息或干扰信号所造成的误动作。结果问题依然存在。

② 对刀架控制盒内电路做了认真检查。发现用来控制刀架电动机正、反转的中间继电器 KA_1、KA_2 线圈两端未加续流二极管。因刀架控制盒电流来自控制系统，这样，在换刀过程中 KA_1、KA_2 所产生的反电动势，造成了控制系统的误动作——复位。

故障处理：打开刀架控制盒，在中间继电器 KA_1、KA_2 线圈两端加设续流二极管 VD_1、VD_2，这样就消除了在换刀时由 KA_1、KA_2 线圈所产生的反电动势，使问题得到了彻底地解决。

7.4.2 伺服系统故障诊断实例

【例 18】 德国产 PNE 710L 数控车床，采用 SINUMERIK 5T 数控系统。在正常加工过程中，随机突然出现拖板高速移动，曾发生撞坏工件和卡盘、刀架的严重事故，由早期几个月一次，发展到每天几次，出现故障时必须按急停按钮才能停止。

分析与处理过程：因为机床已经较长时间使用，并且是自动运行，因此，故障不是出自编程和操作者。由数控系统结构框图知，X、Z 坐标移动指令，是由 A 板输出接到机床侧驱动板的 5#、8# 输入端子，如能测量这一点的电压情况，便可判断故障所在。但由于故障是随机的，测量很困难。根据故障现象分析，极有可能是机床侧驱动板接触不良引起。驱动板在机床侧以底板为基础，上有两块插件板，如图 7-4 所示，一块为 CPU，一块为 ASU，其中 CPU 板完成驱动器的速度调节、电流限制、停车监视、测速反馈及三

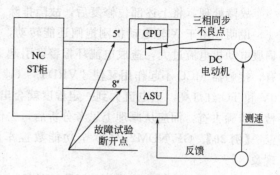

图 7-4　系统结构框图（局部）

相同步等功能。而同步信号部分接触不良引起失控的可能性最大。该板的三相同步电源是由底板三相电源变压器通过两组插头引至该板的，是引起接触不良的关键。为此把数控柜发出模拟量移动指令的输出线，在驱动板的一侧断开 5#、8# 线，用绝缘物体在机床正常通电的情况下，敲击驱动板的插头部位，此时会出现拖板高速移动故障，可断定根源就在此处。

驱动板的型号为：contraves TVP VARD-YN compact ADB·190·60MAPP/VOR。为了便于维修和更换，把电路板设计成插接式，其中 CPU 板有两组多芯插头与底板 CPI 相连。实践证明，进口机床的电子元件本身损坏率极低，只要重新用连线焊接的方法，替代原插头连接式，问题便得到解决。经过焊接后的电路板，再振动也不再发生失控故障，运行一直正常。

【例 19】　FANUC 0TE 系统 401 号报警故障。

故障设备：济南第一机床厂 MJ-50 型数控车床，采用 FANUC 0TE-A2 数控系统，轴进给为交流伺服。

故障现象：X 轴伺服板：PRDY（位置准备）绿灯不亮，0V（过载）、TG（电动机暴走）两报警红灯亮，CRT 显示 401 号报警。通过自诊断 DGNOS 功能，检查诊断数据 DGN23.7 为"1"状态，无"VRDY"（速度准备）信号；DGN56.0 为"0"状态，无"PRDY"信号。X 轴伺服不走。断电后，NC 重新送电 DGN23.7 为"0"，DGN56.0 为"1"，恢复正常，CRT 上无报警。按 X 轴正、负方向点动，能运行，但走约 2～3s 后，CRT 又出现 401 号报警。

故障检查与分析：因每次送电时，CRT 不报警，说明 NC 系统主板没有问题，故障可能发生在伺服系统。采用交换法，先更换伺服电路板，即 X 轴与 Z 轴伺服板交换（注意：短路棒 S 的位置）。交换后，X 轴可走，但不久出现 400 号报警，而 Z 轴不报警，说明故障在 X 轴上，继续重换驱动部分（MCC）后，X 轴正、负方向走动正常并能加工零件，但加工第二个零件时，又出现 400 号报警。

查 X 轴机械负载，卸传动带，查丝杠润滑，用手可使刀架上下运动，确认机械负载正常，看伺服电动机，绝缘正常，电动机电缆、插接头绝缘正常，用钳形电流表测量 X 轴伺服电动机电流，电流值在 6～11A 范围内变动。查说明书，X 轴伺服电动机为 A06B-0512-B205，为 05 型，额定电流为 6A，而现空载电流已大于 6A，但机械负载正常，只能怀疑是制动抱闸没有松开。电动机带抱闸转动。用万用表检查，果然制动电源 90V 没有，查保险管又未熔断，再查，发现保险座锁紧螺母松动，板后保险管座的引线脱落，造成无制动电源。

故障处理：将上述部位修复后，故障排除。

说明：由于 X 轴电动机刚抱闸还能转动，容易误认为抱闸已松开，可实际是过载。因伺服电动机电流过大，造成电流环报警，引起 NC 系统出现"PRDY"（位置准备）信号没有，接触器 MCC 不起作用又使"VRDY"（速度准备）信号没有，从而出现 401 号报警及 0V 和 TG 红灯亮。当电流大到一定程度就会出现 400 号报警。因此，不能单纯按照说明书检查步骤去查，而应从原理上思考分析后，去伪存真，抓住本质解决问题，以免走弯路。

【例 20】 GF NDM25/100 全功能数控车床出现 X 轴无进给命令自动上下抖动故障现象。

故障检查与分析：该机床为 GF NDM25/100 全功能数控车床，CNC 系统采用 FANUC 6TB 系统，伺服系统采用全闭环伺服控制方式。其进给系统如图 7-5（a）。根据系统的组成全闭环伺服控制系统框图如图 7-5（b）。

由系统和框图可以看出，该系统具有位置和速度两个控制环节。根据其故障现象，由系统稳定性判据条件定性分析，查知光栅、速度放大、测速发电机、位置放大环节均正常。观察机床工作状况，在伺服准备好状况下 X 轴无进给命令自动上下抖动，有进给命令时偶尔发生 410 跟随误差报警，故而断定，问题出在机械传动部分。

故障处理：经查 X 坐标轴向定位松动，机械处理后，故障排除。

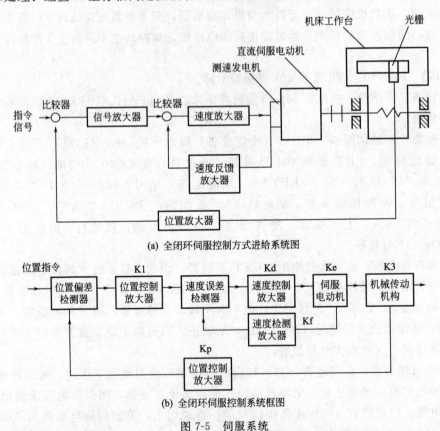

(a) 全闭环伺服控制方式进给系统图

(b) 全闭环伺服控制系统框图

图 7-5　伺服系统

【例 21】 GF NDM25/100 全功能数控车床 X 轴出现无规律振动现象。

故障检查与分析：该机床为 GF NDM25/100 全功能数控车床，CNC 系统采用 FANUC 6TB 系统。该故障在低速时触摸有振动感觉，快速时感觉不明显。加工工件尺寸正常。但

在车削圆锥面时即 X 轴有插补进给时工件表面有沟痕出现，且无任何报警。根据上例的伺服系统框图，应用稳定性的判定原理分析，故障不在位置环，而应在速度环，检查速度环发现测速发电机个别电刷已全部磨损。

故障处理：更换新电刷后故障排除。

【例 22】　一台数控车床，采用 MELDAS M3 控制器，该机床的特点是每个进给轴都有两个脉冲编码器，一个在电动机内部用作速度检测，另一个编码器安装在丝杠端部用作位置检测。在使用时经常出现"S01 伺服报警 0052"。

故障检查与分析：出现上述报警，说明位置反馈有问题，因此，首先将伺服参数 17 号设定为 0，也即取消丝杠端编码器，使位置反馈与速度反馈同时使用电动机内的编码器，此时机床动作正常，无报警出现，说明问题出在位置编码器上。然后检查位置反馈电缆，没有发现有断线或虚焊现象。因此可确定故障出在位置编码器本身。最后，卸下丝杠端部的位置编码器，发现编码器与丝杠连接的螺钉松动。将松动螺钉固紧并恢复伺服参数 17 号为原设定值，机床恢复正常。

【例 23】　一台数控车床出现报警 424（SERVO ALARM Z AXIS DETECT ERR）（伺服报警 Z 轴检测错误）。

数控系统：FANUC 0TC 系统。

故障现象：屏幕显示 424 号报警，指示 Z 轴伺服有故障。

故障检查与分析：这台机床采用 FANUC a 系列数字伺服装置，X 轴和 Z 轴使用一块双轴伺服驱动模块，在出现报警时检查伺服系统发现，伺服驱动模块的数码管上显示"9"。查阅 FANUC 伺服系统技术手册得知，伺服驱动的"9"号报警指示第二轴 Z 轴过电流。

查阅数控系统报警手册，424 报警为 Y 轴的数字伺服系统有错误，在伺服出现 424 报警时，通过诊断数据 DGN N0721 可以查看一些故障的具体原因，利用系统的诊断功能调出诊断数据 DGN N0721 进行查看，发现第 4 位变为了"1"，通常没有报警时应该为"0"，第 4 位变为"1"表示伺服驱动出现异常电流。

出现这个报警的原因分析：

（1）Z 轴负载是否有问题，将 Z 轴伺服电动机拆下，手动转动滚珠丝杠，发现很轻没有问题，这时开机，只让伺服电动机旋转，也出现报警，所以不是机械故障。

（2）伺服电动机是否有问题，将 X 轴伺服电动机与 Z 轴伺服电动机对换，还是 Z 轴出现报警，证明伺服电动机没有问题。

（3）伺服驱动模块是否有问题，与其他机床互换伺服驱动模块，故障转移到另一台机床上，这台机床恢复正常，证明是伺服驱动模块出现故障。

将伺服模块拆开进行检查，发现 Z 轴 W 相的晶体管模块损坏。

故障处理：更换 W 相的晶体管后，故障排除。

【例 24】　某数控车床，用户在加工过程中发现 X、Z 轴的实际移动尺寸与理论值不符。

故障检查与分析：由于本机床 X、Z 轴工作正常，故障仅是移动的实际值与理论值不符，因此可以判定机床系统、驱动器等部件均无故障，引起问题的原因在于机械传动系统参数与控制系统的参数匹配不当。

机械传动系统与控制系统匹配的参数在不同的系统中有所不同，通常有电子齿轮比、指令倍乘系数、检测倍乘系数、编码器脉冲数、丝杠螺距等。以上参数必须统一设定，才能保证系统的指令值与实际移动值相符。

在本机床中，通过检查系统设定参数发现，X、Z 轴伺服的编码器脉冲数与系统设定不一致。在机床上，X、Z 轴的型号相同，但内装式编码器分别为 2000 脉冲/转与 2500 脉冲/转，而系统的设定值正好与此相反。

据了解，故障原因是用户在进行机床大修时，曾经拆下 X、Z 轴伺服进行清理，但安装时未注意到编码器的区别。对 X、Z 轴编码器进行交换后，机床恢复正常工作。

7.4.3 主轴系统故障诊断实例

【例 25】 某配置 SIEMENS 6RA26×× 系列直流主轴驱动器的数控车床，开机后显示主轴报警。

故障检查与分析：SIEMENS 6RA26×× 系列直流主轴驱动器，发现报警的含义与提示是"电源故障"，其可能的原因有：

(1) 电源相序接反；

(2) 电源缺相，相位不正确；

(3) 电源电压低于额定值的 80%。

测量驱动器输入电压正常，相序正确，但主轴驱动仍有报警，因此可能的原因是电源板存在故障。

根据 SIEMENS 6RA26×× 系列直流主轴驱动器原理图，逐级测量各板的电源回路，发现触发板的同步电源中有一相低于正常电压。

检查确认印制电路板存在虚焊，导致了同步电源的电压降低，引起了电源报警。重新焊接后电压恢复正常，报警消失，机床恢复正常。

【例 26】 济南第一机床厂 M J-50 数控车床，采用 FANUC 0T 系统。机床主轴运转当中突然出现速度往下大幅度波动。从实际转速和 CRT 实际检测值显示也可以看出，故障初发时，很快又恢复正常，但一段时间后，故障重复出现，已不能继续加工，无任何报警显示。

故障检查与分析：分析故障现象，应该是主轴驱动部分有故障。用转速表检测主轴故障时，实际转速与 CRT 显示值相符，但比设定值小得多（一半以上），说明检测元件没问题。打开电气柜，检查主驱动部分各指示灯无异常，再检查主电动机电缆各接线端子等，发现与主电动机相连的 U、V、W 三相电缆中，其中有一相与主轴伺服单元的功率板连接处已烧成炭黑状。仔细观察，发现连接螺钉松开，属严重接触不良所致。由于接触不良，机床切削中遇到大的振动，接触不良加剧，阻值增大，引起发热，并伴随输出功率减小，转速下降，随着时间推移，故障越来越明显。将功率板取下，清除炭化部分，换下接线端子重新连接后、机床运转正常。

【例 27】 主轴驱动器为 SIEMENS 6SE1 133-4WB00 交流变频驱动器是额定功率 33kW 的主轴驱动。该驱动器工作时出现无输出且有电压不正常的故障提示。

故障检查与分析：对以上故障其检查与维修过程如下。

(1) 送上三相交流电，检查中间直流电压，发现无直流电压，说明整流滤波环节出故障。断电，进一步检查主回路，如图 7-6 所示。发现熔丝及阻容滤波的电阻都已损坏，换上相应的元器件，中间直流电压正常。但此时勿急于通电，应再检查逆变主回路（如要测试整流、滤波环节是否正常，最好断开点 A 或点 B 后再测量）。

(2) 检查逆变器主回路，发现有一组功率模块的 C、E 之间已击穿短路，换上功率模块后，逆变主回路已正常。但凡由模块损坏的必须检查相应的前置放大回路。

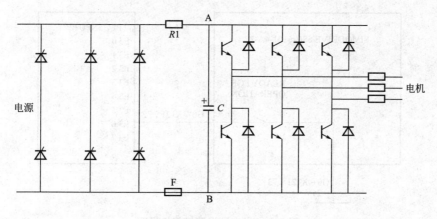

图 7-6 整流滤波电路

（3）找到损坏回路的光耦输入端及前置放大输出端，断开所有控制输入/输出端与主回路的连接。加上控制电源后，发现该回路的一块厚膜组件及一电阻损坏，更换后，进一步在光耦处加上正信号，模拟测试 6 路控制回路状态均相同。此时可判定控制回路已正常。

（4）接好测试时拆下的线路，接上所有的外围线路。通电试车，驱动器已正常。

【例 28】 一台数控车床主轴速度不稳定。

数控系统：FANUC 0TC 系统。

故障现象：这台机床在主轴旋转时突然出现速度大幅度下降的现象，没有任何故障报警。

故障检查与分析：观察故障现象，主轴转速不稳定，系统显示的主轴转速与实际相符，速度下来之后一会儿还可能恢复上去。这台机床的主轴控制系统采用 FANUC α 系列交流数字伺服驱动装置，在出现故障时，对主轴驱动装置进行检查，没有报警显示。检查主轴电动机的电缆连接时发现，三相电源中其中一相的电源电缆在主轴驱动模块的连接端子上已烧成炭黑状。仔细检查发现连接螺栓松动，导致严重接触不良。

故障处理：将功率模块拆开，清除炭化部分，换下接线端子重新连接后，机床恢复稳定运行。

7.4.4 刀架系统故障诊断实例

【例 29】 某西门子 810T 系统出现刀架转动不到位故障。

在最初发生这个故障时，是在机床工作了 2～3h 之后，在自动加工换刀时，刀架转动不到位，这时手动找刀，也不到位。后来在开机确定零号刀时，就出现故障，找不到零号刀，确定不了刀号。

故障检查与分析：该机床为德国 PITTLER 公司的双工位专用数控车床，其数控系统采用西门子 SINUMERIK810/T。

刀架计数检测开关、卡紧检测开关、定位检测开关出现问题都可引起这个故障，但检查这些开关并没有发现问题。调整这些开关的位置也没能消除故障。刀架控制器出现问题也会引起这个故障，但更换刀架控制器并没有排除故障，这个可能也被排除了。仔细观察发生故障的过程，发现在出现故障时，NC 系统产生 6016 号报警 "SLIDE POWER PACK NO OPERATION"。该报警指示伺服电源没有准备好。

分析刀架的工作原理，刀架的转动是由伺服电动机驱动的，而刀架转动不到位就停止，

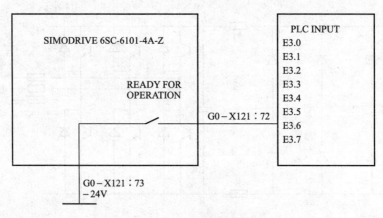

图 7-7　6016 号报警局部梯形图

并显示 6016 伺服电源不能工作的报警，显然是伺服系统出现了问题。西门子 810 系统的 6016 号报警为 PLC 报警，通过分析 PLC 的梯形图，利用 NC 系统 DIAGNOSIS 功能，发现 PLC 输入 E3.6 为 0，使 F102.0 变 1，从而产生了 6016 号报警（见图 7-7）。PLC 的输入 E3.6 接的是伺服系统 GO 板的 "READY FOR OPERATION" 信号，即伺服系统准备操作信号，该输入信号变为 0，表示伺服系统有问题，不能工作。检查伺服系统，在出现故障时，N2 板上［Imax］t 报警灯亮，指示过载。引起伺服系统过载第一种可能为机械装置出现问题，但检查机械部分并没有发现问题；第二种可能为伺服功率板出现问题，但更换伺服功率板，也并未能消除故障，这种可能也被排除了；第三种可能为伺服电动机出现问题，对伺服电动机进行测量并没有发现明显问题，但与另一工位刀架的伺服电动机交换，这个工位的刀架故障消除，故障转移到另一工位上。为此确认伺服电动机的问题是导致刀架不到位的根本原因。

故障处理：用备用电动机更换，使机床恢复正常使用。

【例 30】　经济型数控车床，采用南京江南机床数控工程公司 JN 系列数控系统，刀架是常州市武进机床数控设备厂为 JN 系列数控系统配套生产的 LD4-I 型电动刀架。该机床在产品加工过程中，发现有加工尺寸不能控制的现象，操作者每次在系统中修改参数后，数码显示器显示的尺寸与实际加工出来的尺寸相差悬殊，且尺寸的变化无规律可循。即使不修改系统参数，加工出来的产品尺寸也在不停地变化。

分析与处理过程：该机床主要进行内孔加工，因此，尺寸的变化主要反应在 X 轴上。为了确定故障部位，采用交换法，将 X 轴的驱动信号与 Z 轴的驱动信号进行交换，故障依然存在，说明 X 轴的驱动信号无故障，也说明故障源应在 X 轴步进电动机及其传动机构、滚珠丝杠等硬件上。检查上述传动机构、滚珠丝杠等硬件均无故障。进一步检查 X 轴轴向重复定位精度也在其技术指标之内。是何原因产生 X 轴加工尺寸不能控制呢？思考检查分析故障的思路，发现忽略了一个重要部件——电动刀架。

检查电动刀架的每一个刀架的重复定位精度，故障源出现了，即电动刀架定位不准。分析电动刀架定位不准的原因，若是电动刀架自身的机械定位补助不准，故障应该是固定不变的，不应该出现加工尺寸不能控制的现象，定有其他原因。检查电动刀架的转动情况，发现电动刀架抬起时，有一铁屑卡在里面，铁屑使刀架定位不准，这就是故障源。去掉铁屑故障排除。

【**例 31**】　德州 SAG210/2NC 数控车床系统发出换刀指令后，上刀体连续运转不停或在某规定刀位不能定位。

故障检查与分析：该机床为德州机床厂生产的 CKD6140 及 SAG210/2NC 数控车床与之配套的刀架为 LD4-I 型四工位电动刀架。

分析故障产生的原因：

① 发信盘接地线断路或电源线断路；

② 霍尔元件断路或短路；

③ 磁钢磁极反相；

④ 磁钢与霍尔元件无信号。

根据上述原因，去掉上罩壳，检查发信装置及线路，发现是霍尔元件损坏。

故障处理：更换霍尔元件后，故障排除。

【**例 32**】　南京 JN 系列数控系统出现刀架定位不准故障。

故障检查与分析：该机床为南京江南机床数控工程公司的 JN 系列机床数控系统而改造的经济型数控车床。其刀架为常州市武进机床数控设备厂为 JN 系列数控系统配套生产的 LD4-I 型电动刀架。

其故障发生后，检查电动刀架的情况如下：电动刀架旋转后不能正常定位，且选择刀号出错。根据上述检查判断，怀疑是电动刀架的定位检测元件——霍尔开关损坏。拆开电动刀架的端盖检查霍尔元件开关时，发现该元件的电路板是松动的。由电动刀架的结构原理知：该电路板应由刀架轴上的锁紧螺母锁紧，在刀架旋转的过程中才能准确定位。

故障处理：重新将松动的电路板按刀号调整好，即将 4 个霍尔元件开关与感应元件逐一对应，然后锁紧螺母，故障排除。

7.5　数控铣床故障诊断

数控铣床的故障诊断维修技术随着数控技术的发展而不断完善，诊断维修方法也发生了很大变化。发现故障原因是排除故障最重要的一步。机床故障诊断维修的方法很多，各有特点，有时一个故障的发生往往需要采用几种方法结合使用，才能查出故障的原因。因此，实际维修中不能单一、片面地应用这些方法，而应该根据故障特点抓住实质，灵活运用好这些方法。下面具体介绍数控铣床常见故障的分析与诊断方法。

7.5.1　CNC 系统故障诊断实例

【**例 33**】　数控铣床，配置 F-6M 系统。当用手摇脉冲发生器使两个轴同时联动时，出现有时能动，有时却不动的现象，而且在不动时，CRT 的位置显示画面也不变化。

故障检查与分析：发生这种故障的原因有手摇脉冲发生器故障或连接故障或主板故障等。为此，一般可先调用诊断画面，检查诊断号 DGN100 的第 7 位的状态是否为 1，即是否处于机床锁住状态。但在本例中，由于转动手摇脉冲发生器时 CRT 的位置画面不发生变化，不可能是因机床锁住状态致使进给轴不移动，所以可不检查此项。可按下述几个步骤进行检查。

（1）检查系统参数 000～005 号的内容是否与机床生产厂提供的参数表一致。

（2）检查互锁信号是否被输入（诊断号 DGN096～099 及 DGN119 号的第 4 位为 0）。

（3）方式信号是否已被输入（DGN105 号第 1 位为 1）。

（4）检查主板上的报警指示灯是否点亮。

（5）如以上几条都无问题，则集中力量检查手摇脉冲发生器和手摇脉冲发生器接口板。

故障排除：最后发现是手摇脉冲发生器接口板上 RV05 专用集成块损坏，经调换后故障消除。

【例 34】　某进口数控铣床，配用 HEIDENHAIN TNC155 数控系统，使用几年未出现问题。但后来每到冬季，CNC 系统关机后机床数据和加工程序经常丢失。

故障分析与处理：根据该数控铣床所出现的故障现象，首先认真了解故障发生的具体形式。通过检查发现，机床数据和加工程序的丢失并非因系统电池用完所致，因为更换新电池后仍出现数据丢失现象。有时机床在自动加工时，程序突然中断，CNC 系统死机。有时因关机使机床参数丢失而重新输入数据时，系统也死机。

该机床在夏季不出现故障，因此故障可能是温度、湿度等因素变化导致一些接插件接触不良引起的。首先检查所有的接地线，并关掉所有干扰源，故障仍未消失。接着检查所有的外接插头都无问题，当查到 CNC 系统本身时，发现总线槽上的主板已弯曲变形，判断这里可能是故障源。对主板校直、加固，安装后系统通电，故障消失。

【例 35】　一台数控铣床出现系统不能启动的故障。

数控系统：FANUC 0TC 系统。

故障检查与分析：观察故障现象，在按下启动按钮后系统没有任何反应，检查电气柜内没有异常情况，通电试机，发现当按下系统启动按钮后，控制系统电源的继电器吸合正常，观察 24V 电源时，发现 24V 电源上的灯非常暗，原来是负载有短路的地方，立刻断电。询问机床操作人员得知，Y 轴总是移动到一定位置时，系统就会黑屏。因此初步判断是由于 Y 轴的移动造成线路短路。拆开防护罩检查，果然是行程开关的电缆由于长期和润滑油路的分配器相摩擦，电线裸露对地短路，造成 24V 电源保护，所以系统黑屏。

故障处理：对裸露的电线进行绝缘处理，并采取防护措施，防止电线与其他装置摩擦，这时通电启动系统，机床恢复正常工作。

【例 36】　某配套 FANUC 6M 的数控铣床，在长期停用后首次开机，出现电源无法接通的故障。

故障检查与分析：对照原理图 7-8，经测量电源输入单元 TP1，输入 U/V/W 为 200V，正常，但检查 U1、V1 端无 AC200V。由图 7-8 可见，其故障原因应为 F1、F2 熔断，经测量确认 F1、F2 已经熔断。进一步检查发现，输入单元的 TP3 上 200A/200B 间存在短路。为了区分故障部位，取下 TP3 上的 200A、200B 连线，进行再次测量，确认故障在输入单元的外部。检查线路发现 200A、200B 电缆绝缘破损。在更换电缆、熔断器 F1、F2，排除短路故障后，机床恢复正常。

【例 37】　某配套 SIEMENS 3M 的立式铣床，在使用过程中经常无规律地出现"死机"、系统无法正常启动等故障。机床出现故障后，进行重新开机，有时即可以正常启动，有时需要等待较长的时间才能启动机床；机床在正常启动后，又可以恢复正常工作。

故障检查与分析：由于该机床只要在正常启动后，即可以正常工作；且正常工作的时间不定，有时可以连续进行数天，甚至数周的正常加工；有时却只能工作数小时，甚至几十分钟，故障随机性大，无任何规律可循，此类故障属于比较典型的"软故障"。

鉴于机床在正常工作期间，所有的动作、加工精度都满足要求，而且有时可以连续工作较长时间，因此，可以初步判断数控系统本身的组成模块、软件、硬件均无损坏，发生故障

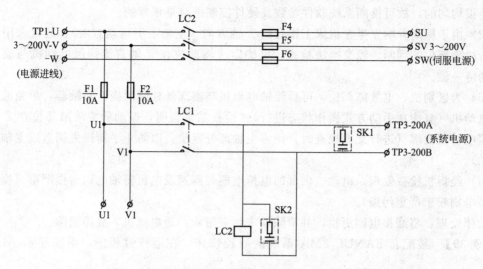

图 7-8　FANUC 输入单元主回路原理

的原因主要来自系统外部的电磁干扰或外部电源干扰等。

　　一般来说,数控系统、机床、车间的接地系统的不良;系统的电缆屏蔽连接的不正确;电缆的布置、安装的不合理;系统各模块的安装、连接、固定的不可靠等因素是产生"软故障"的主要原因。维修"软故障"时,应主要针对以上各方面进行必要的检查与诊断。在排除了以上基础工作缺陷造成"软故障"的原因后,维修时应重点针对系统的电源输入回路与外部电源进行。

　　根据以上分析,维修时首先对数控系统、机床、车间的接地系统进行了认真的检查,纠正了部分接地不良点;对系统的电缆屏蔽连接,电缆的布置、安装进行了整理、归类;对系统各模块的安装、连接进行了重新检查与固定等基础性的处理。

　　经过以上处理后,机床在当时经多次试验,均可以正常启动。但由于该机床的故障随机性大,产生故障的真正原因并未得到确认,维修时的试验并不能完全代表故障已经被彻底解决,有待于作长时间的运行试验加以验证。

　　实际机床在运行了较长时间后,经操作者反映,故障的发生频率较原来有所降低,但故障现象仍然存在。

　　根据以上结论,可以基本确定引起机床故障的原因在输入电源部分。对照机床电气原理图检查,系统的直流 24V 输入使用的是普通的二极管桥式整流电路供电,这样的供电方式在电网干扰较严重的场合,通常难以满足系统对电源的要求。最后,采用了标准的稳压电源取代了系统中的二极管桥式整流电路,机床故障被排除。

7.5.2　伺服系统故障诊断实例

　　【例 38】　数控铣床伺服电动机声响异常故障实例分析及处理。

　　故障现象:自动或手动方式运行时,发现机床工作台 Z 轴运行振动异响现象,尤其是回零点快速运行时更为明显。故障特点是,有一个明显的劣化过程,即此故障是逐渐恶化的。故障发生时,系统不报警。

　　故障检查与分析:该机床为上海第四机床厂生产的 XK715F 型工作台不升降数控立式铣床,数控系统采用了 FANUC 7CM 数控系统。

　　(1) 由于系统不报警,且 CRT 及现行位置显示器显示出的 Z 轴运行脉冲数字的变化速度还是很均匀的，故可推断系统软件参数及硬件控制电路是正常的。

（2）由于振动异响发生在机床工作台的 Z 轴方向（主轴上下运动方向），故可采用交换法进行故障部位的判断。经交换法检查，可确定故障部位在 Z 轴直流伺服电动机与滚珠丝杠传动链一侧。

（3）为区别机、电故障部位，可拆除轴电动机与滚珠丝杠间的挠性联轴器，单独通电测试轴电动机（只能在手动方式操作状态进行）。检查结果表明，振动异响故障部位在 Z 轴直流伺服电动机内部（进行此项检查时，须将主轴部分定位，以防止平衡锤失调造成主轴箱下滑运动）。

（4）经拆机检查发现，电动机内部的电枢电刷与测速发电机转轴电刷磨损严重（换向器表面被电刷粉末严重污染）。

故障处理：将磨损电刷更换，并清除粉末污染影响。通电试机，故障消除。

【例 39】 某配套 FANUC 3MA 系统的数控铣床，在运行过程中，系统显示 ALM31 报警。

故障检查与分析：FANUC 3MA 系统显示 ALM 31 报警的含义是"坐标轴的位置跟随误差大于规定值"。

通过系统的诊断参数 DGN 800、801、802 检查，发现机床停止时 DGN 800（X 轴的位置跟随误差）在 -1 与 -2 之间变化；DGN801（Y 轴的位置跟随误差）在 $+1$ 与 -1 之间变化，但 DGN802（Z 轴的位置跟随误差）值始终为"0"。由于伺服系统的停止是闭环动态调整过程，其位置跟随误差不可以始终为"0"，现象表明 Z 轴位置测量回路可能存在故障。

为进一步判定故障部位，采用交换法，将 Z 轴和 X 轴驱动器与反馈信号互换，即：利用系统的 X 轴输出控制 Z 轴伺服，此时，诊断参数 DGN 800 数值变为 0，但 DGN 802 开始有了变化，这说明系统的 Z 轴输出以及位置测量输入接口无故障。故障最大的可能是 Z 轴伺服电动机的内装式编码器或编码器的连接电缆存在不良。

通过示波器检查 Z 轴的编码器，发现该编码器输出信号不良；更换新的编码器，机床即恢复正常。

【例 40】 FANUC 3M 系统数控铣床轴向伺服故障处理。

故障现象：机床在加工或快速移动时，X 轴与 Y 轴电动机声音异常，Z 轴出现不规则的抖动，并且当主轴启动后，此现象更为明显。

故障检查与分析：当机床在加工或快速移动时，X 轴、Y 轴电动机声音异常，Z 轴出现不规则的抖动，而且在加工时主轴启动后此现象更为明显。从表面看，此故障属干扰所致。分别对各个接地点和机床所带的浪涌吸收器件作了检查，并做了相应处理。启动机床并没有好转。之后又检查了各个轴的伺服电动机和反馈部件，均未发现异常。又检查了各个轴和 CNC 系统的工作电压，都满足要求。只好用示波器查看各个点的波形，发现伺服板上整流块的交流输入电压波形不对，往前循迹，发现一输入匹配电阻有问题，焊下后测量，阻值变大，换一相应电阻后机床正常。

【例 41】 XK715F 型数控铣床按程序加工切削运行时发现，工作台 Y 轴位移过程中，存在正方向运行正常，而反方向声响异常的故障现象，系统不报警。

故障检查与分析：XK715F 型工作台不升降数控铣床，是上海第四机床厂 1986 年生产制造的产品，数控系统配置 FAUNC-BESK 7CM 系统。该机床伺服电动机全部采用 FANUC 公司的大惯量无环流直流伺服电动机。由于系统不报警，且 CRT 显示出来的 Y 轴正、反向位移脉冲的数字变化速率是均匀的，故可排除系统软件参数及硬件控制电路的故障；检测加工件尺寸基本符合图样要求，只是粗糙度大点，故又可排除伺服速度控制单元电路故障；在外部检查中，发现 Y 轴直流伺服电动机温升较高，测其负载电流又远低于额定设定值参数（反向电流略高于正向运转电流）故可排除电机负载过重的故障；经分析，电动机在正常工作电流状态产生过热故障现象，那只有一种解释，即电动机转动时产生了不正常的机械摩擦；为区别机、电故障部位，拆开电动机与滚珠丝杆间的挠性联轴器，单独通电试 Y 轴电动机，试验结果表明，故障部位在电动机一侧；用手盘动电动机转子时，也能明显地感觉到正转时手感轻松，而反转时手感较重，且有一种阻滞的感觉；将电动机拆卸解体检查，果然发现定子永久磁钢有一块松动脱落，且转动了一定角度，该磁体与转子有摩擦痕迹，由此，故障的根本原因已很清楚；经查，电动机定子的永久磁钢是采用强力胶粘接的，故使用中应严禁撞击或振动，尤其是拆装检修过程中更应注意，以防发生此类故障。

故障处理：采用环氧树脂胶或其他强力胶，将脱落的磁体贴牢在原位置上，重新装机试车，故障消除。

7.5.3　主轴系统故障诊断实例

【例 42】　某数控铣床低速启动时，主轴抖动很大，高速时却正常。

故障检查与分析：该机床使用的主轴系统为台湾生产的交流调速器。在检查确认机械传动无故障的情况下，将检查重点放在交流调速器上。

先采用分割法，将交流调速器装置的输出端与主轴电动机分离。在机床主轴低速启动信号控制下，用万用表检查交流调速装置的三相输出电压，测得三相输出端电压参数分别为 U 相 50V；V 相 50V；W 相 220V。旋转调速电位器，U、V 两相电压值能随调速电位器的旋转而变化，W 相则不能被改变仍为 220V。这说明交流调速器的输出电压不平衡（主要是 W 相失控），从而导致主轴电动机在低速时三相输入电源电压不平衡产生抖动，而高速时主轴运转正常的现象。

根据交流变频调速器装置的工作原理分析：该装置除驱动模块输出为强电外，其余电路均为弱电，且 U、V 两相能被控制。因而可以认为：交流变频调速器装置的控制系统正常，产生交流电输出电压不平衡的原因应是变频器驱动模块有故障。

交流变频器驱动模块原理示意图如图 7-9 所示。根据该原理示意图将驱动模块上的引

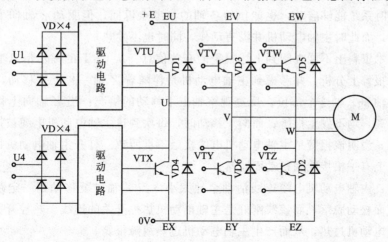

图 7-9　驱动模块示意图

出线全部拆除。再用万用表检查该驱动模块各级，发现模块的 W 端已导通，即 W 相晶体管的集电极与发射极已短路，造成 W 相输出电压不能被控制。将该模块更换后，故障排除。

【例 43】 一台 FANUC 11M 系统的数控铣床，空载运行 2h 后，主轴出现偶发停车，显示 AL-2 和 AL-3 报警。

故障分析与处理：查阅手册得知，AL-2 报警为电机速度偏离指令值，可能原因，一是电机过载，二是脉冲发生器有故障。AL-3 报警为直流回路电流过大，可能原因，一是电机绕组短路，二是晶体管模块损坏。由于机床已空载运行 2h，不可能是电机过载和电机绕组短路引起，作相应检查，没发现问题。进一步分析可能与电源电压有关，检查发现系统 24V 直流工作电压偏低，仅有 18～20V，说明 24V 工作电压不正常。检查这时的交流输入电压为 190～200V，而电压设定开关却设定在 220V。将电压设定开关设定在 200V 之后，系统恢复正常。

【例 44】 某数控铣床出现 Z 轴超程报警。

故障检查与分析：由 CNC 系统知超程报警一般可分为两种情况，一种是程序错误（即产生软件错误）；另一种为硬件错误。针对上述两种情况，根据"先易后难"的维修原则，首先对软件进行检查，软件无错误。其次对其硬件进行检查，该机床的 Z 轴硬件为行程开关。打开机床防护罩检查，用手撤行程开关，Z 轴能停止移动而不超程。用机床上的挡铁压行程开关，则 Z 轴不能停止移动而产生超程。

从上述检查分析，估计是行程开关或挡铁松动，致使行程开关不能动作，造成 Z 轴超程报警。检查挡铁无松动，将组合行程开关拆开检查，发现 Z 轴终点行程开关的紧固部件已断裂一角，这样当挡铁压行程开关时，便产生移位。这也是挡铁与行程开关的压合距离未调整好所致。

故障处理：更换一新行程开关，重新调整好挡铁与行程开关的压合距离，至此故障排除。

【例 45】 北京机床研究所生产的立式数控铣床在工作中出现主轴电动机过热报警，同时 CRT 上显示 SPDLSERVO ALARM；SERVO ALARM 的报警信息。

故障检查与分析：经查 2001# 和 409# 报警是指主电机过热报警，且报警能用清除键清除，清除后有时系统能够启动，也能执行各轴的参考点返回，但驱动 Z 轴向下移动时，便发生上述报警，而此时主轴电动机并没有动作，同时也不发热。

从机床技术资料上不能查阅到上述报警的有关信息。从 CRT 的提示信息上以及主轴伺服驱动单元的报警上分析，并考虑到主轴电动机是伴随着 Z 轴一起上下移动，因而怀疑故障范围应在主轴和 Z 轴这个部位。反复观察轴上下移动的情况：当 Z 轴向上移动时，无论移动多长的距离，均不发生报警；而向下移动时，每次到达主轴电动机电缆被拉直时，便发生报警。因此，说明该报警是主轴电动机电缆接触不良所致。打开主轴电动机接线盒，发现盒内接线插头上有一根接线因松动而脱落。

故障原因：主轴电动机电缆连线活动余地太小，当 Z 轴向下移动到一定距离后，电缆便被张力拉直而松动脱落，而该线刚好是主轴电动机热控开关的连线。热控开关的输入信号断开，模拟了电动机过热，从而产生主轴电动机过热故障报警。

故障处理：从电气控制柜中将主轴电动机电缆拉出一部分，使其达到 Z 轴向下移动时的最大距离。同时，将松动、脱落的连线焊好，故障排除。

7.5.4　工作台故障诊断实例

【例 46】　某数控铣床在机床使用过程中，回转工作台经常在分度后出现不能落入鼠牙定位盘内，机床停止执行下面指令。

故障检查与分析：回转工作台在分度后出现不能落入鼠牙定位盘内，发生顶齿现象，是工作台分度不准确所致。工作台分度不准确的原因可能有电气问题和机械问题，首先检查电动机和电气控制部分（因为此项检查较为容易）。检查电气部分正常，则问题出在机械部分，可能是伺服电动机至回转台传动链间隙过大或转动累计间隙过大所致。拆下传动箱，发现齿轮、蜗轮与轴键连接间隙过大，齿轮啮合间隙超差过多。经更换齿轮、重新组装，然后精调回转工作台定位块和伺服增益可调电位器后，故障排除。

【例 47】　XK715F 数控铣床自动或手动方式运行时，发现工作台 Y 轴方向位移过程中产生明显的机械抖动故障，故障发生时系统不报警。

故障检查与分析：XK715F 型工作台不升降数控立式铣床，规格 500mm×2000mm，所配数控系统为 FANUC BESK 7CM 系统。该机床已使用近 10 年。其具体分析如下。

（1）因故障发生时系统不报警，同时观察 CRT 显示出来的 Y 轴位移脉冲数字量的变化速率均匀（通过观察 X 轴与 Z 轴位移脉冲数字量的变化速率比较后得出），故可排除系统软件参数与硬件控制电路的故障影响。

（2）因故障发生在 Y 轴方向，故可采用交换法判断故障部位。

（3）经交换法检查判断，故障部位在 Y 轴直流伺服电动机与丝杠传动链路一侧。

（4）为区别机电故障，可拆卸电动机与滚珠丝杠间的挠性联轴器，单独通电试电动机检查判断（在手动方式状态下进行试验检查）。检查结果表明，电动机运转时无振动现象，显然故障部位在机械传动链路内。

（5）脱开挠性联轴器后，可采用扳手转动滚珠丝杠进行手感检查。通过手感检查，也可感觉到这种抖动故障的存在，且丝杠的全行程范围均有这种异常现象。故怀疑滚珠丝杠副及有关支承有问题。

（6）将滚珠丝杠拆卸检查，果然发现丝杠＋Y 方向的平面轴承有问题，在其轨道上呈现明显的压印痕迹。

（7）将此损伤的轴承替换后故障排除。

（8）经分析，Y 轴方向上的平面轴承出现的压印痕迹，只有在受到丝杠的轴向冲击力时才有可能产生，反映在现场的表现上，即只有在＋Y 轴方向发生超程时才可能产生。据了解，此机床在运行过程中确实发生过超程报警。

（9）为防止上述故障再次发生，需仔细检查＋Y 轴方向上的减速、限位行程开关是否存在机械松动或电气失灵故障。

故障处理：采用同型号规格的轴承替换后，故障排除。

【例 48】　XK715F 型数控立式铣床机床自动或手动操作运行中，系统经常因故发生 07 号故障报警。

故障检查与分析：该机床所配系统同上例。07 号 ALARM 系伺服系统未准备好（异常故障报警），其故障原因很多，这是 FANUC BESK 7CM 系统上一类极为常见的故障报警。

经检查，发现 Z 轴直流伺服电动机的过流保护热继电器（MOL）脱扣，同时发现 Z 轴电机壳体表面温升很高。经检测，电动机运转电流较大，超过 MOL 的整定刻度。显然，此故障属 Z 轴电动机过负载引起。

Z 轴直流伺服电动机过负荷运行，其原因是：Z 轴伺服电动机制动电路失控，使其始终处于制动刹车状态；主轴箱平衡锤配重失调，使其电动机一个方向运动时因负载偏重引起的过电流故障；导轨面缺油或研伤，以及导轨两端的塞铁调整不当等原因，使其工作台运动过程中的阻力增大；传动链路内的齿轮啮合不好，滚珠丝杠副与螺母的预加载荷调整超差及螺母滚动弹子与轨道研伤滑动不畅，以及丝杠支承调整不当或损坏等原因，均可引起电动机过载故障；Z 轴直流伺服电机转动过程中存在机械摩擦或支承损坏等原因，也会引起过载故障。

为区别机、电故障，可采用 Z 轴电动机与丝杠传动齿轮脱开进行试机的方法。（具体实施时，为防止主轴箱配重失调造成的自重下滑运动，须将主轴装置定位后，才允许脱开进行检查，这一点须引起注意）。经过 Z 轴电动机单独通电试机检查表明，电动机的空运转各项指标（转速、声响、空载电流、温升等）均属正常。显然，故障部位在机械传动链路内。参照随机技术文件有关传动结构图，按机修工艺逐项检查，发现此例故障原因是导轨楔铁单侧调整不当以及导轨面部分研伤。

故障处理：按机修工艺要求重新铲刮导轨，调整导轨楔铁，装上 Z 轴电动机，拆除定位棒，同时将过流保护热继电器（MOL）复位，通电试机，故障排除。

【例 49】　XK715F 型数控铣床手动方式运行时，发现工作台 Y 轴方向运行时存在明显的抖动（振动）现象，CRT 没有报警信号显示。

故障检查与分析：该机床系统同上。因故障发生时，虽然 CRT 没有报警信号显示，但伺服轴故障明显，故可采用交换法判断故障部位。经检查，不难确定故障部位在 Y 轴伺服电动机与该轴向的机械传动链路内。为区别机电故障，断开 Y 轴电动机与滚珠丝杠间的挠性联轴节，单独通电试电动机。经检查，伺服速度控制单元及 Y 轴伺服电动机正常，显然此抖动根源在机械传动链路一侧。参照随机技术文件中的"机床传动系统图"可知，Y 轴的机械传动链路内只有滚珠丝杠螺母副及其支承，故将工作台拆下，仔细检查发现滚珠丝杠螺母中两滚道的钢球直径不一致，（因该滚珠丝杠副刚维护保养不久）估计维修人员在拆卸、保养清洗及装配过程中，不慎将两螺母中的滚动弹子弄乱（实际上两螺母滚道中的滚珠在制造厂是进行过严格选配的，这一点须特别引起重视），以致造成螺母在丝杠副上转动不畅，时有卡死现象，故而引起机械传动过程中的振动或抖动现象。

故障处理：此类故障原因虽已查明，但修复还须格外仔细。先将滚动弹子逐粒测量选配后，再按工艺步骤重新装配，调整预加载荷。经装机调试后，故障消除。

7.6　加工中心故障诊断

加工中心是一种备有刀库并能自动更换刀具，对工件进行多工序加工的数控机床，由于它集中完成多种工序，因而可减少工件装夹、测量和机床的调整时间，减少由于多次装夹工件造成的加工误差，减少工件周转、搬运和存放时间，使机床的切削利用率高于普通机床的 3～4 倍。如果加工中心使用过程中出现故障，势必会影响其使用性能和工作效率，甚至会造成停机待修。加工中心是昂贵的设备，对加工中心进行有效的维护、故障诊断和排除，对提高工作效率有着重要的意义。

7.6.1　数控铣削加工中心故障诊断

1. CNC 系统故障实例与诊断

【例 50】　MHS00G 镗铣加工中心，配置飞利浦 CNC 5000 数控系统。执行 M53 指令时立卧转换中断，出现报警 E116 "TOOL CHANG POS ZNCORR AT MAG RUN（刀库运行时换刀位置不正确）"。

故障检查与分析：正常情况是当 CNC 执行 M53 指令时，完成 X 轴、Y 轴回零到位及换刀机械手臂移出、夹手张开、立铣头摆动等动作，然后机床各动作复位，立卧转换过程完毕。现由于故障使动作不能连续完成，中途停止。原因有两点：一是反馈信号中断；二是 RAM 随机存储器数据丢失。经测量，反馈信号均正常。重装机床数据后，机床恢复立卧转换功能。

【例 51】　TH6350 卧式加工中心在工作中多次发生掉电故障，有时甚至无法启动。

故障检查与分析：经检查发现故障在 NC 柜电源单元上（见图 7-10）。按电源启动按钮 ON，交流接触器 KM 吸合后，并联在 ON 上的常开触点 KA_1、KA_2 吸合自保使整机启动供电。继电器 KA_1、KA_2 吸合条件是：电源盘上的继电器 RY31 吸合，其并接在输出端子 XP2，XP3 上的常开触点闭合后才能使主接触器 KM 吸合自保，从图 7-10 中看出，开关电

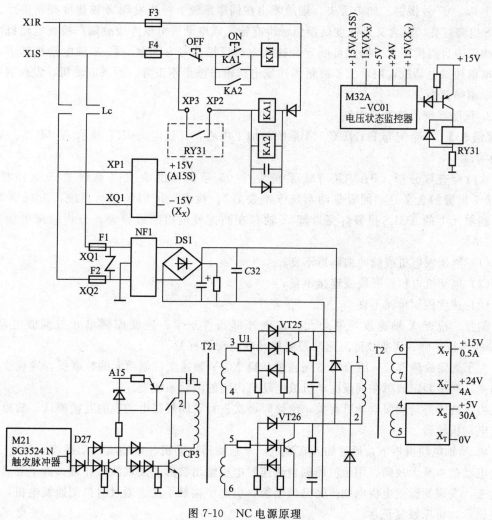

图 7-10　NC 电源原理

源进电端 XQ1、XQ2 是通过主接触器 KM 常开触点闭合后，接到交流 220V 电源上的。继电器 RY31 受电压状态监控器 M32 控制，当电源板上输出直流电压±15V，+5V 及+24V 均正常时，RY31 继电器也吸合正常，一旦有任何一项电压不正常时，RY31 继电器即释放，使主接触器失电释放。拆下电源板单板试验，在 XQ1、XQ2 及 XQ1、XP1 端子上直接接入 220V 交流电压在输出端测得+15V，A15S 端子和−15V（X_X）均正常，而 X_Y 的 15V 和 X_V 的+24V 及 X_S 的+5V 端电压均为 0。从图 7-10 上往前检查。在电容器 C32 两端量得电压约为 310V，说明供电电源部分正常；再用示波器检查 M21 提供的触发脉冲，在触发器 D27 输入端及推动变压器 T21 一次 CP3 上均能测到波形，但开关管 VT25、VT26 不工作，若用一螺相旋具触碰 T21 二次 V1 端时，能够激励工作一段时间，可见故障原因是开关电路不工作。拆下 VT25、VT26 检查发现两只管子的 hFE 大小不一致（一只是 30，一只是 40），由于在市场上未买到原型号 2SC2245A 管，故改用特性相似的 2SC3306 代替。因外形不一样故在安装时做了一些改动。至此故障排除，以后电源板没再发生此类故障。

【例 52】 一台由大连机床厂生产的 TH6263 加工中心，配 FANUC 7M 系统。机床启动后在 CRT 上显示 05、07 号报警。

故障检查与分析：首先应检查机床参数及加工零件的主程序是否丢失，因它们一旦丢失即发生 05、07 号报警。如未丢失，则故障出在伺服系统。检查发现 Z 轴速度控制单元上的 TGLS 报警灯亮，其含义是速度反馈信号没有输入或电动机电枢连线故障。检查电动机电枢线连接正确且阻值正常。据此可断定测速发电机反馈信号有问题。将 X 轴电动机卸下，通直流电单独试电动机，用示波器测量测速发电机输出波形不正常。拆下电动机，发现测速发电机电刷弹簧断。

2. 伺服系统故障诊断实例

【例 53】 一台配套 FANUC 7M 系统的加工中心，开机时，CRT 显示 ALM 05、ALM 07 报警。

故障检查与分析：FANUC 7M 系统发生 05 号报警的含义是系统处于急停状态；ALM07 报警的含义是"伺服驱动系统未准备好"。检查机床伺服驱动系统，发现 X 轴速度控制单元上的 TGLS 报警灯亮，即 X 轴存在测速发电机断线报警，分析故障可能的原因有：

(1) 测速发电机或脉冲编码器不良；

(2) 电动机电枢线断线或连接不良；

(3) 速度控制单元不良。

测量、检查 X 轴速度控制单元，发现外部条件正常；速度控制单元与伺服电动机、CNC 的连接正确，表明故障与速度控制单元或电动机有关。

为了确定故障部位，维修时首先通过互换 X、Y 轴速度控制单元的控制板，发现故障现象不变，初步判定故障在伺服电动机或电动机内装的测量系统上。

由于故障都与伺服电动机有关，维修时再次进行了同规格电动机的互换确认，故障随着伺服电动机转移。

将 X 轴电动机拆下，通过加入直流电，单独旋转电动机，电动机转动平稳、调速正常，表明电动机本身无故障。用示波器测量测速发电机输出波形，发现波形异常。拆下测速发电机检查，发现测速发电机电刷弹簧已经断裂，引起了接触不良。通过清扫测速发电机，并更换电刷后，机床恢复正常。

【例 54】　一台配套 FANUC 7M 系统的立式加工中心，开机时，系统出现 ALM 05、07 和 37 号报警。

故障检查与分析：FANUC 7M 系统 ALM 05、ALM 07 的含义同前；ALM 37 是 Y 轴位置误差过大报警。

分析以上报警，ALM 05 报警是由于系统"急停"信号引起的，通过检查可以排除；ALM07 报警是系统中的速度控制单元未准备好，可能的原因有：

(1) 电动机过载；

(2) 伺服变压器过热；

(3) 伺服变压器保护熔断器熔断；

(4) 输入单元的 EMG（IN1）和 EMG（IN2）之间的触点开路；

(5) 输入单元的交流 100V 熔断器熔断（F5）；

(6) 伺服驱动器与 CNC 间的信号电缆连接不良；

(7) 伺服驱动器的主接触器（MCC）断开。

ALM 37 报警的含义是"位置跟随误差超差"。

综合分析以上故障，当速度控制单元出现报警时，一般均会出现 ALM 37 报警，因此故障维修应针对 ALM07 报警进行。

在确认速度控制单元与 CNC、伺服电动机的连接无误后，考虑到机床中使用的 X、Y、Z 伺服驱动系统的结构和参数完全一致，为了迅速判断故障部位，加快维修进度，维修时首先将 X、Z 两个轴的 CNC 位置控制器输出连线 XC（Z 轴）和 XF（Y 轴）以及测速反馈线 XE（Z 轴）与 XH（Y 轴）进行了对调。这样，相当于用 CNC 的 Y 轴信号控制 Z 轴，用 CNC 的 Z 轴信号控制 Y 轴，以判断故障部位是在 CNC 侧还是在驱动侧。经过以上调换后开机，发现故障现象不变，说明本故障与 CNC 无关。

在此基础上，为了进一步判别故障部位，区分故障是由伺服电动机还是由驱动器引起的，维修时再次将 Y、Z 轴速度控制单元进行了整体对调。经试验，故障仍然不变，从而进一步排除了速度控制单元的原因，将故障范围缩小到 Y 轴直流伺服电动机上。

为此，拆开了直流伺服电动机，经检查发现，该电动机的内装测速发电机与伺服电动机间的连接齿轮存在松动，其余部分均正常。将其连接紧固后，故障排除。

【例 55】　一台配套 FANUC 6ME 的加工中心，在加工过程中突然停机，CRT 显示 401、410、420 报警。

故障检查与分析：FANUC 6M 系统 CRT 上显示 401 报警的含义是 X、Y、Z 等进给轴驱动器的速度控制准备信号（VRDY 信号）为 OFF 状态，即伺服驱动系统没有准备好。410、420 报警的含义是"X 轴和 Y 轴停止时的位置偏差过大"，其可能的原因有：

(1) 位置偏差值设定错误；

(2) 输入电源电压太低；

(3) 伺服电动机不良；

(4) 电动机的动力线和反馈线连接故障；

(5) 速度控制单元故障以及系统主板的位置控制部分故障，等等。

考虑到本机床 X、Y 轴速度控制单元同时存在报警，因此，故障一般都与速度控制单元的公共部分有关。

通过检查伺服驱动器电源、速度控制单元辅助电源、速度控制单元与 CNC 的连接等公共部分，未发现不良；初步判定可能是系统主板的位置控制部分不良引起的。考虑到现场有同类机床，为维修提供了便利。通过替换主板，确认了故障是由于系统主板不良引起的，直接更换主板后，排除故障，机床恢复正常。

【例 56】 一台配套 FANUC 7M 系统的加工中心，进给加工过程中，发现 Y 轴有振动现象。

故障检查与分析：加工过程中坐标轴出现振动、爬行现象与多种原因有关，故障可能是机械传动系统的原因，亦可能是伺服进给系统的调整与设定不当等等。

为了判定故障原因，将机床操作方式置于手动方式，用手摇脉冲发生器控制 Y 轴进给，发现 Y 轴仍有振动现象。在此方式下，通过较长时间的移动后，Y 轴速度单元上 OVC 报警灯亮。证明 Y 轴伺服驱动器发生了过电流报警，根据以上现象，分析可能的原因如下：

(1) 电动机负载过重；

(2) 机械传动系统不良；

(3) 位置环增益过高；

(4) 伺服电动机不良，等等。

维修时通过互换法，确认故障原因出在直流伺服电动机上。卸下 Y 轴电动机，经检查发现 6 个电刷中有 2 个的弹簧已经烧断，造成了电枢电流不平衡，使电动机输出转矩不平衡。另外，发现电动机的轴承亦有损坏，故而引起 Y 轴的振动与过电流。

更换电动机轴承与电刷后，机床恢复正常。

【例 57】 一台配套 FANUC 6M 的加工中心，机床启动后，在自动方式运行下，CRT 显示 416 号报警。

故障检查与分析：FANUC 6M 出现 416 号报警的含义是"X 轴位置测量系统错误"。根据故障的含义以及 FANUC 6M 系统的实际配置，维修时按下列顺序进行了检查与确认：

(1) 检查脉冲编码器，未发现不良；

(2) 检查电动机、驱动器各连接器，均已经牢固连接；

(3) 用万用表测量电动机各电缆的连接，未发现问题；

(4) 交换驱动器的控制板未见异常；

(5) 重新启动机床，进行手动、回零操作，机床工作正常。

为了进一步判断故障原因，在机床自动方式下进行空运转试验，在 1h 后又出现 416 号报警。考虑到故障的不稳定性，在发生故障的位置停止机床，再次按上述顺序进行仔细复查，发现编码器反馈信号线中有一根线接触不良。换接备用线后，机床恢复正常工作。

3. 主轴系统故障诊断实例

【例 58】 一台配套 FANUC 6 系统的立式加工中心，在加工过程中，机床出现剧烈抖动、交流主轴驱动器显示 AL-04 报警。

故障检查与分析：FANUC 交流主轴驱动系统 AL-04 报警的含义为"交流输入电路中的 F1、F2、F3 熔断器熔断"，故障可能的原因有：

(1) 交流电源输出阻抗过高；

(2) 逆变晶体管模块不良；

(3) 整流二极管（或晶闸管）模块不良；

(4) 浪涌吸收器或电容器不良。

针对上述故障原因，逐一进行检查。检查交流输入电源，在交流主轴驱动器的输入电源，测得 R、S 相输入电压为 220V，但 T 相的交流输入电压仅为 120V，表明驱动器的三相输入电源存在问题。

进一步检查主轴变压器的三相输出，发现变压器输入、输出，机床电源输入均同样存在不平衡，从而说明故障原因不在机床本身。

检查车间开关柜上的三相熔断器，发现有一相阻抗为数百欧姆。将其拆开检查，发现该熔断器接线螺钉松动，从而造成三相输入电源不平衡；重新连接后，机床恢复正常。

【例 59】　一台配套 FANUC15 型直流主轴驱动的加工中心，主轴在启动后，运转过程中声音沉闷；当主轴制动时，CRT 显示"FEED HOLD"，主轴驱动装置的"过电流"报警指示灯亮。

故障检查与分析：为了判别主轴过电流报警产生的原因，维修时首先脱开了主轴电动机与主轴间的连接，检查机械传动系统，未发现异常，因此排除了机械上的原因。接着又测量、检查了电动机的绕组、对地电阻及电动机的连接情况，在对换向器及电刷进行检查时，发现部分电刷已到达使用极限，换向器表面有严重的烧熔痕迹。

针对以上问题，维修时首先更换了同型号的电刷；并拆开电动机，对换向器的表面进行了修磨处理，完成了对电动机的维修。重新安装电动机后再进行试车，当时故障消失；但在第二天开机时，又再次出现上述故障，并且在机床通电约 30min 之后，故障就自动消失。

根据以上现象，由于排除了机械传动系统、主轴电动机、连接方面的原因，故而可以判定故障原因在主轴驱动器上。对照主轴伺服驱动系统的原理图，重点针对电流反馈环节的有关线路，进行了分析检查；对电路板中有可能虚焊的部位进行了重新焊接，对全部接插件进行了表面处理，但故障现象仍然不变。

由于维修现场无驱动器备件，不可能进行驱动器的电路板互换处理，为了确定故障的大致部位，针对机床通电约 30min 后，故障可以自动消失这一特点，维修时采用局部升温的方法。通过吹风机在距电路板 8～10cm 处，对电路板的每一部分进行了局部升温，结果发现当对触发线路升温后，主轴运转可以马上恢复正常。由此分析，初步判定故障部位在驱动器的触发线路上。通过示波器观察触发部分线路的输出波形，发现其中的一片集成电路在常温下无触发脉冲产生，引起整流回路 U 相的 4 只晶闸管（正组与反组各 2 只）的触发脉冲消失；更换此芯片后故障排除。

维修完成后，进一步分析故障原因，在主轴驱动器工作时，三相全控桥整流主回路，有一相无触发脉冲，导致直流母线整流电压波形脉动变大，谐波分量提高，产生电动机换向困难，电动机运行声音沉闷。

当主轴制动时，由于驱动器采用的是回馈制动，控制线路首先要关断正组的触发脉冲，并触发反组的晶闸管，使其逆变。逆变时同样由于缺一相触发脉冲，使能量不能及时回馈电网，因此电动机产生过流，驱动器产生过流报警，保护电路动作。

【例 60】　一台配套 FANUC 6M 系统的卧式加工中心，手动、自动方式下，主轴均不旋转，驱动器、CNC 无报警显示。

故障检查与分析：用 MDI 方式，执行 S100 M03 指令，系统"循环启动"指示灯亮，检查 NC 诊断参数，发现系统已经正常输出 S 代码与 SF 信号，说明 NC 工作正常。检查 PLC 程序，对照主轴启动条件以及内部信号的状态，主轴启动的条件已满足。进一步检查主轴驱动器的信号输入，亦已经满足正常工作的条件。因此可以确认故障在主轴驱动器本身。

根据主轴驱动器的测量、检测端的信号状态，逐一对照检查信号的电压与波形，最后发现驱动器 D/A 转换器有数字信号输入，但其输出电压为"0"。

将 D/A 转换器集成电路芯片（芯片型号：DAC80-0B1）拔下后检查，发现有一插脚已经断裂；修复后，机床恢复正常。

【例 61】 一台配套 FANUC 11M 系统的卧式加工中心，当执行 M06 换刀指令时，在主轴定向过程中，主轴驱动器发生 AL-02 报警。

故障检查与分析：主轴驱动器 AL-02 报警的含义是"速度偏差过大"。

为了判定故障原因，在 MDI 方式下，单独执行 M19 主轴定向准停指令，发现驱动器也存在同样故障。

据操作者介绍，此机床在不同的 Y 轴位置，故障发生的情况有所不同；通常在 Y 轴的最低点，故障不容易发生。

为了验证，维修时把主轴箱下降到了最低点，在 MDI 方式下，执行 M19 定向准停指令，发现确实主轴工作正常。

根据以上现象分析，可以初步判定故障可能的原因是驱动器与电动机之间的信号电缆连接不良的可能性较大。

维修时拆下电动机编码器的连接器检查，发现接头松动，内部有部分线连接不良。经重新焊接后，主轴恢复正常。

【例 62】 某采用 SIEMENS 810M 的立式加工中心，配套 6SC6502 主轴驱动器，在调试时，出现主轴驱动器 F15 报警。

故障检查与分析：6SC650 系列主轴驱动器出现 F15 报警的含义是"驱动器过热报警"。可能的原因有：

(1) 驱动器过载（电动机与驱动器匹配不正确）；

(2) 环境温度太高；

(3) 热敏电阻故障；

(4) 风扇故障；

(5) 断路器 Q1 或 Q2 跳闸。

由于本故障在开机时即出现，可以排除驱动器过载、环境温度太高等原因；检查断路器 Q1 或 Q2 位置正确，风扇已经正常旋转，因此故障原因与热敏电阻本身或其连接有关。拆开驱动器检查，发现 A01 板与转换板间的电缆插接不良；重新插接后，故障排除，主轴工作正常。

4. 工作台故障诊断实例

【例 63】 匈牙利 MKC-500 卧式加工中心，采用 SINUMERIK 820M 数控系统。自动加工过程中，机床加工程序已执行完 L60 子程序中的 M06 功能，门帘已打开，但 A、B 工作台无交换动作，程序处于停止状态，且数控系统无任何报警显示。

故障检查与分析：从机床工作台交换流程图可以看出，当 A、B 工作台交换时，必须满足两个条件，一是门帘必须打开；二是工作台应处于放松状态并升起。检查上述两个条件，条件一满足，条件二不满足，即工作台仍处于夹紧状态。由机床使用说明书知：旋转工作台的夹紧与放松均与 SP03 压力继电器有关，且 SP03 压力继电器所对应的 PLC 输入点为 E9.0，当机床处于正常加工状态时，旋转工作台被夹紧（E9.0＝1）；当机床处于交换状态时，旋转工作台被放松（E9.0＝0），准备进行 A、B 工作台交换。根据其工作原理，要使 A、B 工作台交换，需使 E9.0＝0；要使工作台放松，即要使 SP03 压力继电器断开。经检查发现 SP03 压力继电器因油污而导致失灵，致使故障发生。

故障处理：清洗修复 SP03 压力继电器，调整到工作台交换时，E9.0＝0；工作台加工时，E9.0＝1，故障消除。

【例 64】　某加工中心工作时工作台不能移动，产生 7020 号报警。

故障检查与分析：该机床为匈牙利 MKC500 卧式加工中心，所用系统为 SIEMENS 820 数控系统。

查机床使用说明书，7020 号报警为工作台交换门错误。检查工作台交换门行程开关未发现异常，在 CRT 上调用机床 PLC 输入/输出接口信息表，可以看出 E10.6、E10.7 为"0"。在正常情况下 E10.6 应为"1"，而 E10.6 正是工作台交换门行程开关之一。对应机床 PLC 输入/输出接口信息表上 E10.6 进行检查。发现 SQ35 行程开关压得不太好，即接触不良，以至造成上述故障报警。

故障处理：将 SQ35 行程开关修理后，故障排除。

【例 65】　TH6263 加工中心，开机后工作台回零不旋转且出现 05 号、07 号报警。

故障检查及分析：利用梯形图和状态信息首先对工作台夹紧开关 SQ6 的状态进行检查，138.0 为"1"正常。手动松开工作台时，138.0 由"1"变为"0"，表明工作台能松开。回零时，工作台松开了，地址 211.3TABSC 由"0"变为"1"，211.2TABSC$_1$ 也由"0"变为"1"，二者均由"0"变为"1"。211.3TABSC$_2$ 也由"0"变为"1"，然而经 2000ms 延时后，由"1"变成了"0"，致使工作台旋转信号无。是电动机过载，还是工作台液压有问题？经过反复几次试验，发现工作台液压存在问题。正常工作压力为 4.0～4.5MPa，在工作台松开抬起时，液压由 4.0MPa 下降到 2.5MPa 左右，泄压严重，致使工作台未完全抬起，松开延时后，无法旋转，产生过载。

故障处理：将液压泵检修后，保证正常的工作压力，故障消除。

【例 66】　一台卧式加工中心，输入指令要工作台转 180°，或回零时，工作台只能转约 114°左右就半途停下来，当停顿时用手用力推动，工作台也会继续转下去，直到目标为止，但再次启动分度动作时，仍出现同样故障。

故障分析与处理：该加工中心是 CW800 卧式加工中心，西门子系统，德国海克特公司制造。在 CRT 显示器上检查回转状态时，发现每次工作台在转动时，传感器 B57 总是"1"（它表示工作台已升到规定高度），但每次工作台半途停转或晃动工作台时，B57 不能保持"1"，显然，问题是传感器 B57 不能恒定维持为"1"。

拆开工作台发现传感器部位传动杆中心线偏离传感器中心线距离较大。稍作校正就解决了故障。

7.6.2　数控车削加工中心故障诊断

【例 67】　某配套 FANUC 系统的车削中心打雷后出现死机。

故障检查与分析：出现死机的原因有软件方面的问题，如控制软件缺陷、参数混乱；硬件方面的问题，如电路板有故障，特别是主板和存储板。

首先查系统参数，发现有许多参数与备份不一致，重新输入后，开机，机床恢复正常。经检查，发现该机床地线接头锈蚀严重。除锈重新连接，并用兆欧表测量，以确保接地电阻小于 4Ω，以后未再出现类似故障。

【例 68】 某配置 FANUC 0TD 系统的数控车削加工中心，在开机后发现液压站发出异响，液压卡盘无法正常夹持工件。

故障检查与分析：经现场观察发现机床开机启动液压泵后，即产生异响，而液压站无液压油输出，因此可断定产生异响的原因出在液压站上。产生该故障的原因大多为以下几点：

(1) 油箱内液压油太少，导致液压泵因缺油而产生空转；

(2) 油箱内液压油由于长久未换，污物进入油中，导致液压油黏度太高而产生异响；

(3) 由于液压站输出油管某处堵塞，产生液压冲击，发出声响；

(4) 液压泵与液压电动机连接处产生松动而发出声响；

(5) 液压泵损坏；

(6) 液压电动机轴承损坏。

检查后发现在液压泵启动后，液压泵出口处压力为 0。油箱内油位处于正常位置，液压油还是比较干净，因此可以排除上述第 (1)、(2)、(3) 点。拆下液压泵检查，液压泵正常；液压电动机转动正常，因此可排除以上第 (5)、(6) 两点。而该泵与液压电动机连接的联轴器为尼龙齿式联轴器，由于该机床使用时间较长，液压站的输出压力调得太高，导致联轴器的啮合齿损坏，从而当液压电动机旋转时，联轴器不能很好地传递转矩，产生异响。更换该联轴器后，机床恢复正常。

【例 69】 一台配套 FANUC 0TD 系统的数控车削中心，在调试中时常出现 CRT 闪烁、发亮，但无字符显示。

故障检查与分析：分析引起故障的原因主要有以下几个方面。

(1) CRT 亮度调整不当。

(2) 系统参数设定不当。

(3) 系统的主板和存储板不良。

调整 CRT 的亮度和灰度旋钮，对系统进行初始化处理，重新设定参数后，显示恢复正常。

【例 70】 某配置 FANUC 0TD 系统的数控车削加工中心，车削外圆时加工表面粗糙，机床进给运动存在爬行现象。

故障检查与分析：引起数控机床进给爬行的原因很多，机械传动系统的安装、调整不良，导轨润滑不良，系统、驱动器的参数设定不当都可能引起进给爬行。

检查机床的机械传动系统、导轨润滑系统以及数控系统、驱动器的参数设定均正确，手动转动 X、Z 轴的丝杠，转动轻松，可以排除机械部分的故障原因。而且机床在手动任意速度运动坐标轴时，进给平稳、无爬行，因此亦可以排除数控系统、驱动器参数设定不当的故障原因。

根据以上分析，可以确认故障仅存在于机床的自动运行中。分析自动与手动运动的区别，两者只是进给速度的指令方式有所不同，因此可以确定故障与机床的进给速度指令方式有关。进一步检查 CNC 设定，发现该机床默认的是主轴每转进给方式，程序中亦采用 G95（每转进给）编程。在这种进给方式下，进给速度与主轴的位置检测系统有关，当主轴位置检测输入信号不良时，容易引起进给运动的爬行。

将程序中的进给方式改变为进给指令 G94，进给爬行现象消失，加工零件合格。由此确认故障是由于主轴编码器不良引起的。更换编码器后，机床恢复正常工作。

7.7　设备检测元件的故障诊断实例

【例 71】　一台数控车床出现报警 1321 "Control loop hardware"（控制环硬件）。

故障检查与分析：该机床数控系统为西门子 810T 系统。这台机床开机就出现 1321 报警，指示 Z 轴伺服控制环有问题。根据经验这个故障报警一般都是位置反馈系统的问题，在系统测量板上将 Z 轴的位置反馈电缆与 X 轴反馈电缆交换插接，这时系统出现 1320 报警，故障转移到 X 轴，更证明是 Z 轴的位置反馈出现问题，对 Z 轴的反馈电缆和电缆插头进行检查没有发现问题。Z 轴的编码器是内置在伺服电动机上的，将位置反馈电缆插接到备用伺服电动机的编码器上时，机床报警消失，说明是内置编码器损坏。

故障处理：更换伺服电动机的内置编码器，机床恢复正常工作。

【例 72】　MC1210 型卧式加工中心 X 轴在静止时不振动，在运动中出现较强振动，伴有振动噪声。另一表现是振动频率与运动速度有关，运动速度快振动频率高，运动速度慢则振动频率低。

故障检查与分析：该数控机床配置 FANUC 6ME 数控系统。由于振动和位移速度直接相关，所以故障应该在反馈环节或执行环节。首先，检查 X 轴伺服电动机，发现换向器表面积有较多的炭粉，使用干燥的压缩空气进行清理，故障并未消除。然后，检查同轴安装的测速发电机，换向器表面也有很多炭粉，清理后故障依旧。最后，用数字万用表测量测速发电机相对换向片之间的电阻值，发现有一对极片间的电阻值比其他各对极片间的电阻值大很多，说明测速发电机绕组内部有缺陷。

故障处理：从 FANUC 公司购买了一个新的测速发电机，换上后恢复正常。

【例 73】　经济型数控车床主轴一般采用变频控制，使用外置光电编码器配合机床进行螺纹加工，在加工时产生乱牙。

故障检查与分析：乱牙的主要原因多是光电编码器与 CNC 装置的电缆接触不良、光电编码器损坏、光电编码器与弹性联轴器连接松动或其他因素。先从电气和信号连接线等方面进行检查。检查光电编码器与 CNC 装置之间的连接线和 +5V 电源是正常的；在主轴通电旋转后，用示波器测量光电编码器的 A 相或 B 相辨向输出端，该波形信号没有正常的辨向脉冲输出。关掉主轴电源，通过手动旋转主轴，再用示波器测量光电编码器的辨向脉冲信号，发现光电编码器的辨向信号是正常的。所以确定故障原因是电气干扰，判断干扰来自主轴调速所使用的变频器。

故障处理：在光电编码器的辨向脉冲端、零标志脉冲端和 +5V 电源端及信号零线之间并接滤波电容器后，解决了螺纹乱牙问题，消除了故障。

【例 74】　某数控机床，采用 MELDAS M3 控制器，该机床的特点是每个进给轴都有两个脉冲编码器，一个在电动机的内部用作速度检测，另一个编码器安装在丝杠端部用作位置检测。使用时经常出现 "S01 伺服报警 0052"。

故障检查与分析：查阅该机床的维修手册，得知 "S01 伺服报警 0052" 表示的信息为位置反馈有问题。首先要判断两个编码器中是哪个编码器出现问题。通过查阅有关参数手册知道，伺服参数 17 号设定为 "1" 表示用丝杠端部的编码器作位置检测，设定为 "0" 表示取消丝杠端部编码器。为此，将伺服参数 17 号设定为 "0"，使位置反馈与速度反馈同时使用电动机内部编码器，此时机床动作正常无报警出现，说明问题出在丝杠端部编码器。

故障处理：检查丝杠端部编码器反馈电缆线及连接件，没有发现断线或虚焊现象。卸下丝杠端部编码器，发现编码器与丝杠连接的螺钉松动，将松动螺钉紧固并恢复伺服参数，故障排除。

【例 75】 某数控机床产生飞车故障。

故障检查与分析：所谓飞车是指机床的速度失控。该机床伺服系统为西门子 6SC610 驱动装置，采用 1FT5 交流伺服电动机。在机床运行中，X 进给轴很快从低速升到高速，产生速度失控报警。

在排除数控系统、驱动装置、速度反馈等故障因素后，将故障定位在位置检测装置。经检查，编码器输出电缆及连接器均正常，拆开编码器（ROD320），发现一紧固螺钉脱落，造成 +5V 与接地端之间短路，编码器无信号输出，数控系统位置环处于开环状态，从而引起速度失控的故障。

故障处理：重装紧固螺钉后，并检查所有的连接件，故障消除。

7.8 润滑系统故障诊断实例

【例 76】 某数控龙门铣床，用右面垂直刀架铣产品机架平面时，发现工件表面粗糙度达不到预定的精度要求。

故障检查与分析：这一故障产生以后，把查找故障的注意力集中在检查右垂直刀架主轴箱内的各部滚动轴承（尤其是主轴的前后轴承）的精度上，但出乎意料的是各部滚动轴承均正常。后来经过研究分析及细致的检查发现：为工作台蜗杆及固定在工作台下部的螺母条这一传动副提供润滑油的四根管基本上都不来油。经调节布置在床身上的控制这四根油管出油量的四个针形节流阀，使润滑油管流量正常后，故障消失。

【例 77】 TH5640 型立式加工中心，集中润滑站的润滑油损耗大，隔 1 天就要向润滑站加油，切削液中明显混入大量润滑油。

故障检查与分析：TH5640 型立式加工中心采用容积式润滑系统。这一故障产生以后，开始认为是润滑时间间隔太短，润滑电动机启动频繁，润滑过多，导致集中润滑站的润滑油损耗大。将润滑电动机启动时间间隔由 12min 改为 30min 后，集中润滑站的润滑油损耗有所改善但是油损耗仍很大。故又集中注意力查找润滑管路问题，润滑管路完好并无漏油，但发现 Y 轴丝杠螺母润滑油特别多，拧下 Y 轴丝杠螺母润滑计量件，检查发现计量件中的 Y 形密封圈破损。换上新的润滑计量件后，故障排除。

【例 78】 TH68125 型卧式加工中心，润滑系统压力不能建立。

故障检查与分析：TH68125 型卧式加工中心组装后，进行润滑试验。该卧式加工中心采用容积式润滑系统。通电后润滑电动机旋转，但是润滑系统压力始终上不去。检查润滑泵工作正常，润滑站出油口有压力油，检查润滑管路完好，检查 X 轴滚珠丝杆轴承润滑，发现大量润滑油从轴承里面漏出；检查该计量件，型号为 ASA-5Y，查计量件生产公司润滑手册，发现 ASA-5Y 为单线阻尼式润滑系统的计量件，而该机床采用的是容积式润滑系统，两种润滑系统的计量件不能混装。更换容积式润滑系统计量件 ZSAM-20T 后，故障排除。

7.9 排屑装置故障诊断实例

【例 79】 ZK8206 型数控刮端面钻中心孔机床,排屑困难,电动机过载报警。

故障检查与分析:ZK8206 型数控刮端面钻中心孔机床采用螺旋式排屑器,加工中的切屑沿着床身的斜面落到螺旋式排屑器所在的沟槽中,螺旋杆转动时,沟槽中的切屑即由螺旋杆推动连续向前运动,最终排入切屑收集箱。机床设计时为了在提升过程中将废屑中的切削液分离出来,在排屑器排出口处安装一直径 160mm 长 350mm 的圆筒形排屑口,排屑口向上倾斜 30°。机床试运行时,大量切屑阻塞在排屑口,电动机过载报警。原因是切屑在提升过程中,受到圆筒形排屑口内壁的摩擦,相互挤压,集结在圆筒形排屑口内。

将圆筒形排屑口改为喇叭形排屑口后,锥角大于摩擦角,故障排除。

【例 80】 MC320 型立式加工中心机床,其刮板式排屑器不运转,无法排除切屑。

故障检查与分析:MC320 型立式加工中心采用刮板式排屑器。加工中的切屑沿着床身的斜面落到刮板式排屑器中,刮板由链带牵引在封闭箱中运转,切屑经过提升将废屑中的切削液分离出来,切屑排出机床,落入存屑箱。刮板式排屑器不运转的原因可能如下。

(1)摩擦片的压紧力不足:先检查碟形弹簧的压缩量是否在规定的数值之内;碟形弹簧自由高度为 8.5mm,压缩量应为 2.6～3mm,若在这个数值之内,则说明压紧力已足够了;如果压缩量不够,可均衡地调紧 3 只 M8 压紧螺钉。

(2)若压紧后还是继续打滑,则应全面检查卡住的原因。

检查发现排屑器内有数只螺钉,其中有一只螺钉卡在刮板与排屑器体之间。将卡住的螺钉取出后,故障排除。

第8章 数控机床的安装、调试、检验、验收及维护

数控机床的正确安装、调试与保养是保证数控机床正常使用，充分发挥其效益的首要条件。数控机床是高精度的机床，安装和调试的失误，往往会造成数控机床精度的丧失、数控机床故障率的增加，因而要引起操作者高度重视。在进行数控机床机械故障的诊断与维护，特别是在加工过程中出现质量问题时，很大程度上就可能属于机床的精度故障，因此精度的检测也就显得十分重要。数控机床的精度一般包括机床的静态几何精度、动态的切削精度。

8.1 数控机床的安装

数控机床的安装就是按照安装的技术要求将机床固定在基础上，以具有确定的坐标位置和稳定的运行性能。

8.1.1 数控机床的基础处理和初就位

数控机床在运输到达用户以前，用户应根据机床厂提供的基础图做好机床基础，在安装地脚螺栓的部位做好预留孔。机床拆箱后首先找到随机的文件资料，找出机床装箱单，按照装箱单清点包装箱内的零部件、电缆、资料等是否齐全，如发现有损坏或遗漏问题，应及时与供货厂商联系解决，尤其注意不要超过索赔期限。然后仔细阅读机床安装说明书，按照说明书的机床基础图或《动力机器基础设计规范》做好安装基础。在基础养护期满并完成清理工作后，将调整机床水平用的垫铁、垫板逐一摆放到位，然后吊装机床的基础件（或整机）就位，同时将地脚螺栓放进预留孔内，并完成初步找平工作。

8.1.2 数控机床部件的组装连接

数控机床各部件组装就是把初始就位的各部件连接起来。连接前应首先去除安装连接面、导轨和各运动面的防锈涂料，做好各部件外表清洁工作。然后把机床各部件组装成整机，如按照装配图将立柱、数控柜、电气箱装在床身上，刀库、机械手等装在立柱上，在床身上安装上接长床身等。组装时要使用在厂里调试时的定位销、定位块等原来的定位元件，使机床装配后恢复到拆卸前的状态，以利于下一步调整。

部件组装完成后，进行电缆、油管、气管的连接，机床说明书中有电气、液压管路、气压管路等连接图，根据连接图把它们做好标记，逐件对号入座并连接好。连接时要特别注意保持清洁、可靠的接触及密封，并要随时检查有无松动与损坏。电缆插上后，一定要拧紧固紧螺钉保证接触可靠。在油管与气管的连接中，要注意防止异物从接口进入管路，造成液压或气压系统出现故障，以致机床不能正常工作。在连接管路时，每个接头都要拧紧，以免在试车时漏液、漏气。特别是在大的分油器上，一根管子渗漏，往往需要拆下一批管子返修，造成工作量加大。电缆和管道连接完毕后，要做好各管线的固定就位，然后装上防护罩壳，保证机床外观整齐。

8.1.3 数控系统的连接和调整

1. 开箱检查

数控系统开箱后应仔细检查系统本体和与之配套的进给速度控制单元及伺服电动机、主轴控制单元和主轴电动机。检查它们的包装是否完整无损，实物和订单是否相符。此外，还需检查数控柜内各插接件有无松动，接触是否良好。

2. 外部电缆的连接

外部电缆连接是指数控装置与外部 MDI/CRT 单元、强电柜、机床操作面板、进给伺服电动机动力线与反馈线，主轴电动机动力线与反馈信号线的连接以及与手摇脉冲发生器等的连接。应使上述连接符合随机提供的连接手册的规定。最后还应进行地线连接。地线应采用辐射式接地法，即将数控柜中的信号地、强电地、机床地等连接到公共接地点上。

数控柜与强电柜之间应有足够粗的保护接地电缆，一般采用截面积为 $5.5\sim14mm^2$ 的接地电缆。而总的公共接地点必须与大地接触良好，一般要求地电阻小于 $4\sim7\Omega$。并且总接地要十分牢靠，应与车间接地网相接，或者作出单独接地装置。

3. 数控系统电源线的连接

应在切断数控柜电源开关的情况下连接数控柜电源变压器原边的输入电缆，检查电源变压器与伺服变压器的绕组抽头连接是否正确，尤其是进口的数控设备与数控机床更要注意这一点，因为国外的电源电压等级与国内不一样，在厂家调试时可能没有恢复成所需电压。

4. 设定的确认

数控系统内的印制线路板上有许多用短路棒短路的设定点，需要对其适当设定，以适应机床的要求。设定确认工作应按随机《维修说明书》的要求进行。设定确认的内容一般包括以下三个方面。

(1) 控制部分印制线路板上设定的确认　主要包括主板、ROM 板、连接单元、附加轴控制板及旋转变压器或感应同步器控制板上的设定。

(2) 速度控制单元印制线路板上设定的确认　在直流速度控制单元和交流速度控制单元上都有许多设定点，用于选择检测元件种类、回路增益以及各种报警等。

(3) 主轴控制单元印制线路板上设定的确认　在直流或交流主轴控制单元上均有一些用于选择主轴电动机极限和主轴转速等的设定点。

5. 输入电源电压、频率及相序的确认

(1) 检查确认变压器的容量是否满足控制单元和伺服系统的电能消耗。

(2) 检查电源电压波动范围是否在数控系统的允许范围之内。

(3) 对于采用晶闸管控制元件的速度控制单元和主轴控制单元的供电电源，一定要检查相序。当相序不对时接通电源，可能使速度控制单元的输入熔丝烧断。

相序检查方法有两种：一种用相序表测量，当相序接法正确时（即与表上的端子标记的相序相同时），相序表按顺时针方向旋转；另一种可用示波器测量两相之间的波形，两相看一下，确定各相序。

6. 确认直流电源单元的电压输出端是否对地短路

数控系统内部都有直流稳压电源单元为系统提供 $+5V$、$\pm15V$、$+24V$ 等直流电压。因此，在系统通电前，应检查这些电源的负载是否有对地短路现象。

7. 接通数控柜电源检查各输出电压

接通数控柜电源以前，先将电动机动力线断开，这样可使数控系统工作时机床不引起运动。但是，应根据维修说明书对速度控制单元作一些必要的设定，以避免因电动机动力线断开而报警。然后再接通电源，首先检查数控柜各个风扇是否旋转，并借此也确认电源是否接通。再检查各印制线路板上的电压是否正常，各种直流电压是否在允许的波动范围内。

8. 确认数控系统各种参数的设定

为保证数控装置与机床相连接时，能使机床具有最佳工作性能，数控系统应根据随机附带的参数表逐项予以确定。显示参数时，一般可通过按 MDI/CRI 单元上的参数键（PARAM）来显示已存入系统存储器的参数。所显示的参数内容应与机床安装调试后的参数表一致。

9. 确认数控系统与机床侧的接口

数控系统一般都具有自诊断的功能。在 CRT 画面上可以显示数控系统与机床接口以及数控系统内部的状态。当具有可编程逻辑控制器（PLC）时，还可以显示出从数字控制（NC）到 PLC，再从 PLC 到机床（MT），以及从机床到 PLC，再从 PLC 到数字控制的各种信号状态。至于各个信号的含义及相互逻辑关系，随 PLC 的顺序程序不同而不同。可以根据资料中的梯形图说明书及诊断地址表，通过自诊画面确认数控系统与机床之间的接口信号状态是否正确。

完成上述步骤已将数控系统调整完毕，已具备与机床联机通电试车的条件。此时应切断数控系统的电源，连接电动机的动力线，恢复报警的设定。

8.2　数控机床的调试

8.2.1　数控机床水平调整

数控机床的水平调整就是机床的主床身及导轨的水平调整。机床的主床身及导轨安装水平调平的目的是为了取得机床的静态稳定性，是机床的几何精度检验和工作精度检验的前提条件。

通常在已固化的地基上用地脚螺栓和垫铁精调机床主床身及导轨的水平，使用工具为水平仪。对一般精度机床，水平仪读数不超过 0.04mm/1000mm；对于高精度机床，水平仪读数不超过 0.02mm/1000mm。移动床身上各移动部件（如立柱、床鞍和工作台等），在各坐标全行程内观察记录机床水平的变化情况，并调整相应的机床几何精度，使之达到允许偏差范围。大、中型机床床身大多是多点垫铁支承，为了不使床身产生额外的扭曲变形，要求在床身自由状态下调整水平，各支承垫铁全部起作用后，再压紧地脚螺栓。

机床的安装水平的调平应该符合以下要求：

（1）机床应以床身导轨作为安装水平的检验基础，并用水平仪和桥板或专用检具在床身导轨两端、接缝处和立柱连接处按导轨纵向和横向进行测量。

（2）将水平仪按床身的纵向和横向放在工作台上或溜板上，并移动工作台或溜板，在规定的位置进行测量。

（3）以机床的工作台或溜板为安装水平检验的基础，并用水平仪按机床纵向和横向放置在工作台或溜板上进行测量，但工作台或溜板不应移动位置。

（4）以水平仪在床身导轨纵向等距离移动测量，并将水平仪读数依次排列在坐标纸上画垂直平面内直线度偏差曲线，其安装水平应以偏差曲线两端点连线的斜率作为该机床的纵向安装水平。其横向安装水平应以横向水平仪的读数值计。

（5）将水平仪放在设备技术文件规定的位置上进行测量。

8.2.2　通电试车

数控机床通电试车调整包括粗调数控机床的主要几何精度与通电试运转，其目的是考核数控机床的基础及其安装的可靠性；考核数控机床的各机械传动、电气控制、数控机床的润滑、液压和气动系统是否正常可靠。通电试车前应擦除各导轨及滑动面上的防锈油，并涂上一层干净的润滑油。

数控机床通电试车前应检查以下内容。

（1）检查数控机床与电柜的外观。

数控机床与电柜外部是否有明显碰撞痕迹；显示器是否固定如初，有无碰撞；数控机床操作面板是否碰伤；电柜内部各插头是否松脱；紧固螺钉是否松脱；有无悬空未接的线。

（2）粗调数控机床的主要几何精度。

（3）进行安装前期工作后，再安装数控机床及机械部分。

厂家与用户商定确认电柜、吊挂放置位置以及现场布线方式后，确定数控机床外部线（即电柜至数控机床各部分电器连线；电柜至伺服电动机的电源线、编码器线等）的长度，然后开始进行布线、焊线、接线等安装前期工作。与此同时，可同步进行机械部分的安装（如伺服电动机的安装连接，各个坐标轴的限位开关的安装等）。

（4）通电调试。

① 检查 380V 主电源进线电压是否符合要求（我国标准为 $380 \times (1+10\%) \sim 380 \times (1-15\%)$，即 $418 \sim 323$V）后接入电柜。

② 通电检查系统是否正常启动，显示器是否显示正常，将各个轴的伺服电动机不连接机械运行，检查其是否运行正常，有无跳动、飞车等异常现象。若无异常，电动机可与机械连接。

③ 检查床身各部分电器开关（包括限位开关、参考点开关、行程开关、无触点开关、油压开关、气压开关、液位开关等）的动作有效性，有无输入信号，输入点是否和原理图一致。

④ 根据丝杠螺距及机械齿轮传动比，设置好相应的轴参数。

松开急停，点动各坐标轴，检查机械运动的方向是否正确，若不正确，应修改轴参数。

以低速点动各坐标轴，使之去压其正、负限位开关，仔细观察是否能压到限位开关，若到位后压不到限位开关，应立即停止点动；若压到，则应观察轴是否立即自动停止移动，屏幕上是否显示正确的报警号，报警号不对应时调换正、负限位的线。

将工作方式选到"手摇"挡，正向旋转手摇脉冲发生器，观察轴移动方向是否为正向；若不对应，调换 A、B 两相的线。

将工作方式选到"回零"挡，令所选坐标轴执行回零操作，仔细观察轴是否能压到参考点开关；若到位后压不到开关，立即按下"急停"按钮；若压到，则应观察回零过程是否正确，参考点是否已找到。

找到参考点后再回到手动方式，点动坐标轴去压正、负限位开关，屏幕上显示的正负数值即为此坐标轴的正负行程，以此为基准减微小的裕量，即可作为正负软极限写入轴参数。按上述步骤依次调整各坐标轴。

回参考点后用手动检查正负软限位是否工作正常。

⑤ 用万用表的欧姆挡检查机床的辅助电动机，如冷却、液压、排屑等电动机的三相是否平衡，是否有缺相或短路，若正常可逐一控制各辅助电动机运行，确认电动机转向是否正确；若不正确，应调换电动机任意两相的接线。

⑥ 用万用表的欧姆挡检查电磁阀等执行器件的控制线圈是否有断路或短路以及控制线是否对地短路，然后依次控制各电磁阀动作，观察电磁阀是否动作正确；若不正确，应检查相应的线或修改 PLC 程序。启动液压装置，调整压力至正常，依次控制各阀动作，观察数控机床各部分动作是否正确到位，回答信号（通常为开关信号）是否反馈回 PLC。

⑦ 用万用表的欧姆挡检查主轴电动机的三相是否平衡，是否有缺相或短路；若正常可控制主轴旋转，检查其转向是否正确。有降压启动的，应检查是否有降压启动过程，星三角切换延时时间是否合适；有主轴调速装置或换挡装置的，应检查速度是否调整有效，各挡速度是否正确。

⑧ 涉及换刀等组合控制的数控机床应进行联调，观察整个控制过程是否正确。

（5）检查有无异常情况。

检查数控机床运转时是否有异常声音，主轴是否有跳动，各电动机是否有过热。

8.3　数控机床的检验与验收

8.3.1　检验与验收的工具

对于数控机床几何精度的检测，主要用的工具有平尺、带锥柄的检验棒、顶尖、角尺、精密水平仪、百分表、千分表、杠杆表、磁力表座等；对于其位置精度的检测，主要用的是激光干涉仪及块规；对于其加工精度的检验，主要用的是千分尺及三坐标测量仪等。测试数控机床运行时的噪声可以用噪声仪，测试数控机床的温升可以用点温计或红外热像仪，测试数控机床外观用的主要用光电光泽度仪等。图 8-1 为部分所用工具。

8.3.2　数控机床噪声温升及外观的检查

数控机床的噪声包括主轴箱的齿轮噪声，主轴电动机的冷却风扇噪声，液压系统油泵噪声等。机床空运转时噪声不得超过 83dB。主轴运行温度稳定后的温升情况，一般其温度最高不超过 70℃，温升不超过 32℃。

数控机床的外观检查包括数控柜外观检查及床身外观检查。机床外观要求，可按照普通机床有关标准进行检查，一般应在机床拆开包装后马上进行检查，因为数控机床是价格较昂贵的机电一体化产品，属高技术设备，所以对外观的要求很高，对各种防护罩，油漆质量，机床照明，切屑处理，电线及气、油管走线的固定和防护等都应有进一步的要求。

在对数控机床床身进行验收以后，还应对数控柜的外观进行检查，具体内容应包括以下几个方面。

1. 外表检查

用肉眼检查数控柜中 MDI/CRT 单元、位置显示单元、直流稳压单元、各印刷线路板（包括伺服单元）等是否有破损、污染，连接电缆捆绑处是否有破损，如果是屏蔽线还应检查屏蔽线是否有剥落现象。

2. 数控柜内部紧固情况检查

（1）螺钉紧固检查检查　输入变压器、伺服用电源变压器、输入单元和电源单元等接线端子处的螺钉是否已全部拧紧；凡是需要盖罩的接线端子座（该处电压较高）是否都有盖罩。

（2）连接器紧固检查　数控柜内所有连接器，扁平电缆插座等都有紧固螺钉紧固，以保证它们连接牢固，接触良好。

（3）印刷电路板的紧固检查　在数控柜的结构布局方面，有的是笼式结构，一块块印刷电路板都插在笼子里面。有的是主从结构，即一块大板（也称主板）上面插了若干块小板（附加选择板）。但无论是哪一种形式，都应检查固定印刷电路板的紧固螺钉是否拧紧（包括大板与小板之间的连接螺钉）。还应检查电路板上各个 EPROM 和 RAM 卡等是否插入到位。

3. 伺服电机外表检查

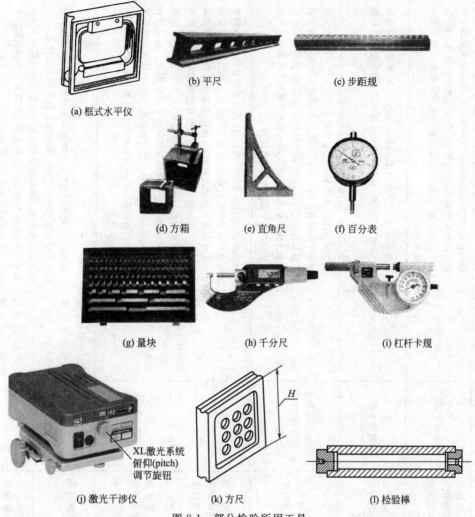

(a) 框式水平仪　(b) 平尺　(c) 步距规

(d) 方箱　(e) 直角尺　(f) 百分表

(g) 量块　(h) 千分尺　(i) 杠杆卡规

XL激光系统
俯仰(pitch)
调节旋钮

(j) 激光干涉仪　(k) 方尺　(l) 检验棒

图 8-1　部分检验所用工具

特别是对带有脉冲编码器的伺服电动机的外壳应作认真检查，尤其是后端盖处。如发现有磕碰现象，应将电动机后盖打开，取下脉冲编码器外壳，检查光码盘是否碎裂。

8.3.3　数控机床几何精度的检验

数控机床种类繁多，对每一类数控机床都有其精度标准，应按照其精度标准检测验收。现以常用的数控车床、数控铣床为例，说明其几何精度的检测方法。

1. **数控车床几何精度的检测**

根据数控车床的加工特点及使用范围，要求其加工的零件外圆圆度和圆柱度、加工平面的平面度在要求的公差范围内；对位置精度也要达到一定的精度等级，以保证被加工零件的尺寸精度和形状公差。因此，数控车床的每个部件均有相应的精度要求，CJK6032 数控车床的具体精度要求见表 8-1。

2. **数控铣床几何精度的检测**

数控铣钻床 ZJK7532A 的三个基本直线运动轴构成了空间直角坐标系的三个坐标轴，因此三个坐标轴应该互相垂直。铣床几何精度均围绕着"垂直"和"平行"展开，其精度要求见表 8-2。

表 8-1　几何精度检验项目及方法 （CJK6032 数控车床）

序号	简图	检验项目	检验工具	允差范围	检验方法
G1	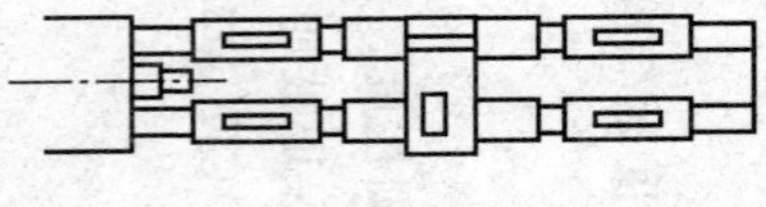	① 纵向导轨调平后床身导轨在垂直平面内的直线度	精密水平仪	0.020(凸)	如图所示，水平仪沿 Z 轴向放在溜板上，根据参考文献 3 中直线度的角度值测量法，沿导轨全长等距地在各位置上检验；记录水平仪读数，并用作图法计算出床身导轨在垂直平面内的直线度误差
	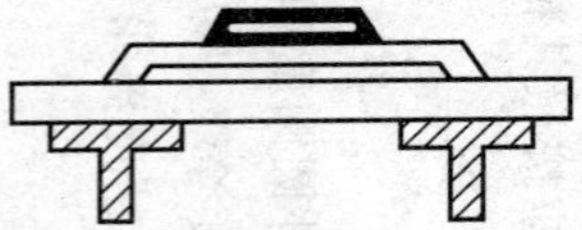	② 横向导轨调平后床身导轨的平行度	精密水平仪	0.04/1000	如图所示，水平仪沿 X 轴向放在溜板上，在导轨上移动溜板，记录水平仪读数，其读数最大差值即为床身导轨的平行度误差
G2	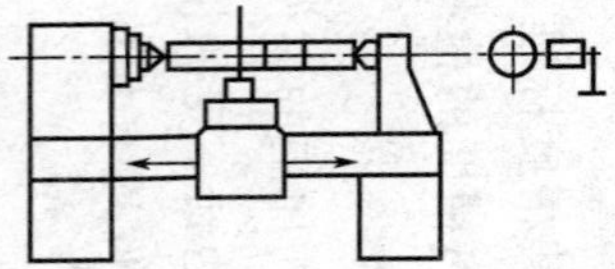	溜板移动在水平面内的直线度	指示器和检验棒，或指示器和平尺($D_c \leq 2000mm$)	$D_c \leq 500$ 时，0.015；$500 < D_c \leq 1000$ 时，0.02	如图所示，将直检验棒最大顶尖距顶在主轴和尾座顶尖上，最好于等于机床最大顶尖距；全程移动溜板，再将指示器固定在溜板上，使指示器在行程两端读数相等，根据参考文献 3 中床身水平面内的直线度检测溜板移动在水平面内的直线度误差
G3	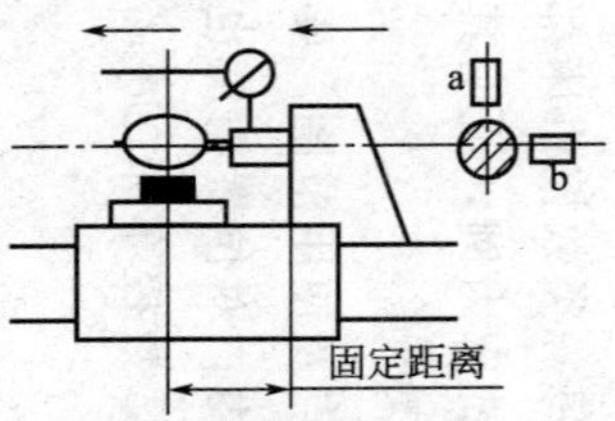 第二指示器用做基准，保持溜板和尾座座的相对位置 固定距离	① 垂直平面内尾座套筒移动对溜板移动的平行度	指示器	$D_c \leq 1500$ 时，在任意测量长 500mm 为 0.03，度上为 0.02	如图所示，将尾座套筒伸出后，按正常工作状态锁紧，同时使尾座尽可能地靠近溜板，把安装在溜板上的第二指示器相对于尾座移动的端面调整为零；溜板移动时也要手动移动尾座座直至第二指示器的端面调整为零，使尾座与溜板相对距离保持不变。按此法使溜板和尾座座全行程移动，只要第二指示器读数始终为零，则第一指示器相应指示出平行度误差。或沿行程在每隔 300mm 处记录第一指示器读数，指示器读数的最大差值即为平行度误差。第一指示器分别在图中 a，b 位置测量，值即为水平行度误差的位置误差。第一指示器读数误差单独计算
		② 水平面内尾座套筒移动对溜板移动的平行度			
G4	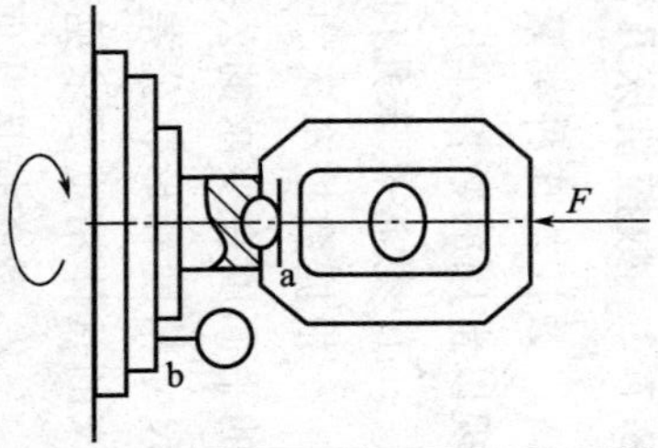	① 主轴的轴向窜动	指示器和专用装置	0.010(包括周期性的轴向窜动)	如图所示，用专用装置在主轴轴线上加力 F(F 值为消除轴向间隙的最小值)，把指示器安装在机床固定部件上，然后使指示器测头分别触及专用装置的钢球及主轴轴肩支承面，旋转主轴，指示器最大读数差值即为主轴的轴向窜动误差和主轴轴肩支承面的跳动误差
		② 主轴轴肩支承面的跳动		0.020(包括周期性的轴向窜动)	

续表

序号	简图	检验项目	检验工具	允差范围	检验方法
G5	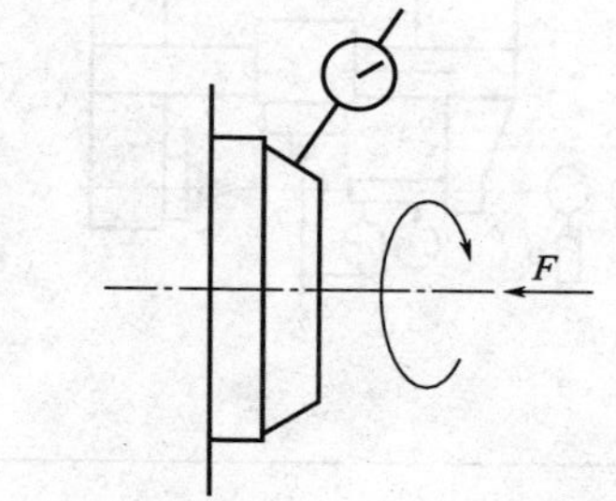	主轴定心轴颈的径向跳动	指示器和专用装置	0.01	如图所示，用专用装置在主轴轴线上加力 F(F 的值为消除轴向间隙的最小值)，把指示器安装在机床固定部件上，使指示器测头垂直于主轴定心轴颈并触及主轴定心轴颈；旋转主轴，指示器最大读数差值即为主轴定心轴颈的径向跳动误差
G6	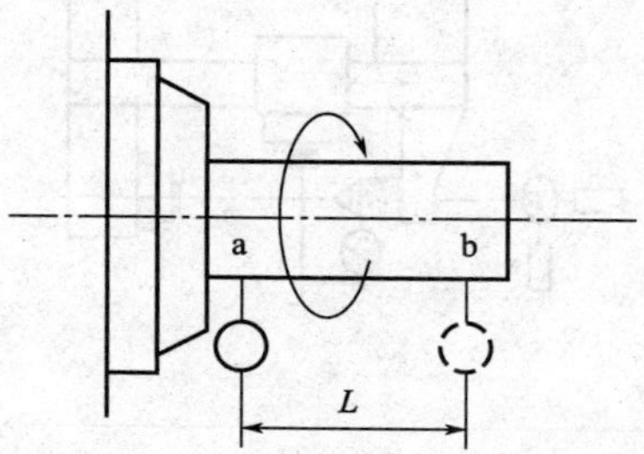	① 靠近主轴端面主轴锥孔轴线的径向跳动	指示器和检验棒	0.01	如图所示，将检验棒插在主轴锥孔内，把指示器安装在机床固定部件上，使指示器测头垂直触及被测表面，旋转主轴，记录指示器的最大读数差值，在 a、b 处分别测量。标记检验棒与主轴的圆周方向的相对位置，取下检验棒，同向分别旋转检验棒 90°、180°、270°后重新插入主轴锥孔，在每个位置分别检测。取 4 次检测的平均值即为主轴锥孔轴线的径向跳动误差
		② 距主轴端面 L（L = 300mm）处主轴锥孔轴线的径向跳动		0.02	
G7	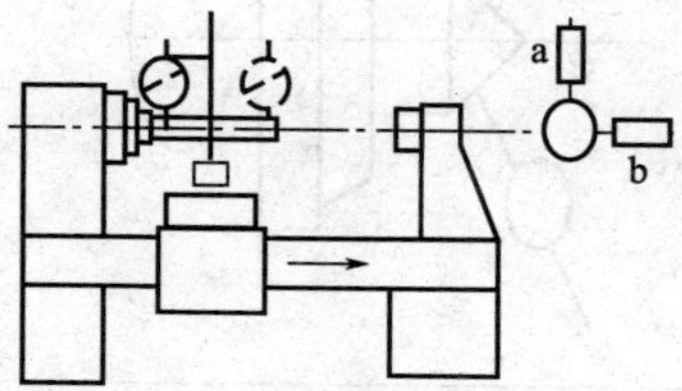	① 垂直平面内主轴轴线对溜板移动的平行度	指示器和检验棒	0.02/300（只许向上偏）	如图所示，将检验棒插在主轴锥孔内，把指示器安装在溜板(或刀架)上，然后：①使指示器测头在垂直平面内垂直触及被测表面(检验棒)，移动溜板，记录指示器的最大读数差值及方向；旋转主轴 180°，重复测量一次，取两次读数的算术平均值作为在垂直平面内主轴轴线对溜板移动的平行度误差；②使指示器测头在水平平面内垂直触及被测表面(检验棒)，按上述①的方法重复测量一次，即得水平平面内主轴轴线对溜板移动的平行度误差
		② 水平平面内主轴轴线对溜板移动的平行度		0.02/300（只许向前偏）	

续表

序号	简图	检验项目	检验工具	允差范围	检验方法
G8	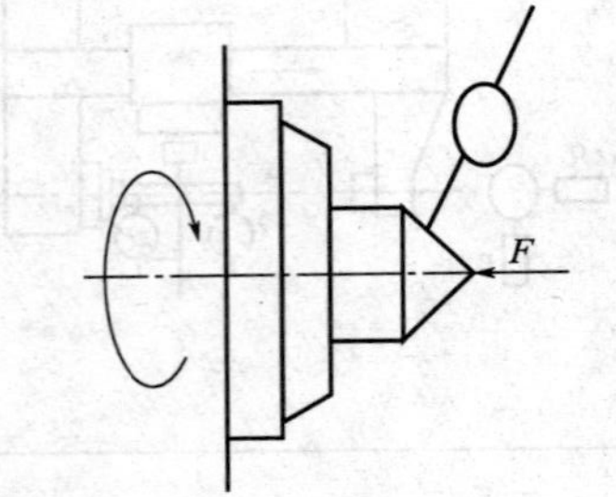	主轴顶尖的跳动	指示器和专用顶尖	0.015	如图所示，将专用顶尖插在主轴锥孔内，用专用装置在主轴轴线上加力(力 F 的值为消除轴向间隙的最小值)；把指示器安装在机床固定部件上，使指示器测头垂直触及被测表面，旋转主轴，记录指示器的最大读数差值
G9	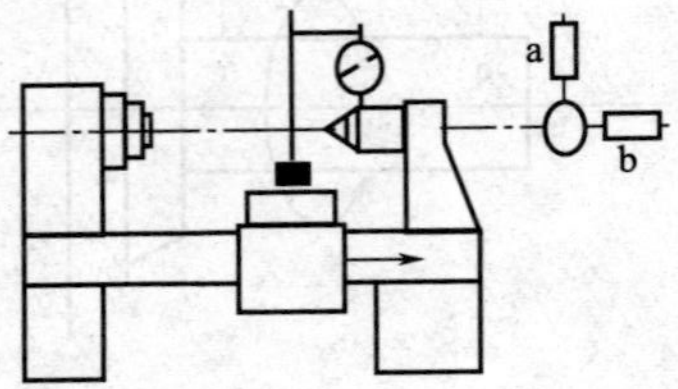	① 垂直平面内尾座套筒轴线对溜板移动的平行度	指示器	0.015/100(只许向上偏)	如图所示，将尾座套筒伸出有效长度后，按正常工作状态锁紧。指示器安装在溜板(或刀架)上，然后：①使指示器测头在垂直平面内垂直触及被测表面(尾座套筒)，移动溜板，记录指示器的最大读数差值及方向；即得在垂直平面内尾座套筒轴线对溜板移动的平行度误差；②使指示器测头在水平平面内垂直触及被测表面(尾座套筒)，按上述①的方法重复测量一次，即得在水平平面内尾座套筒轴线对溜板移动的平行度误差
		② 水平平面内尾座套筒轴线对溜板移动的平行度		0.01/100(只许向前偏)	
G10	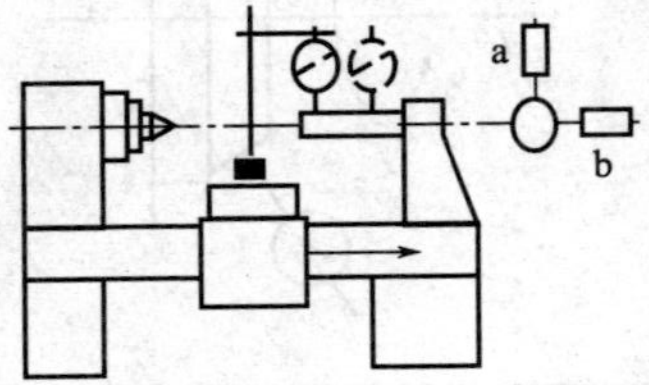	① 垂直平面内尾座套筒锥孔轴线对溜板移动的平行度	指示器和检验棒	0.03/300(只许向上偏)	如图所示，尾座套筒不伸出并按正常工作状态锁紧；将检验棒插在尾座套筒锥孔内，指示器安装在溜板(或刀架)上，然后：①把指示器测头在垂直平面内垂直触及被测表面(尾座套筒)，移动溜板，记录指示器的最大读数差值及方向；取下检验棒，旋转检验棒 180°后重新插入尾座套筒锥孔，重复测量一次，取两次读数的算术平均值作为在垂直平面内尾座套筒锥孔轴线对溜板移动的平行度误差；②把指示器测头在水平平面内垂直触及被测表面，按上述①的方法重复测量一次，即得在水平平面内尾座套筒锥孔轴线对溜板移动的平行度误差
		② 水平平面内尾座套筒锥孔轴线对溜板移动的平行度		0.03/300(只许向前偏)	

续表

序号	简图	检验项目	检验工具	允差范围	检验方法
G11	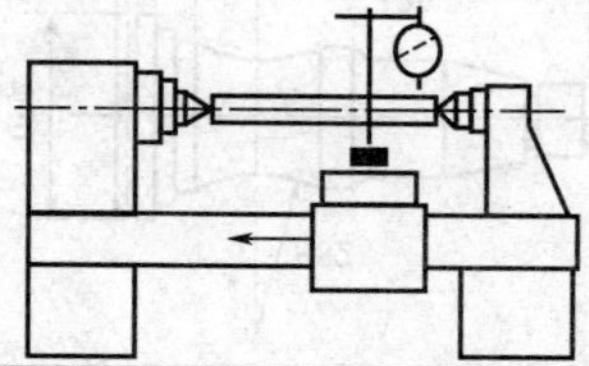	床头和尾座两顶尖的等高度	指示器和检验棒	0.04(只许尾座高)	如图所示，将检验棒顶在床头和尾座两顶尖上，把指示器安装在溜板(或刀架)上，使指示器测头在垂直平面内垂直触及被测表面(检验棒)，然后移动溜板至行程两端，移动小拖板(X 轴)，记录指示器在行程两端的最大读数值的差值，即为床头和尾座两顶尖的等高度。测量时注意方向
G12	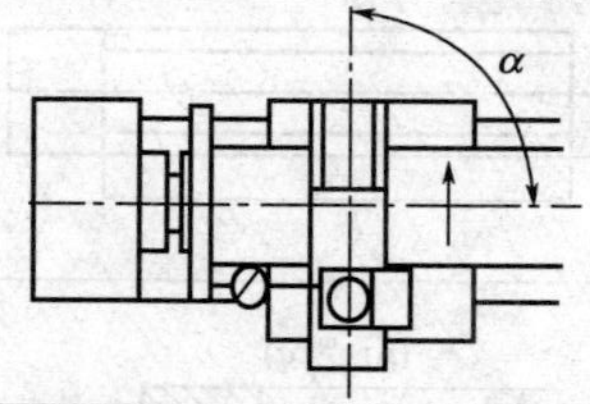	横刀架横向移动对主轴轴线的垂直度	指示器和圆盘或平尺	0.02/300 ($\alpha>90°$)	如图所示，将圆盘安装在主轴锥孔内，指示器安装在刀架上，使指示器测头在水平平面内垂直触及被测表面(圆盘)，再沿 X 轴向移动刀架，记录指示器的最大读数差值及方向；将圆盘旋转 180°，重新测量一次，取两次读数的算术平均值作为横刀架横向移动对主轴轴线的垂直度误差
G18	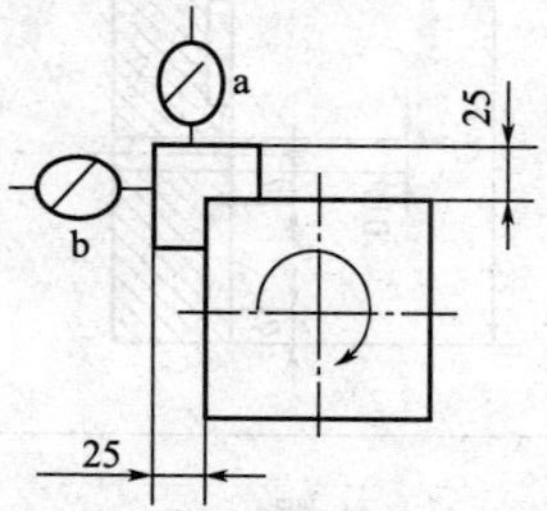	① X 轴方向回转刀架转位的重复定位精度	指示器和检验棒(或检具)	0.005	如图所示，把指示器安装在机床固定部件上，使指示器测头垂直触及被测表面(检具)，在回转刀架的中心行程处记录读数，用自动循环程序使刀架退回，转位 360°，最后返回原来的位置，记录新的读数。误差以回转刀架至少回转三周的最大和最小读数差值计。对回转刀架的每一个位置都应重复进行检验，并对每一个位置指示器都应调到零
		② Z 轴方向回转刀架转位的重复定位精度		0.01	
G19	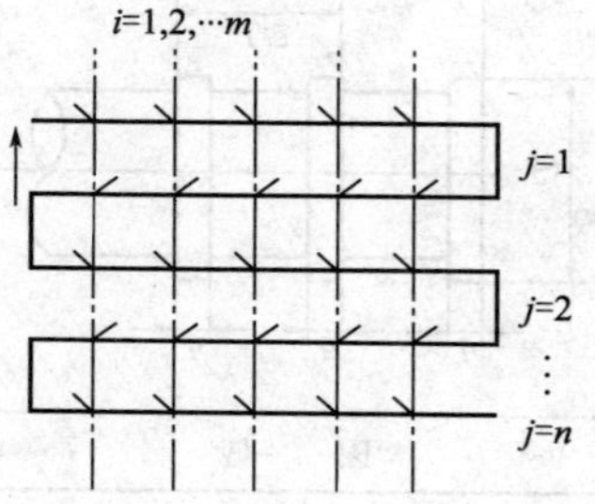	① Z 轴重复定位精度(R)	激光干涉仪(或线纹尺读数显微镜，或专用检具)	0.02	定位精度(A)：在测量行程范围内测 5 点，取一次测量中最大位置偏差与最小位置偏差之差的一半的值，加上正负号最为该轴的定位精度；重复定位精度(R)：在测量行程范围内任取 3 点，在每点重复 5 次，取每点最大值与最小值除以 2 即可；反向偏差(B)：运动部件沿轴线或绕轴线的各目标位置的反向差值的绝对值中的最大值即为轴线反向差值 B
		② Z 轴反向差值(B)		0.02	
		③ Z 轴定位精度(A)		0.04	
		④ X 轴重复定位精度(R)		0.02	
		⑤ X 轴反向差值(B)		0.013	
		⑥ X 轴定位精度(A)		0.03	

续表

序号	简 图	检验项目	检验工具	允差范围	检 验 方 法
P1	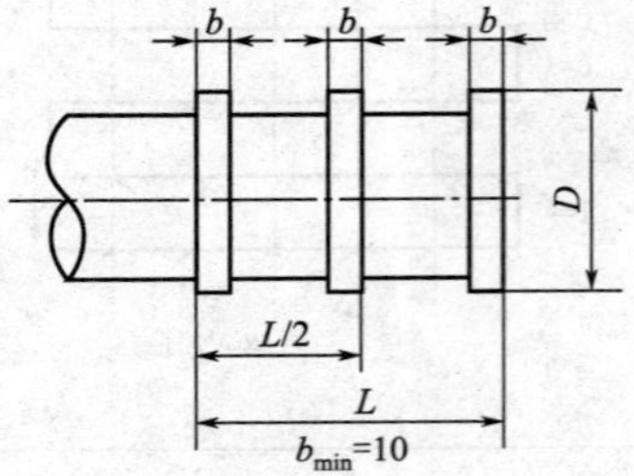	① 精车圆柱试件的圆度（靠近主轴轴端的检验试件的半径变化） ② 切削加工直径的一致性（检验零件的每一个环带直径之间的变化）	圆度仪或分度尺	0.005 / 长度300mm上为0.03	精车试件（试件材料为45钢，正火处理，刀具材料为YT30）外圆D，用千分尺测量靠近主轴端的检验试件的半径变化，取半径变化最大值作为圆度误差；用千分尺测量每一个环带直径之间的变化，取其直径之间的最大差值作为该项测量误差
P2	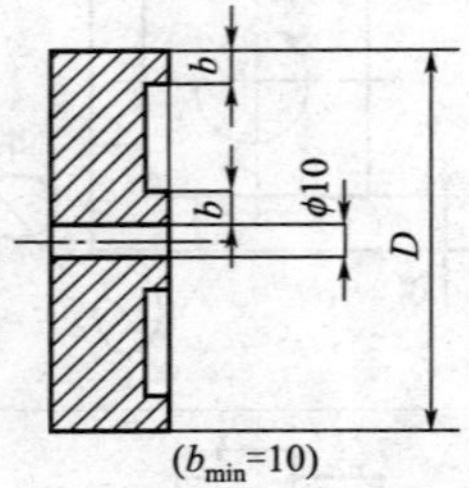	精车端面的平面度	平尺和量块（或指示器）	φ300mm上为0.025（只许凹）	精车试件端面（试件材料：HT150，180～200HB。外形如图；刀具材料：YG8），使刀尖回到车削起点位置，把指示器安装在刀具测头上；指示器测头在水平面内垂直接触及方向，沿负X轴向移动刀架，记录指示器的读数及方向，用终点时读数减起点时读数除以2即为精车端面的平面度误差；数值为正，则平面是凹的
P3	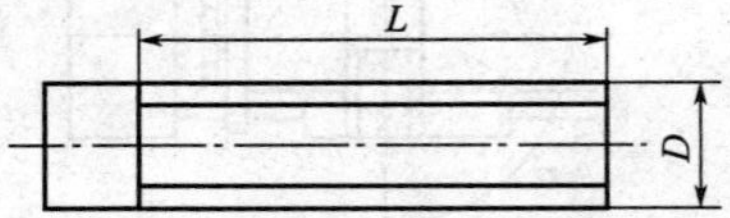	螺距精度	丝杠螺距测量仪或工具显微镜	任意50mm测量长度上为0.025	可取外径为50mm，长度为75mm，螺距为3mm的丝杠作为试件进行检测（加工完成后的试件应充分冷却）
P4	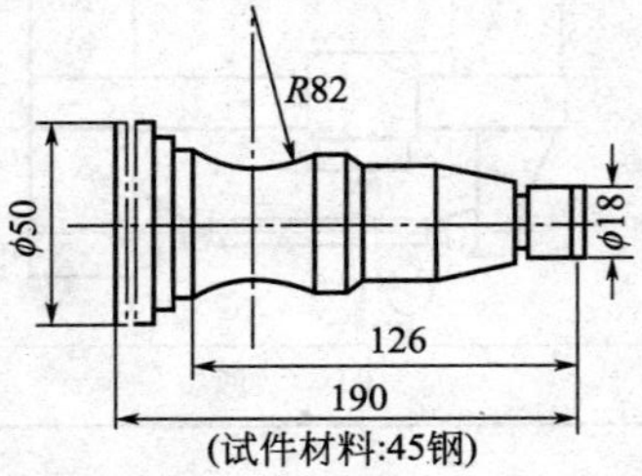	① 精车圆柱形零件的直径尺寸精度（直径尺寸差） ② 精车圆柱形零件的长度尺寸精度	杠杆卡规和测高仪（或其他测量仪）	±0.025 / ±0.035	用程序控制加工圆柱形零件（零件轮廓用一把刀精车而成，测量其实际轮廓与理论轮廓的偏差）

表 8-2　几何精度检验项目及方法（ZJK7532A 数控铣钻床）

序号	简图	检验项目	检验工具	允差范围/mm	检　验　方　法
G0	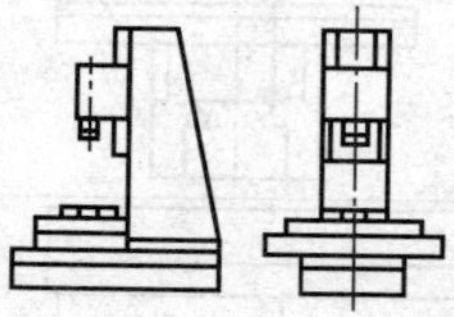	机床调平	精密水平仪	0.06/1000	将工作台置于导轨行程中间位置，将两个水平仪分别沿 X 和 Y 坐标轴置于工作台中央，调整机床垫铁垫高度，使水平仪水泡处于读数中间位置；分别沿 Y 和 X 坐标轴移动工作台，观察水平仪读数的变化，调整机床垫铁高度，使工作台沿 Y 和 X 坐标轴全行程移动时水平仪读数的变化范围小于 2 格，且读数处于中间位置即可
G1	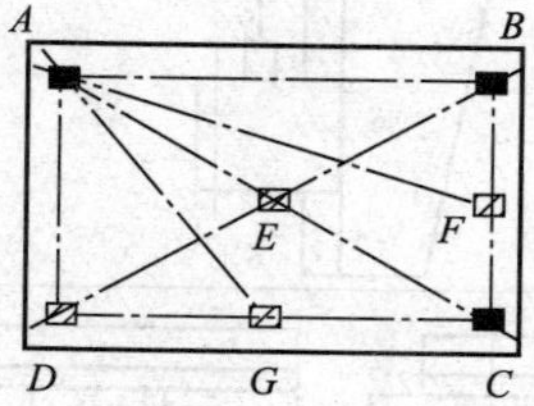 A B C D E F G	工作台面的平面度	指示器、平尺、可调量块、等高量块、精密水平仪	0.08/全长	在检验面上选 A、B 和 C 点作为零位标记。将三个等高量块放在这三点上。这三个量块的上表面就确定了与被检验面比较的基准面。然后将平尺置于点 A 和点 C 上，并在检验面点 E 处放一可调量块，使其与平尺的下表面一表面上。再将平尺放于点 A、B、C、E、D 的上表面均在同一表面上。在点 D 放一可调量块的偏差。在点 E 上即可找到到已经就位的上表面所确定的平面。即可找到被检验面的平面。将平尺分别放在点 A 和点 B 及点 B 和点 C 之间的偏差。上处于点 A 和点 B 之间及点 B 和点 C 之间的偏差为点的偏差。上表面放在点 A 和点 D 及点 B 和点 C 之间的偏差可用同样的方法找到。这所有偏差中最大的那个偏差即为平面度
G2	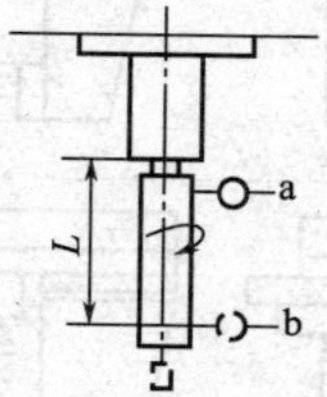 a b 7	① 靠近主轴端部主轴锥孔轴线的径向跳动 ② 距主轴端部 $L(L=100)$ 处主轴锥孔轴线的径向跳动	检验棒、指示器	0.01 0.02	如图所示，将检验棒插在机床固定部件上主轴锥孔内，指示器安装在机床固定部件上，指示器测头与被测表面垂直，记录指示器的最大读数差值，在 a，b 处分别测量。标记检验棒与主轴的圆周方向的相对位置，取下检验棒，同向分别旋转检验棒 90°、180°、270°后重新插入主轴锥孔，在每个位置分别检测。取 4 次检测的平均值为主轴锥孔轴线的径向跳动误差
G3	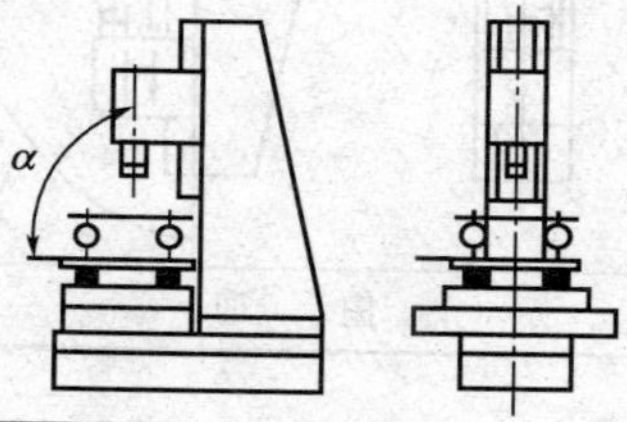 α	主轴轴线对工作台面的垂直度	平尺、可调量块、指示器、专用表架	0.05/300(α≤90°)	将千分表架在主轴上，使表指针接触工作台面并垂直于工作台面，用手旋转主轴 2~3 圈，表指针摆动的最大幅度即为垂直度

续表

序号	简 图	检验项目	检验工具	允差范围	检 验 方 法
G4	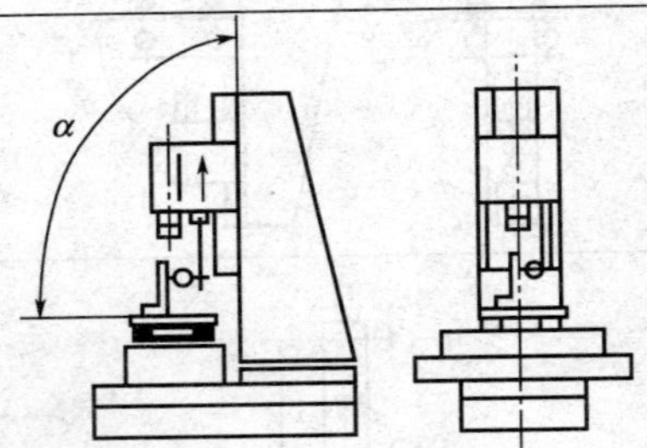	①Y-Z平面内主轴箱垂直移动对工作台面的垂直度	等高块,平尺,角尺,指示器	0.05/300($a \leqslant$90°)	如图所示,将等高块沿Y轴向放在工作台上,平尺置于平尺上(在Y-Z平面内),指示器测头触及垂直主轴箱上,指示器测头触及主轴箱,移动主轴箱,记录指示器读数及方向,其读数最大差值即为在Y-Z平面内主轴箱垂直移动对工作台面的垂直度误差
		②X-Z平面内主轴套筒垂直移动对工作台面的垂直度		0.05/300	同理,将角尺、平尺、角尺置于X-Z平面即为角尺置于X-Z平面内重新测量一次,指示器读数最大差值即为在X-Z平面内主轴箱垂直移动对工作台面的垂直度误差
G5		①Y-Z平面内主轴套筒垂直移动对工作台面的垂直度	等高块,平尺,角尺,指示器	0.05/300($a \leqslant$90°)	如图所示,将等高块沿Y轴向放在工作台上,并调整角尺位置使主轴线与平尺置于角尺上,将角尺及平尺固定在主轴上,指示器测头触及主轴,移动主轴,记录主轴线内垂直套筒内主轴垂直移动对工作台面的垂直度误差即为其读数最大差值即为在Y-Z平面内主轴套筒垂直移动对工作台面的垂直度误差
		②X-Z平面内主轴垂直移动对工作台面的垂直度		0.05/300	同理,将指示器测头在X-Z平面内主轴垂直移动及角垂测量一次,指示器读数最大差值即为在X-Z平面内主轴垂直移动对工作台面的垂直度误差
G6	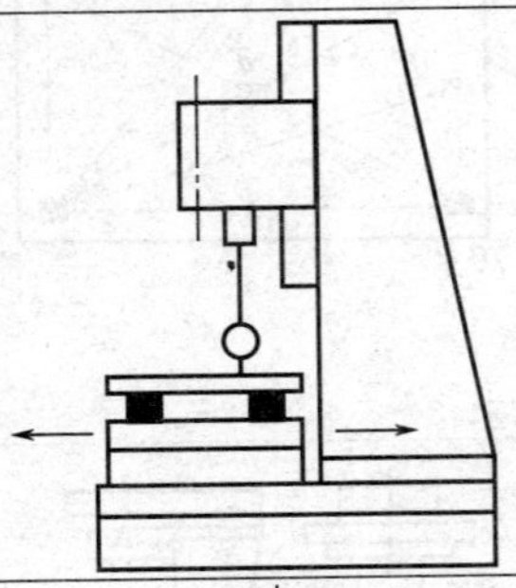	①工作台X坐标轴方向移动对工作台面的平行度	等高块,尺,指示器	0.056/全长	如图所示,把等高块沿Y轴向放在工作台上,把指示器固定在主轴箱上,使指示器测头触及平尺,Y轴向移动工作台,其读数最大差值即为工作台沿Y轴向移动对工作台面的平行度;将等高块沿X轴向放在工作台上,X轴向移动工作台,其读数最大差值即为工作台沿X轴向移动对工作台面的平行度误差
		②工作台Y坐标轴方向移动对工作台面的平行度		0.04/全长	
G7	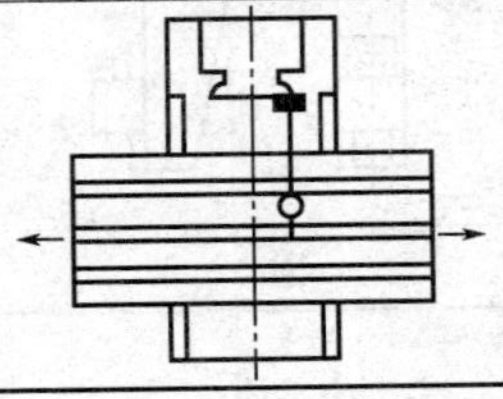	工作台沿X坐标轴方向移动对工作台面基准(T形槽)的平行度	指示器,表架	0.03/500	如图所示,把指示器固定在主轴箱上,使指示器测头垂直触及工作台基准及基准(T形槽),X轴向移动工作台,记录指示器读数,其读数最大差值即为工作台沿X坐标轴向移动对工作台面基准(T形槽)的平行度误差

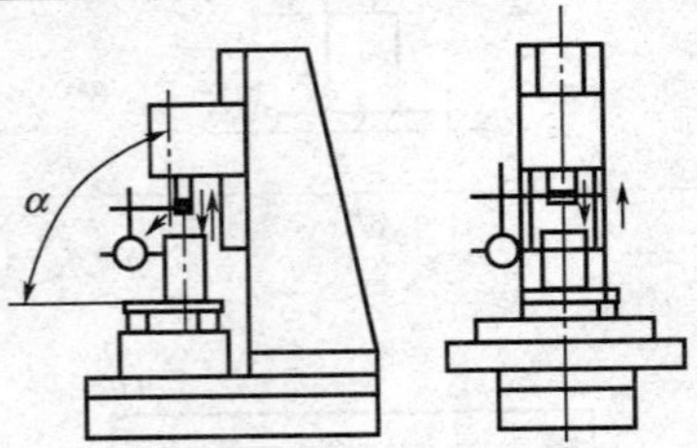

续表

序号	简 图	检验项目	检验工具	允差范围	检 验 方 法
G8	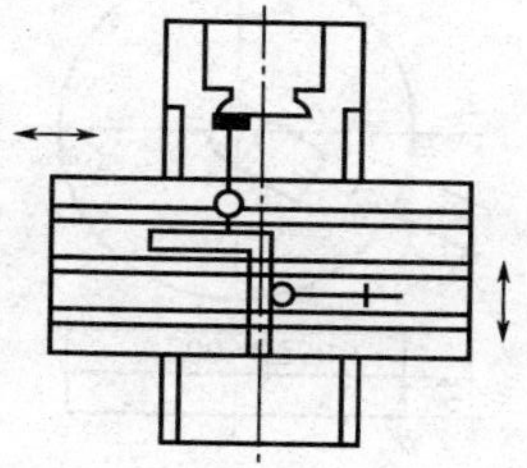	工作台 X 坐标轴方向移动对 Y 坐标轴方向移动的工作垂直度	角尺，指示器	0.04/500	如图所示，工作台处于行程中间位置，将角尺置于工作台上，把指示器固定在主轴箱上，使指示器测头垂直触及角尺及角尺的一个边（Y 轴向），Y 轴向移动工作台，调整角尺位置，使角尺线平行于 Y 轴；再将指示器测头垂直触及角尺的另一边（X 轴向），X 轴向移动工作台，记录指示器读数，其该数最大差值即为工作台 X 坐标轴方向移动对 Y 坐标轴方向移动的工作垂直度误差
G9	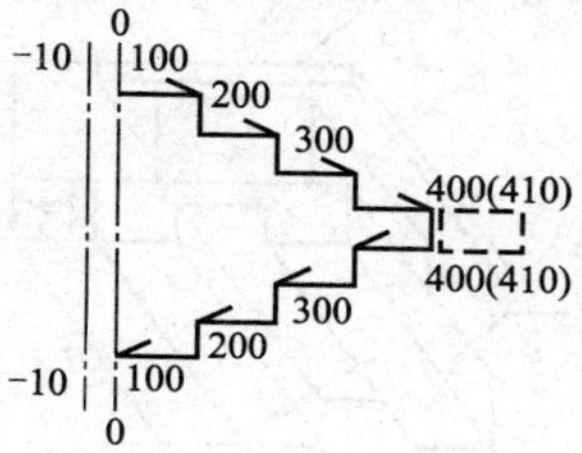	① X 坐标轴直线运动的定位精度（A）	激光干涉仪（或专用检具）	0.06	检验方法与表 8-1G19 相同
		② X 坐标轴直线运动的重复定位精度（R）		0.03	
		③ X 坐标轴直线运动的反向差值（B）		0.03	
G10	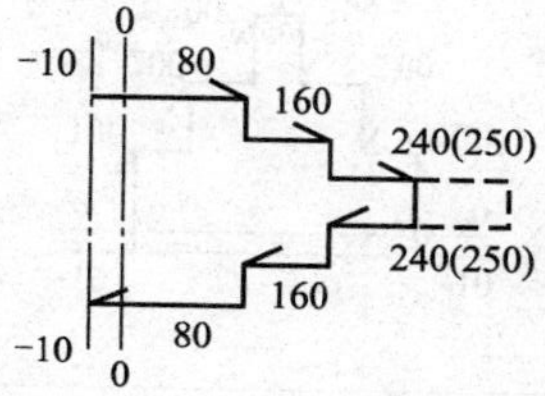	① Y 坐标轴直线运动的定位精度（A）	激光干涉仪（或专用检具）	0.06	检验方法与表 8-1G19 相同
		② Y 坐标轴直线运动的重复定位精度（R）		0.03	
		③ Y 坐标轴直线运动的反向差值（B）		0.03	

续表

序号	简图	检验项目	检验工具	允差范围	检 验 方 法
G11	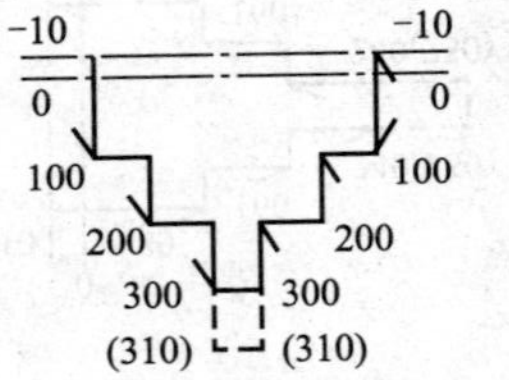 (简图：阶梯尺寸 100、200、300、300(310)，$-10\,/\,0$)	① Z坐标轴直线运动的定位精度(A)	激光干涉仪(或专用检具)	0.06	检验方法与表8-1G19相同
		② Z坐标轴直线运动的重复定位精度(R)		0.03	
		③ Z坐标轴直线运动的反向差值(B)		0.03	
P1	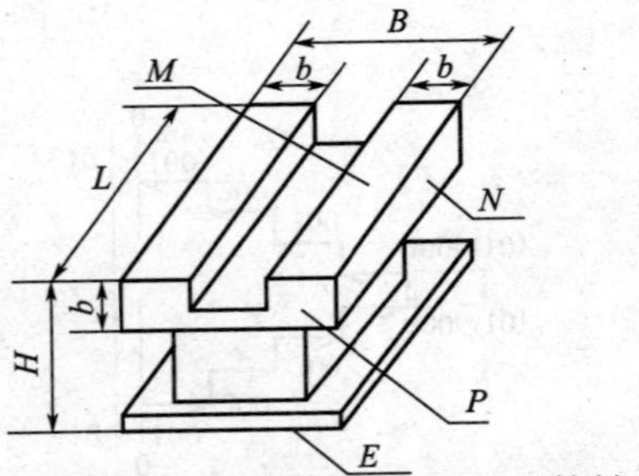 (简图：M、N、P面铣削工件，标注 L、B、H、q、b、E) 横向和纵向移动工作台进行 M,N,P 面铣削。其中，试件尺寸(整体式)：$L=(1/3\sim1/2)$纵向行程，$B>L/3,H>L/3,b>L/3,b>16\text{mm}$。材料：HT150	① M面平面度	平尺、块规	0.025	检验方法与表8-3G1相同
		② M面对加工基面E的平行度	千分尺、角尺	0.03	将千分表安装在一个标准块上，标准块底面与E面重合，全程时使标准块与导向平尺接触，指针与M面接触并垂直，全程范围内移动标准块和指针，指针摆动的最大幅度即为平行度
		③ N面对M面的垂直度	角尺、块规、平板	0.03/50	将圆柱形角尺放在其中一个平面上，再将千分表沿另一平面移动，并在规定距离内记录读数；圆柱形角尺转角180°后重新测量一次，并记录读数，取两次测量得的读数的平均值即可
		④ P面对M面的垂直度			
		⑤ N面对P面的垂直度			
P2	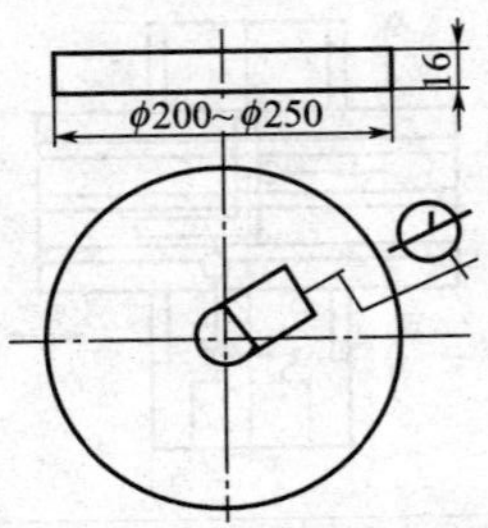 (简图：圆柱试件 φ200~φ250，尺寸16)	圆度	指示器、专用检具(或圆度仪)	0.04	在对试件的圆度进行检测前，要先用X、Y坐标轴的圆弧插补移动对圆周面进行精铣，并检测其粗糙度。如图所示，将指示器固定在主轴，φ5 棒铣刀，使指示器测头与被测直径及加工后的外圆面，转动工件的位置，微调主轴，记录指示器读数，其最大差值即为圆度误差与工件圆心同轴

注：在对有关项目进行检测前，先要用自动程序加工各面（刀具，φ25棒铣刀；试件材料为HT200），具体要求是：沿X轴对M、N、P面进行精铣，接刀处重叠约5~10mm；然后分别沿X、Y轴向对M、N、P面进行精铣。

8.3.4 数控机床定位精度的检验

数控机床的定位精度是指机床在数控装置的控制下，机床的各运动部件运动时所能达到的精度。因此，根据检测的定位精度的数值，可以知道这台机床在以后的加工中所能到达的最高加工精度。

定位精度检验的内容如下。

（1）直线运动定位精度（包括 X、Y、Z、U、V、W 等轴）。

（2）直线运动重复定位精度。

（3）直线运动各轴返回机床原点的精度。

（4）直线运动失动量（背隙）的测定。

（5）回转运动的定位精度（包括 A、B、C 等轴）。

（6）回转运动的重复定位精度。

（7）回转轴原点的返回精度。

（8）回转轴运动的失动量的测定。

检测直线运动的工具有：测微仪和成组块规、标准刻度尺和光学读数显微镜及双频激光干涉仪等。标准的长度测量以双频激光干涉仪为准。

回转运动检测工具有：高精度圆光栅、360 个齿精确分度的标准转台、角度多面体等。

1. 直线运动定位精度检测

机床直线定位精度检测一般都在机床空载条件下进行。常用检测方法如图 8-2 所示。

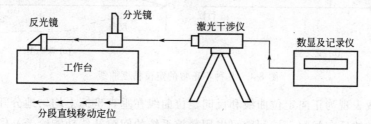

图 8-2 直线运动定位精度检测

按照 ISO（国际标准化组织）标准规定，对数控机床的检测，应以激光测量为准，但目前国内拥有这种仪器的用户较少，因此，大部分数控机床生产厂的出厂检测及用户验收检测还是采用标准尺进行比较测量。这种方法的检测精度与检测技巧有关，较好的情况下可控制到 (0.004～0.005mm)/1000mm，而激光测量的测量精度可较标准尺检测方法提高一倍。

其具体方法是：视机床规格选择每 20mm、50mm 或 100mm 的间距，用数据输入法作正向和反向快速移动定位，测出实际值和指令值的离差。为了反映多次定位中的全部误差，国际标准化组织规定每一个定位点进行 5 次数据测量，计算出均方根值和平均离差±3σ。定位精度是一条由各定位点平均值连贯起来有平均离差±3σ构成的定位点离散误差带，如图 8-3 所示。

定位精度是以快速移动定位测量的。对一些进给传动链刚度不太好的数控机床，采用各种进给速度定位时会得到不同的定位精度曲线和不同的反向间隙。因此，质量不高的数控机床不可能加工出高精度的零件。

由于综合因素，数控机床每一个轴的正向和反向定位精度是不可能完全重复的，其定位

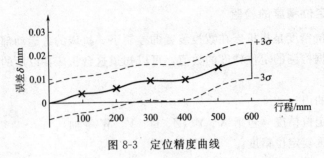

图 8-3　定位精度曲线

精度曲线会出现如图 8-4 所示的平行型曲线、交叉型曲线和喇叭型曲线，这些曲线反映出机床的质量问题。

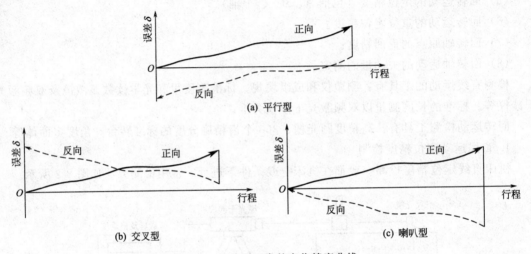

图 8-4　几种不正常的定位精度曲线

平行型曲线表现为正向定位曲线和反向定位曲线在垂直坐标上均匀地分开一段距离，这段距离是坐标轴的反向间隙，该间隙可以用数控系统的间隙补偿功能给予补偿。补偿值不能超过实际间隙数值，否则会出现过动量。数控系统的间隙补偿功能一般用于纠正传动链中微小的弹性变形误差，这些误差在正常情况下是很小的，在中、小型数控机床中一般不超过0.02～0.03mm，如果实测值远大于这个数值范围，就要考虑机械传动链和位置反馈系统中是否有松动环节。

交叉型和喇叭型曲线是被测坐标轴上各段反向间隙不均匀造成的。例如滚珠丝杠在全行程内各段间隙过盈不一致、导轨副在全行程的负载不一致等均可能造成反向间隙不均匀。在使用较长时间的数控机床上容易出现这种现象，如果在新机床检测时出现这种问题就应该考虑是伺服系统或机床装配的质量问题。

从理论上讲，全闭环伺服坐标轴可以修正很小的定位误差，不会出现平行型、交叉型或喇叭型定位曲线，但是实际的全闭环伺服系统在修正太小的定位误差时，会产生传动链的振荡，造成失控。所以全闭环伺服系统的修正误差也是只能在一定范围之内，因此全闭环伺服坐标轴的正、反向定位曲线会有微小的误差。

检测半闭环伺服坐标轴的定位精度曲线与环境温度的变化是有关系的，半闭环伺服系统不能补偿滚珠丝杠的热伸长，热伸长能使半闭环伺服坐标轴的定位精度在 1m 行程上相差0.01～0.02mm。因此有些数控机床采用预拉伸丝杠的方法来减小热伸长的影响，有的是对长丝杠采用丝杠中心通恒温冷却油的方法来减小温度变化。有些数控机床在关键部位安装热敏电阻元件检测温度变化，数控系统对这些位置的温度变化给予补偿。

2. 直线运动重复定位精度的检测

检测用的仪器与检测定位精度所用的仪器相同。一般检测方法是在靠近各坐标行程的中点及两端的任意三个位置进行测量，每个位置用快速移动定位，在相同的条件下重复做 7 次定位，测出停止位置的数值并求出读数的最大差值。以 3 个位置中最大差值的 1/2 附上正负符号，作为该坐标的重复定位精度，它是反映轴运动精度稳定性的最基本指标。

3. 直线运动的原点复归精度

数控机床每个坐标轴都要有精确的定位起点，此点即为坐标轴的原点或参考点。为提高原点返回精度，各种数控机床对坐标轴原点复归采取了一系列措施，如降速、参考点偏移量补偿等。同时，每次关机之后，重新开机的原点位置精度要求一致。因此，坐标原点的位置精度必然比行程中其他定位点精度要高。原点返回精度，实质上是该坐标轴上一个特殊点的重复定位精度，因此，它的测量方法与重复定位精度相同。

4. 直线运动失动量的测定

坐标轴直线运动的失动量，又称直线运动反向差，是该轴进给传动链上的驱动元件反向死区，以及各机械传动副的反向间隙和弹性变形等误差的综合反映。测量方法与直线运动重复定位精度的测量方法相似，是在所检测的坐标轴的行程内，预先正向或反向移动一段距离后停止，并且以停止位置作为基准，再在同一方向给坐标轴一个移动指令值，使之移动一段距离，然后向反方向移动相同的距离，检测停止位置与基准位置之差，在靠近行程的中点及两端的三个位置上分别进行多次测定，求出各个位置上的平均值，以所得平均值中最大的值为失动量的检验值。该值越大，那么定位精度和重复定位精度就越差。如果失动量在全行程范围内均匀，可以通过数控系统的反向间隙补偿功能给予修正，但是补偿值越大，就表明影响该坐标轴定位误差的因素越多。

5. 回转工作台的定位精度

以工作台某一角度为基准，然后向同一方向快速转动工作台，每隔 30°锁紧定位，选用标准转台、角度多面体、圆光栅及平行光管等测量工具进行测量，正向转动和反向转动各测量一周。各定位位置的实际转角与理论值（指令值）之差的最大值即为分度误差。检测时要对 0°、90°、180°、270°重点测量，要求这些角度的精度比其他角度的精度高一个数量级。

8.3.5 切削精度的检验

数控机床切削精度检验，又称动态精度检验，是在切削加工条件下，对机床几何精度和定位精度的一项综合考核。切削精度检验可分单项加工精度检验和加工一个标准的综合性试件精度检验两种。国内多以单项加工为主。对数控车床常以车削一个包含圆柱面、锥面、球面、倒角和槽等多种形状的棒料试件作为综合车削试件精度检验的对象，如图 8-5 所示。数控车床的切削精度检验的检测对象还有螺纹加工试件。

以镗铣为主的加工中心的主要单项精度有以下几种。

(1) 镗孔精度 镗孔精度试验如图 8-6(a) 所示。这项精度与切削时使用的切削用量、刀具材料、切削刀具的几何角度等都有一定的关系。主要是考核机床主轴的运动精度及低速走刀时的平稳性。在现代数控机床中，主轴都装配有高精度带有预负荷的成组滚动轴承，进

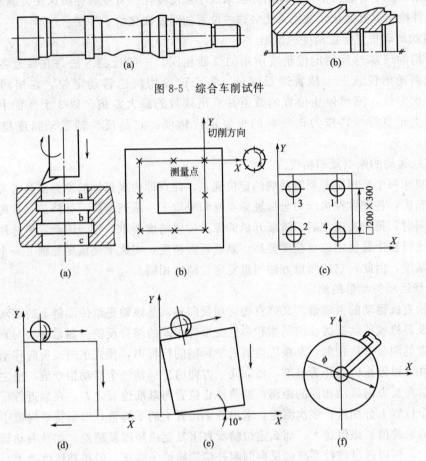

图 8-5　综合车削试件

图 8-6　各种单项切削精度试验

给伺服系统带有摩擦系数小和灵敏度高的导轨副及高灵敏度的驱动部件，所以这项精度一般都不成问题。

（2）端面铣刀铣削平面的精度（X-Y平面）　图 8-6（b）表示用精调过的多齿端面铣刀精铣平面的方向，端面铣刀铣削平面精度主要反映 X 轴和 Y 轴两轴运动的平面度及主轴中心对 X-Y 运动平面的垂直度（直接在台阶上表现）。一般精度的数控机床的平面度和台阶差在 0.01mm 左右。

（3）镗孔的孔距精度和孔径分散度　镗孔的孔距精度和孔径分散度检查按图 8-6（c）所示进行，以快速移动进给定位精镗 4 个孔，测量各孔位置的 X 坐标和 Y 坐标的坐标值，以实测值和指令值之差的最大值作为孔距精度测量值。对角线方向的孔距可由各坐标方向的坐标值经计算求得，或各孔插入配合紧密的检验心轴后，用千分尺测量对角线距离。而孔径分散度则由在同一深度上测量各孔 X 坐标方向和 Y 坐标方向的直径最大差值求得。一般数控机床 X、Y 坐标方向的孔距精度为 0.02mm，对角线方向孔距精度为 0.03mm，孔径分散度为 0.015mm。

（4）直线铣削精度　直线铣削精度的检查，可按图 8-6（d）进行。由 X 坐标及 Y 坐标分别进给，用立铣刀侧刃精铣工件周边。测量各边的垂直度、对边平行度、邻边垂直度和对边距离尺寸差。这项精度主要考核机床各向导轨运动的几何精度。

（5）斜线铣削精度　斜线铣削精度检查是用立铣刀侧刃来精铣工作周边，如图 8-6（e）所示。它是用同时控制 X 和 Y 两个坐标来实现的。所以该精度可以反映两轴直线插补运动品质特性。进行这项精度检查时有时会发现在加工面上（两直角边上）出现一边密一边稀的很有规律的条纹，这是由于两轴联动时，其中一轴进给速度不均匀造成的。这可以通过修调该轴速度控制和位置控制回路来解决。少数情况下，也可能是负载变化不均匀造成的。如导轨低速爬行，机床导轨防护板不均匀摩擦及位置检测反馈元件传动不均匀等也会造成上述条纹。

（6）圆弧铣削精度　圆弧铣削精度检查是用立铣刀侧刃精铣如图 8-6（f）所示外圆表面，然后在圆度仪上测出圆度曲线。一般加工中心类机床铣削 $\phi200\sim300\text{mm}$ 工件时，圆度可达到 0.03mm 左右。表面粗糙度可达到 $R_a3.2\mu\text{m}$ 左右。

在测试件测量中常会遇到如图 8-6 所示的图形。图 8-7（a）两半圆错位图形所反映的情况一般是由一个坐标轴或两个坐标轴的反向失动量引起的，可通过适当改变失动量的补偿值或提高坐标轴传动链的精度来解决。图 8-7（b）斜椭圆是由于两坐标轴的进给伺服系统实际的增益不一致、圆弧插补运动中两坐标轴的跟随特性滞后有差异所造成。适当地通过调整坐标轴的速度反馈增益或位置环增益来修正。图 8-7（c）圆柱面出现锯齿形条纹的原因与斜边铣削出现条纹的原因类似，可通过调整进给轴速度控制或位置控制环节解决。

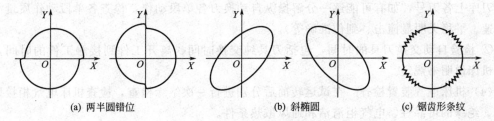

(a) 两半圆错位　　　　　　(b) 斜椭圆　　　　　　(c) 锯齿形条纹

图 8-7　圆弧铣削精度

对于卧式机床，还有箱体掉头镗孔同轴度、水平转台回转 90°铣四方加工精度。对于高效切削要求的机床，还要做单位时间内金属切削量的试验等。切削加工试验材料除特殊要求之外，一般都用一级铸铁，使用硬质合金刀具，按标准的切削用量切削。

8.3.6　数控机床性能与功能的验收

数控机床性能和数控功能直接反映了数控机床各个性能指标，它们的好坏将影响到机床运行的可靠性和正确性，对此方面的检验要全面、细致。

（1）主轴性能检查

① 用手动方式选择高、中、低三挡转速，主轴连续进行五次正转和反转的启动、停止，检验其动作的灵活性和可靠性。同时，观察负载表上的功率显示是否符合要求。

② 用数据输入方式（MDI），逐步使主轴由低速到最高速旋转，进行变速和启动，测量各级转速值，转速允差为设定值的 $\pm10\%$。同时，观察机床的振动与噪声情况。主轴在 2h 高速运转后允许温升 15℃。

③ 主轴准停装置连续操作五次以上，检验其动作的灵活性和可靠性。有齿轮挂挡的主轴箱，应多次试验自动挂挡，其动作应准确可靠。

（2）进给性能检查

① 分别对 X、Y、Z 直线坐标轴（回转坐标 A、B、C）进行手动操作，检验其正、反向的低、中、高速进给和快速移动的启动、停止、点动等动作平稳性和可靠性。在增量方式（INC 或 STEP）下，单次进给误差不得大于最小设定当量的 100%，累积进给误差不得大于最小设定当量的 200%。在手轮方式（HANDLE）下，手轮每格进给和累积进给误差同增量方式。

② 用数据输入方式测定 G00 和 G01 方式下各种进给速度，其允差为 ±5%，并验证操作面板上倍率开关是否起作用。

③ 通过上述两种方法，检验各伺服轴在进给时软硬限位的可靠性。数控机床的硬限位是通过行程开关来确定的，一般在各伺服轴的极限位置，因此，行程开关的可靠性就决定了硬限位的可靠性。软限位是通过设置机床参数来确定的，限位范围是可变的。软限位是否有效可观察伺服轴在到达设定位置时，伺服轴是否停止来确定。

④ 用回原点方式（REF），检验各伺服轴回原点的可靠性。

（3）自动刀具交换系统检查

① 检查自动刀具交换动作可靠性和灵活性，包括手动操作及自动运行时刀库满负载条件下（装满各种刀柄）运动平稳性、机械抓取最大允许重量刀柄的可靠性及刀库内刀号选择的准确性等。检验时，应检查自动刀具交换系统（ATC）操作面板各手动按钮功能，逐一呼叫刀库上各刀号，如有可能逐一分解操纵自动换刀各单段动作，检查各单段动作质量（动作快速、平稳无明显撞击、到位准确等）。

② 检验自动交换刀具的时间，包括刀具纯交换时间、离开工件到接触工件的时间，应符合机床说明书规定。

（4）机床电气装置检查　在试运转前后分别进行一次绝缘检查，检查机床电气柜接地线质量、绝缘的可靠性、电气柜清洁和通风散热条件。

（5）数控装置及功能检查　检查数控柜内外各种指示灯、输入输出接口、操作面板各开关按钮功能、电气柜冷却风扇和密封性是否正常可靠，主控单元到伺服单元、伺服单元到伺服电机各连接电缆连接的可靠性。外观质量检查后，根据数控系统使用说明书，用手动或程序自动运动方法检查数控系统主要使用功能，如定位、直线插补、圆弧插补、暂停、自动加减速、坐标选择、平面选择、刀具半径补偿、刀具长度补偿、拐角过渡、固定循环、行程停止、选择暂停、程序暂停、程序结束、冷却液的开关、程序单段运行、原点偏置、跳读程序、进给速度调节、主轴速度调节、紧急停止、程序检索、位置显示、镜像功能、螺距误差补偿、间隙误差补偿及用户宏程序、人机对话编程、自动测量程序等功能的准确性及可靠性。

数控机床功能的检查不同于普通机床，必须在机床运行程序时检查有没有执行相应的动作，因此检查者必须了解数控机床功能指令的具体含义，及在什么条件下才能在现场判断机床是否准确执行了指令。

（6）安全保护措施和装置检查　数控机床作为一种自动化机床，必须有严密的安全保护措施。安全保护在机床上分两大类：一类是极限保护，如安全防护罩、机床各运动坐标行程极限保护自动停止功能、各种电压电流过载保护、主轴电机过热超负荷紧急停止功能等；另一类是为了防止机床上各运动部件互相干涉而设定的限制条件，如加工中心的机械手伸向主轴装卸刀具时，带动主轴箱的 Z 轴干涉绝对不允许有移动指令，卧式机床上为了防止主轴箱降得太低时撞击到工作台面,设定了 Y 轴和 Z 轴干涉保护,即该区域都在行程范围内,单轴移动可以进入此区域,但不允许同时进入。保护的措施可以有机械式(如限位挡块、锁紧螺钉)、电气限位(以限位开关为主)、软件限位(在软件参数上设定限位参数)。

(7) 润滑装置检查　数控机床各机械部件的润滑分为脂润滑和定时定点的注油润滑。脂润滑部位如滚珠丝杠螺母副的丝杠与螺母、主轴前轴承。这类润滑一般在机床出厂一年以后才考虑清洗更换。机床验收时主要检查自动润滑油路的工作可靠性,包括定时润滑是否能按时工作,关键润滑点是否能定量出油,油量分配是否均匀,检查润滑油路各接头处有无渗漏等。

(8) 气液装置检查　检查压缩空气源和气路有无泄漏和工作可靠性。如气压太低时有无报警显示,气压表和油水分离等装置是否完好等,液压系统工作噪声是否超标,液压油路密封是否可靠,调压功能是否正常等。

(9) 附属装置检查　检查机床各附属装置的工作可靠性。一台数控机床常配置许多附属装置,在新机床验收时对这些附属装置除了一一清点数量之外,还必须试验其功能是否正常。如冷却装置能否正常工作,排屑器的工作质量,冷却防护罩在大流量冲淋时有无泄露,APC 工作台是否正常,在工作台上加上额定负载后检查工作台自动交换功能,配置接触式测头和刀具长度检测的测量装置能否正常工作,相关的测量宏程序是否齐全等。

(10) 机床工作可靠性检查　判断一台新数控机床综合工作可靠性的最好办法,就是让机床长时间无负载运转,一般可运转 24h。数控机床在出厂前,生产厂家都进行了 $24\sim72h$ 的自动连续运行考机,用户在进行机床验收时,没有必要花费如此长的时间进行考机,但考虑到机床托运及重新安装的影响,进行 $8\sim16h$ 的考机还是很有必要的,实践证明,机床经过这种检验投入使用后,很长一段时间内都不会发生大的故障。

在自动运行考机程序之前,必须编制一个功能比较齐全的考机程序,该程序应包含以下各项内容。

① 主轴运转应包括最低、中间、最高转速在内的 5 种以上的速度,而且应该包含正转、反转及停止等动作。

② 各坐标轴方向运动应包含最低、中间和最高进给速度及快速移动,进给移动范围应接近全行程,快速移动距离应在各坐标轴全行程的 1/2 以上。

③ 一般编程常用的指令尽量都要用到,如子程序调用、固定循环、程序跳转等。

④ 如有自动换刀功能,至少应交换刀库之中 2/3 以上的刀具,而且都要装上中等以上重量的刀柄进行实际交换。

⑤ 已配置的一些特殊功能应反复调用、APC 和用户宏程序等。

8.4　数控机床的日常维护

对数控机床的维护要有科学的管理方法,要有计划、有目的地制定相应的规律制度。对维护过程中发现的故障隐患应及时加以清除,避免停机待修,以延长平均无故障工作时间,增加机床的开动率。

8.4.1 点检

从点检的要求和内容上看,点检可分为专职点检、日常点检和生产点检三层次,图 8-8 所示为数控机床点检维修过程示意图。

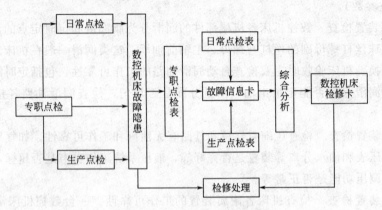

图 8-8 点检维修过程示意图

1. 专职点检

负责对数控机床的关键部位和重要部位按周期进行重点检查、设备状态检测与故障诊断,制定点检计划,做好诊断记录,分析维修结果,提出改善设备维护管理的建议。

2. 日常点检

负责对机床的一般部位进行检查,处理和排除数控机床在运行过程中出现的故障。

3. 生产点检

负责对生产运行中的数控机床进行检查,并负责润滑、紧固等工作。

4. 点检管理

数控机床的点检管理一般包括下述几部分内容。

(1) 安全保护装置

① 开机前检查机床的各运动部件是否在停机位置。

② 检查机床的各保险及防护装置是否齐全。

③ 检查各旋钮、手柄是否在规定的位置。

④ 检查工装夹具的安装是否牢固可靠,有无松动、移位。

⑤ 刀具装夹是否可靠以及有无损坏,如砂轮有无裂缝。

⑥ 工件装夹是否稳定可靠。

(2) 机械及气压、液压仪器仪表 开机后先让机床低速运转 3～5min,然后检查如下各项目。

① 主轴运转是否正常,有无异味、异声。

② 各轴向导轨是否正常,有无异常现象发生。

③ 各轴能否正常回归参考点。

④ 空气干燥装置中滤出的水分是否已经放出。

⑤ 气压、液压系统是否正常,仪表读数是否在正常值范围之内。

(3) 电气防护装置

① 各种电气开关、行程开关是否正常。

② 电动机运转是否正常,有无异声。

（4）加油润滑

① 机床低速运转时，检查导轨的供油情况是否正常。

② 按要求的位置及规定的油号加注润滑油，注油后，将油盖盖好，然后检查油路是否畅通。

（5）清洁文明生产

① 设备外观应无灰尘、无油污，呈现本色。

② 各润滑面无黑油、无锈蚀，应有洁净的油膜。

③ 丝杠应洁净、无黑油，亮泽有油膜。

④ 生产现场应保持整洁有序。

8.4.2　数控机床的日常维护

数控系统的维护保养的具体内容，在随机的使用和维修手册中通常都做了规定，现就共同性的问题做以下要求。

1. 严格遵循操作规程

数控系统编程、操作和维修人员都必须经过专门的技术培训，熟悉所用数控机床的机械部件、数控系统、强电装置、液压气动装置等部分的使用环境、加工条件等；能按数控机床和数控系统使用说明书的要求正确、合理地使用设备。应尽量避免因操作不当引起的故障。要明确规定开机、关机的顺序和注意事项，例如开机首先要手动或用程序指令自动回参考点，顺序为 Z、X、Y 轴再其他轴。在机床正常运行时不允许开关电气柜，禁止按动"急停"和"复位"按钮，不得随意修改参数。通常，在数控机床使用的第一年内，有 1/3 以上的故障是由于操作不当引起的。

按操作规程要求进行日常维护工作，有些部件需要天天清理，有些部件需要定时加油和定期更换。

2. 数控机床的使用环境

数控机床要避免阳光的直接照射，不能安装在潮湿粉尘过多或污染太大的场所，否则会造成电子元件技术性能下降，电气接触不良或电路短路故障。数控机床要远离振动大的设备，对于高精密的机床要采取专门的防振措施。在有条件的情况下，将数控机床置于空调环境下使用，其故障率会明显降低。

3. 数控机床的电源要求

由于我国的供电条件普遍比较差，电源波动时常超过 10%，在交流电源上往往叠加有高频杂波信号，以及幅度很大的瞬间干扰信号，很容易破坏机内的程序或参数，影响机床的正常运行。在条件许可的情况下，对数控机床采用专线供电或增设电源稳压设备，以减少供电量的影响和电气干扰。

4. 设备出现故障

出现故障要保留现场，维修人员要认真了解故障前后经过，做好故障发生原因和处理的记录，查找故障及时排除，减少停机时间。

5. 数控机床不宜长期封存

购买的数控机床要尽快投入生产使用，尤其在保修期内要尽可能提高机床利用率，使故障隐患和薄弱环节充分暴露出来，及时保修，节省维修费用。数控机床闲置会使电子元器件受潮，加快其技术性能下降或损坏。长期不使用的数控机床要每周通电 1～2 次，每次运行 1h 左右，以防止机床电气元件受潮，并能及时发现有无电池报警信号，避免系统软件参数丢失。

6. 防止尘埃进入数控装置内

(1) 除了进行检修外，应尽量少开电气柜门。因为柜门常开易使空气中飘浮的灰尘和金属粉末落在印制电路板和电器接插件上，容易造成元件之间的绝缘电阻下降，从而出现故障甚至造成元件损坏。有些数控机床的主轴控制系统安置在强电柜中，强电柜门关得不严是使电器元件损坏、数控系统控制失灵的一个原因。

(2) 一些已受外部尘埃、油雾污染的电路板和接插件可采用专用电子清洁剂喷洗。

7. 存储器用电池要定期检查和更换

通常，数控系统存储参数用的存储器采用 CMOS 器件，其存储的内容在数控系统断电期间靠支持电池供电保持。支持电池一般采用锂电池或可充电的镍镉电池，当电池电压下降至一定值时就会造成参数丢失。因此，要定期检查电池电压，当该电压下降至限定值或出现电池电压报警时，应及时更换电池。在一般情况下，即使电池尚未消耗完，也应每年更换一次，以确保数控系统能正常工作。更换电池时一般要在数控系统通电状态下进行，这样才不会造成存储参数丢失。一旦参数丢失，在调换新电池后，须重新将参数输入。

数控机床定期维护的内容如表 8-3 所示。

表 8-3　数控机床定期维护的内容

序号	工作时间	检 查 要 求
1	工作 200h	检查各润滑油箱、液压油箱、冷却水箱液位，不足则添加
2	工作 200h	检查液压系统压力，随时调整
3	工作 200h	检查冷却水清洁情况，必要时更换
4	工作 200h	检查压缩空气的压力、清洁、含水情况，清除积水，添加润滑油，调整压力，清洗过滤网
5	工作 200h	检查导轨润滑和主轴箱润滑压力，不足则调整
6	工作 1000h	移动各轴，检查导轨上是否有润滑油，否则修复。清洗刮屑板，把新的刮屑板或干净的刮屑板装上。在导轨上涂上约 50mm 宽的油膜，拖板移动约 30mm 长，刮屑板能在导轨上刮成均匀的油膜为正常，否则调整刮屑板的安装
7	工作 1000h	检查电柜空调的滤网，必要时清洗
8	工作 2000h	检查所有的刮屑板，卸下刮屑板，如果刮屑板下镶有铁屑，就要更换新的刮屑板。移动各轴，检查导轨上是否有润滑油，否则修复。清洗刮屑板，把新的刮屑板或干净的刮屑板装上。在导轨上涂上约 50mm 宽的油膜，拖板移动约 30mm 长，刮屑板能在导轨上刮成均匀的油膜为正常，否则调整刮屑板的安装
9	工作 2000h	将所有液压油放掉，清洗油箱，更换或清洗滤油器中的滤芯，检查蓄能器性能，液压油泵停机后油压慢慢下降为正常，否则修复或更换
10	工作 2000h	放掉各润滑油，清洗润滑油箱
11	工作 2000h	检查滚珠丝杠润滑情况。用测量表检查各轴的反向间隙，必要时调整，将新数据输入系统中
12	工作 2000h	检查刀架的各项精度，恢复精度
13	工作 2000h	检查各轴的急停限位情况，更换损坏的限位开关
14	工作 2000h	检查主轴皮带的张紧情况，必要时调整。检查皮带外观，必要时更换
15	工作 2000h	卸下各轴防护板，清洗下面的装置和部件
16	工作 2000h	清除所有电机散热风扇上的灰尘
17	工作 2000h	检查 CNC 系统存储器的电池电压，如电压过低或出现电池报警，应马上在系统通电情况下更换电池
18	工作 4000h	全面检查机床的各项精度，必要时调整恢复
19	工作 4000h	检查电柜内的整洁情况，必要时清理灰尘。检查各电缆、电线是否连接可靠，必要时紧固

思考与练习题

1. 数控机床的安装与调试有哪些内容？
2. 数控机床的精度检验有哪些内容？
3. 何谓点检？点检的分类如何？
4. 点检管理包括哪些内容？
5. 简述数控机床维修常用工具。
6. 数控机床的日常维护应注意哪些问题？

参 考 文 献

[1] 王爱玲．数控机床故障诊断与维修．北京：机械工业出版社，2006.

[2] 武友德．数控设备故障诊断与维修技术．北京：化学工业出版社，2002.

[3] 陈吉红，杨克冲．数控机床实验指南．武汉：华中科技大学出版社，2003.

[4] 熊光华．数控机床．北京：机械工业出版社，2003.

[5] 卢 斌．数控机床及其使用维修．北京：机械工业出版社，2004.

[6] 王侃夫．数控机床故障诊断与维护．北京：机械工业出版社，2000.

[7] 宋天麟．数控机床及其使用维修．南京：东南大学出版社，2003.

[8] 夏庆观．数控机床故障诊断与维修．北京：高等教育出版社，2002.

[9] 徐衡．数控机床维修．沈阳：辽宁科学技术出版社，2005.

[10] 郑小年．杨克冲．数控机床故障诊断与维修．武汉：华中科技大学出版社，2005.

[11] 王贵成．数控机床故障诊断技术．北京：化学工业出版社，2005.

[12] 潘海丽．数控机床故障分析与维修．西安：西安电子科技大学出版社，2006.

[13] 沈兵．数控机床数控系统维修技术与实例．北京：机械工业出版社，2003.

[14] 牛志斌．图解数控机床—西门子典型系统维修技巧．北京：机械工业出版社，2004.

[15] 蒋洪平．数控设备故障诊断与维修．北京：北京理工大学出版社，2006.

[16] 龚仲华．孙毅．史建成．数控机床维修技术与典型实例．北京：人民邮电出版社，2006.

[17] 吴国经．数控机床故障诊断与维修．北京：电子工业出版社，2004.

[18] 韩鸿鸾．数控机床维修实例．北京：中国电力出版社，2006.

[19] 彭跃湘．数控机床故障诊断及维护．北京：清华大学出版社，2006.

[20] 牛志斌．数控车床故障诊断与维修技巧．北京：机械工业出版社，2005.

[21] 陈宇晓．数控铣床故障诊断与维修技巧．北京：机械工业出版社，2005.

[22] 叶晖．图解 NC 数控系统—FANUNC 0i 系统维修技巧．北京：机械工业出版社，2004.

[23] 龚仲华．数控机床与故障诊断与维修 500 例．北京：机械工业出版社，2004.

[24] 王侃夫．数控机床数控技术与系统．北京：机械工业出版社，2003.

[25] 牛志斌．数控车床故障诊断与维修技巧．北京：机械工业出版社，2005.

[26] 刘希金主编．机床数控系统故障检测及维修．北京：兵器工业出版社，1994.

[27] 孙汉卿等编著．数控机床维修技术．北京：机械工业出版社，2000.

[28] 《数控机床数控系统维修技术与实例》编委会．数控机床数控系统维修技术与实例．北京：机械工业
      出版社，2003.

[29] 曹健．数控机床装调与维修．北京：清华大学出版社，2011.

[30] 严峻．数控机床故障诊断与维修实例．北京：机械工业出版社，2011.

[31] 刘蔡保．数控机床故障诊断与维修．北京：化学工业出版社，2012.